本书受中国历史研究院学术出版经费资助

本书得到四川大学"创新2035"先导计划"区域历史与考古文明"项目、国家社会科学基金重大项目"古蜀地区文明化华夏化进程研究"（课题编号：21&ZD223）、国家重点研发计划"中华文明探源研究"项目"中华文明起源进程中的古代人群与分子生物学研究"（课题编号：2020YFC1521607）、国家社会科学基金一般项目"高山古城宝墩文化人类骨骼考古研究"（课题编号：19BKG038）、国家文物局"考古中国"重大项目"川渝地区巴蜀文明进程研究"资助。

中国历史研究院
Chinese Academy of History

学 术 出 版 资 助

传承与交融

中国腹心地区古代人群的演化发展

原海兵　王明辉　著

中国社会科学出版社

图书在版编目（CIP）数据

传承与交融：中国腹心地区古代人群的演化发展 /原海兵，王明辉著.
—北京：中国社会科学出版社，2024.4
ISBN 978 - 7 - 5227 - 3405 - 7

Ⅰ.①传⋯　Ⅱ.①原⋯②王⋯　Ⅲ.①古人类学—研究—中国
Ⅳ.①Q981

中国国家版本馆 CIP 数据核字（2024）第 072506 号

出 版 人	赵剑英
责任编辑	郭　鹏
责任校对	刘　俊
责任印制	李寡寡

出　　版	中国社会科学出版社
社　　址	北京鼓楼西大街甲 158 号
邮　　编	100720
网　　址	http://www.csspw.cn
发 行 部	010 - 84083685
门 市 部	010 - 84029450
经　　销	新华书店及其他书店

印　　刷	北京君升印刷有限公司
装　　订	廊坊市广阳区广增装订厂
版　　次	2024 年 4 月第 1 版
印　　次	2024 年 4 月第 1 次印刷

开　　本	710×1000　1/16
印　　张	18.25
插　　页	2
字　　数	258 千字
定　　价	108.00 元

"中国历史研究院学术出版资助项目"
出版说明

为了贯彻落实习近平总书记致中国社会科学院中国历史研究院成立贺信精神，切实履行好统筹指导全国史学研究的职责，中国历史研究院设立"学术出版资助项目"，面向全国史学界，每年遴选资助出版坚持历史唯物主义立场、观点、方法，系统研究中国历史和文化，深刻把握人类发展历史规律的高质量史学类学术成果。入选成果经过了同行专家严格评审，能够展现当前我国史学相关领域最新研究进展，体现了我国史学研究的学术研究水平。

中国历史研究院愿与全国史学工作者共同努力，把"中国历史研究院学术出版资助项目"打造成为中国史学学术成果出版的高端平台；在传承、弘扬中国优秀史学传统的基础上，加快构建具有中国特色的历史学学科体系、学术体系、话语体系，推动新时代中国史学繁荣发展，为实现"两个一百年"奋斗目标、实现中华民族伟大复兴的中国梦贡献史学智慧。

中国历史研究院

2020 年 4 月

序

　　"中国人""华夏民族""汉族""中华民族"的起源、形成、发展问题的探索是历代学人，甚至普通民众都非常关注的问题。这涉及到"本我""我群""我之为我"，解释"我是谁""我为什么是这样的我""我从哪里来""我将如何发展""我又将走向何处"等一系列事关自身、事关家庭、事关家族、事关群团、事关社会、事关民族、事关国家等各种问题。

　　长期以来，对于"华夏民族""汉族""中华民族"的起源、发展的研究多聚焦于文化视角的考察。如从历史文献学的视角追溯黄帝、炎帝、尧、舜、禹、汤等的先祖故事；从神话学的视角描绘盘古、女娲等的创世故事；从语言学的视角探究原始刻画符号、甲骨文、金文、篆书到汉字的历史形成过程；从考古学的视角追迹古人使用金、银、玉、石等物质材料适应自然、改变自身，不断推进社会进步、创造中华文明的故事。相对而言，从人本身、尤其是从人类遗骸本身视角出发探索中华民族发展历程的研究则要少很多。20世纪20年代，中华民族有识之士胸怀家国，立足自身，不断探索中华民族悠久历史、发展历程以及未来发展的救亡实践激励了一代新人。自1923年"中国考古学之父"李济先生以人类学视角切入，以人体测量学等近代科学方法研究中华民族的起源与发展至今已历经百年。中华人民共和国成立后，尽管以汉族的形成与周边民族的关系课题研究曾一度成为中国历史研究最为热点的"五朵金花"之一，但囿于学科发展及材料积累，以人类遗骸本身探索中华民族起源与发展问题还是面临考古发现、资料搜集、研究侧重、解释维度等诸多困境。

改革开放以来，国家大规模基本建设推进了中国现代科学考古的飞跃式发展，考古发现层出不穷，研究材料不断积累，研究视角日益全面。在苏秉琦先生"区系类型"思想启发下，根据中国人类骨骼考古遗存研究的现状，我们适时地提出了以古代人群本身生物表型特征为基础总结群体人群类型的方式，来考察各古代人群生物表型类型逐步形成、发展以及演化的过程，观察古代的"中国人"与今天的"中国人"在体质特征上的共性、差异，分布格局的变迁以及与中华文明起源、产生与发展的关系，以古今人群表型变迁的方式来解释今天"我群"与古代先世"彼群"生物学上的异同。"我群"已然替代"彼群"？还是"我群"等同于"彼群"？抑或"我群"在多大程度上与"彼群"存在关联？

截至 20 世纪末，学界积累了丰富的先秦时期人骨资料，通过梳理与分析，我们发现先秦时期古代人群体质特征的某些细节与现代各地人群之间存在若干差异。这表明，百年来学界所惯用描述的现代亚洲蒙古人种及各区域性人群类型在先秦时期还远未形成。现代亚洲蒙古人种及各区域人群类型的形态、分布格局是千万年来人群生存、繁衍、基因交流不断混合历史发展的结果。以将今论古、由已知推未知为基本思路，不断探索、理清古今人群发展脉络。我们暂以今天描述的中国古代人群遗传表型坐标体系来对先秦时期中华大地上的各古代人群做一个大致的画像。目前来看，除新疆以外的我国先秦时期人群至少可划分为"古中原类型""古华北类型""古东北类型""古西北类型""古华南类型"和"古蒙古高原类型"六种，且以其作为暂时的参考标准来描述先秦时期以及秦以后各历史阶段古代人群的形态表型特征。尽管这种分类是粗疏的，但相较用近代以来描述现代亚洲蒙古人种以及各区域类型的学术表述更接近历史的真实。这不仅是不同的学术表达体系，也是不同的学术理解层次。近 40 年的教学和研究，我们基本上是在这种研究思路指导下进行的。

回头来说《传承与交融：中国腹心地区古代人群的演化发展》这本书。我很早就关注中原地区古代人群的演化、发展以及人群变迁过程，也写过《黄河流域新石器时代居民体质特征的聚类分析》《关于殷人与周人的体质类型比较》《中原地区的古代种族》等论文阐述一些认识。后来，还承担国家哲学社会科学基金重大项目"汉民族历史形成过程的生物考古学考察"（11&ZD182）项目，指导多位学生做过一些研究，推动了一些学术进展。我想也为今天这本书的完善和出版做了一些基础性的学术铺垫。回想，海兵 2008 年 8 月在王明辉带领下到中国社会科学院考古研究所安阳工作站调研殷墟遗址出土人骨，后来大体有 6 个月的时间，他们在安阳工作站进行基础数据采集，之后以殷墟大司空遗址 2004 年和刘家庄北地遗址 2008 年殷墟中小墓出土的人骨材料写成《殷墟中小墓人骨的综合研究》博士学位论文并完成答辩。在论文的第七章《黄河中下游地区古代居民的人种地理变迁》对当时已发表的资料进行了全面梳理，应该是本书的雏形。就像作者所述，当时材料太少，尤其是汉代以后的材料根本无法支撑这样一个宏大的课题，哪怕这个梳理是粗线条的、宏观的。今天来看，原海兵和王明辉二位都是"长期主义者"，课题设计 15 年来，他们齐心协力，不断推动，积累资料，终结硕果。

从本书内容来看，作者认为中国腹心地区旧石器时代一系列人类化石及其他证据表明，亚洲蒙古人种一直是该地区人群演化、基因传承与人群互动的主旋律。新石器时代则是亚洲蒙古人种"古中原类型"人群主体基因传承、发展与交融的重要阶段。其中，裴李岗时代主要体现亚洲蒙古人种体质基因的古老传承，仰韶时代是亚洲蒙古人种主要体质因素发展和"古中原类型"人群交流融合的重要阶段，而龙山时代则是"古中原类型"人群频繁交流、强烈互动与较大规模整合的历史阶段。青铜—早期铁器时代是"古中原类型"人群频繁互动以及华夏（夏、商、周）群团主体人群基因构成积淀的重要时期。铁器时代数次规模甚大的人群"大迁徙"促进族群大规模融合以及汉族在宋代初步形成并持续发展。这些观点有继承、有创新，也有不少还是需要进一步验证的假设。还请感兴趣的学人参看文中详细论述获得进一步了解。

对于"中国人""华夏民族""汉族""中华民族"的起源、形成与发展的研究是学术界普遍关注的最为宏大的学术命题之一。关注度高，也很敏感，相信作者对当前的资料也尽了最大的努力来梳理、分析和总结，但我想错漏肯定还是有的，在此我也想请大家予以持续的关注和支持。

记得夏鼐先生曾讲，"体质人类学"是近代才产生的一门冷僻的学科，专门从事人骨考古的研究更是冷门中的冷门。可想从事这门学科对于一般人来讲是不容易的。近些年来，国内从事人类骨骼考古研究的学者日渐增多，这是学术发展的好事情。涉及学科也包含了人体测量学、人体形态学、古人种学、古病理学、骨化学、古DNA、大数据分析等方法，远胜过去。相信在青年一代的努力下，与其他领域相关研究者紧密协作，能够将新材料、新技术、新方法、新视角有机结合成研究整体"人"的综合性成果，在大家的支持、鼓励以及共同努力下，一定会将"以骨释古""透骨见人""透物见人"做得更好。

我愿意相信这些信奉"长期主义"的年轻人，相信他们会在李济等老一辈工作者开拓、奠定的学科基础上做出越来越好的工作。

是为序！

朱　泓

2024 年 2 月 1 日

于长春高新怡众名城寓所

目　　录

前　言

截至目前，中国人类骨骼考古科学发展已逾百年。① 回溯历史，1923 年在哈佛大学攻读哲学（人类学）博士的李济学成归来，在南开大学任人类学、社会学教授。1923 年 10 月，他在地质学家丁文江（字在君）资助下，② 赴河南新郑一处春秋时期青铜器出土地点做实地考察，③ 并对出土的一些人骨做了体质人类学研究，后写成《新郑的骨》（英文）一文在 *Transactions of the Science Society of China*（Vol. 3，1926 年）发表。④ 该文是华人学者首次在野外观察、搜集人骨资料，首次带着科学思维去观察与研究古代遗留下来的人类遗存，并撰写以古代人类遗骨为中心的科学论文。从这个角度讲，"中国考古学之父"李济

---

① 1921 年，安特生发掘河南仰韶村遗址，搜集发掘中出土的人骨遗存，后交由加拿大人步达生进行研究。1925 年，步达生发表《甘肃史前人种说略》、《奉天沙锅屯与河南仰韶村古代人骨及近代华北人骨之比较》。步达生：《甘肃史前人种说略》、《奉天沙锅屯与河南仰韶村古代人骨及近代华北人骨之比较》，李济：《李济文集》第一卷，上海人民出版社 2006 年版，第 7—23 页。

② 时任中国地质学会秘书长，对田野考古发掘和野外收集资料颇为热心。他获悉河南新郑出土了一批青铜器，鼓励李济亲自前往现场做些基础工作。并自筹二百块大洋作为发掘经费，同时派地质调查所谭锡畴作为助手协助李济到新郑参加工作。此被认为是李济迈出了由人类学家向考古学家转变的第一步，也是中国近现代考古学迈出的一大步。岳南：《南渡北归·离别》（下），《名人传记》2019 年第 1 期。

③ 杨天通：《李济的考古学理论与实践》，硕士学位论文，华东师范大学 2011 年版，第 7 页。

④ 李济：《新郑的骨》，李光谟编：《李济与清华》，清华大学出版社 1994 年版，第 3—18 页。

图 0 - 1　李济

（1896 年 6 月 2 日—1979 年 8 月 1 日）

（参见图 0 - 1）先生也可以称之为"中国人类骨骼考古第一人"。

1923 年夏，李济先生在哈佛大学凝聚三年心血写就 *The Formation of the Chinese People*（今译为《中国民族的形成：一次人类学的探索》）[①] 博士毕业论文。以此为起点，中华民族、中国人起源与发展的科学探索已有百年的探索历程。从李济先生最初在南开大学将科研重点聚焦在体质人类学方面，以出土人骨为研究对象撰写科学论文《新郑的骨》一文开始，百年来历代学者不断耕耘，积累了大量实物资料，撰写了数百篇相关论文，对华夏民族、汉族、中华民族的科学探索早已不是李济先生当年被迫以留学生、华侨为研究对象，以人体测量学为研究方法探索中国人体质发展、[②] 研究中华民族起源的境况。

人类的生物表型特征受先天遗传基因、基因表达和后天成长环境等的综合影响。以考古出土的人类骨骼表型特征来研究中华民族、中国人起源与发展是众多方法中最为直接的一种。本书写作的出发点就是以田野考古出土人骨材料为基础，以华夏民族、汉族、中华民族形成与发展的中国腹心地区为核心讨论场域，该地也是中华民族历史发展、人群活动最为集中、最为频繁的地域，通过梳理自旧石器时代以来化石人群的考古发现，一直到明清时期各考古遗址出土的古代人群骨骼（主要是颅骨）材料，并进行遗传表型特征的分

[①]　出版时修订为《中国民族的形成》。李济：《李济文集》卷一，上海人民出版社 2006 年版，第 51—249 页。

[②]　岱峻：《李济传》，江苏文艺出版社 2009 年版，第 19—20 页。

析、归纳、总结和研究，以厘清中国腹心地区古代人类体质发展的总体进程。

百年前，李济先生坚持以一手材料为立论依据，主张考古遗物的分类应根据可定量的有形物品为基础。同时，他不局限于在地理学的概念中研究中国的考古学问题，也从文化人类学的视角诠释考古资料。中国考古学历经百年发展，中国人类骨骼考古也日新月异。当前的中国人类骨骼考古的涵义应理解为：在唯物主义史观指引下，通过考古出土人类骨骼（抑或化石及其他人类生物遗存）遗存，运用各种技术和方法（包括基础测量、形态观察、古病理学、骨化学、古 DNA、大数据拟合对比分析等）对其进行全面的人类学基础分析，结合出土环境、考古学背景、文献史料等记载，进而探讨古人所处的历史环境、社会以及人与诸历史要素之间关系的考古学分支领域/学科。学科目标是实现从人类骨骼考古遗存视角的"透物见人"。目前，中国人类骨骼考古学科发展正在不断深化。我们很清楚，要实现由"体质人类学"视角向"人类骨骼考古"转变，需要研究对象从人骨遗存本身为主转向以人骨及所处遗存环境相结合为主。研究材料需要更为深入的田野考古背景资料做支撑。工作方式必须深入田野考古全过程，与田野考古深度融合。研究方法上需要进一步拓展人体测量学、人体形态学等信息提取路径，注重跨学科视角切入，将人体骨学、病理学、营养学、骨化学、生物化学、计算机科学、统计学、考古学、人类学、历史学、民族学等学科有机融合，实现交叉式的系统研究，方能有助于"透骨见人"，多学科性和跨学科性已经成为学科发展的内在需求。研究目的也正在由主要聚焦人类的起源与演化，人种类型、分布及其演变过程转向更为关注古代人群与古代遗存关系、古代人群与古代社会之间关系的研究等。研究思路正在逐步转变为以田野考古为中心，更为重视与人骨相关田野基础信息的采集，更为重视实验室研究中各种研究方法的开发与应用，更为重视触类旁通的多学科视角的综合观察和更加重视"以人为本"人文社会科学视角的文化解读。总之，目前中国人类骨骼考古的不断深化还需要学者们从观念上逐步将以"人骨研究"为主，结合多学科手段向"人骨考古"转化。当然，在跨学科互动研究过程中不可避免的会带来碰撞、甚至冲突，但唯有不断试错、深度辨析才可能实现多学科视角"透骨见人"的深度融合与考古学"透物见人"的协同发展。

目前，中国人类骨骼考古积累了丰富材料，从研究方法的角度来讲，李济先生百年前使用的人体测量学方法依然是现在中国人类骨骼考古学者最常采用和最为重要的方法之一。著名考古学家张光直曾说："就中国考古学而言，我们仍活在李济的时代。"①从研究材料的视角来说，这本书是对既往工作成果的梳理和总结，囿于材料积累多寡不均等局限，本书采用的方法还是比较单一的，结果也是宏观的、粗略的，希望阅者给予更多理性的关注与支持。

相信随着考古发现的不断丰富、自然科学技术方法的持续应用以及考古学系统研究的深入，从事人类骨骼考古、考古学的研究人员紧密协作，将考古新材料、研究新技术、探索新方法、观察新视角、阐释新视野有机结合成考古研究、历史阐释的综合体，通过人文社会科学与自然科学相关学科的密切交流，中国乃至东亚地区古代人群演化、发展的历程将会更为清晰。而且必定会随着新技术的开发、新研究方法的应用和新研究思路的拓展，我们将对中国人群的古今演化发展，中国人何以成为今天的"中国人"有更为清晰的认识。

于我个人而言，在这个时间点出版此书也极具纪念意义。今年是随业师朱泓教授研学体质人类学、人类骨骼考古，立足学科建设生物考古实验室的第18个年头。何其幸运，恰逢中国考古学开山之人、"中国考古学之父"李济先生参与田野采集人骨资料开展研究刚

---

① ［美］张光直：《考古学和中国历史学》，中国社会科学院考古研究所编：《考古学的历史·理论·实践》，中州古籍出版社1996年版，第86—102页。

满百年。在开启第二个百年的首年出版此书，倍感命运幸福的安排。

感谢李济先生开创中国人研究中国人类骨骼考古的先河，感谢朱泓教授带我入门。

谨以此书献给中国人类骨骼考古科学发展百年！

第 一 章
绪 论

人类的起源及其文化发展是当今世界十大科学课题之一，也是古今人们饶有兴趣的话题。多少年来，各领域的科学工作者都为此苦苦奋斗着。而对于东亚地区"中国人""华夏民族""汉族""中华民族"的起源、形成、发展问题更是当今"儒家文化圈"民众最为关心的问题——文化上同出一脉的我们，是否在血缘上也出于一脉？百年来一系列重要的考古发现，使人们不得不重新去审视那些先祖讲述给我们曾经熟悉或认知的历史故事。

20 世纪以来，对于关心人类起源和现代人起源问题的学者来讲，也是跌宕起伏。20 世纪 20 年代，北京猿人头盖骨的发现曾一度引发亚洲是人类起源的重要区域的讨论。而 20 世纪 80 年代，随着生物化学、分子生物学研究的发展，特别是 PCR（聚合酶链式反应，即 DNA 体外扩增反应）技术的建立及 DNA 测序技术的进步促进了现代人起源于非洲学说的兴盛。而吴新智等学者综合东亚地区化石材料提出的"连续演化、附带杂交"学说成为全球为数不多的有较多化石证据支持现代人"多地区起源说"的讨论区域。2008 年开始，尼安德特人全基因组研究以及后续引发的现代人起源"同化论"学说的兴起，东亚地区无疑是最值得瞩目的有望解释这些争论的热点地区。目前来看，这三种学说都有不少证据支持，尚未定论。

正如人们认知一切事物一样，对于既往形成的认为确凿无疑的认识，在面对新资料、新理论时，难免一时无所适从，因不同材料支撑、不同立场观点的人会因此发生学术论争，甚至是激烈的论战。本书关于东亚地区人类起源、现代人起源、华夏民族起源、汉族及其文化发展等论题就是这样一类课题。我想只要是开放的、互相尊重的，就一定有利于推动学术研究向正确的方向前进。

本书立足于中国腹心地区百年来考古发现中有关人类遗骸本身及其研究成果，着眼于人类基因遗传、变异以及代谢之后的遗传表型结果来探讨以中原为核心的中国腹心地区古代人类的历史发展问题。因为人类骨骼本身就是深受人类生物遗传影响的遗传表型结果。2016 年以来，金力等中国科学家们倡议发起了以人类表型组[1]研究为核心的"国际人类表型组计划"，[2] 聚焦人类表型组研究对于生命科学及未来发展的重要意义。随着这项研究的发展，针对古人的了解也会更多，我想这也将有助于古代人群遗传表型特征的研究和进一步的学术阐释。

第一节　选题缘起

"中国腹心地区"概念最早见于 2008 年郑州市文物考古研究院、张松林、杜百廉编著的《中国腹心地区体质人类学研究》[3] 一书，该书核心是对中原地区，尤其是对以河南省为中心出土的古

---

[1]　表型组是指生物体从胚胎发育到成长、衰老、死亡过程中所有生物学性状的集合，一般认为是基因与环境以及二者相互作用最后呈现的产物。

[2]　"国际人类表型组计划"是人类基因组计划之后生命科学研究领域的又一科学前沿。该计划将对大规模人群开展跨尺度、全周期的人体系统精密测量，探寻基因—环境—表型之间、微观与宏观表型之间的关联及机制，为未来科学探索绘制新一代"导航图"。将为精准医学、智慧医疗和精准健康管理提供坚实的科学支撑，也将助力构建"健康中国"和"人类卫生健康共同体"。胡德荣：《国际人类表型组计划启动》，2018 年 3 月 27 日，https://www.medsci.cn/article/show_article.do?id=a30a13366088，访问时间：2024 年 1 月 10 日。

[3]　郑州市文物考古研究院、张松林、杜百廉编著：《中国腹心地区体质人类学研究》，科学出版社 2008 年版。

代人类遗骨进行以病理学为主的研究。本书选择此概念，不仅有借鉴前辈优秀思想精髓的含义，也有其概念使用的历史必然和时代内涵。从目前人类骨骼考古发现、研究的主旨来讲，中原地区、黄河中下游地区这些概念虽然都可以进行一定的指代，但是从历史发展的视角，从核心人群的不断迁徙、拓展、融合、发展等维度来看，"中国腹心地区"不仅仅局限在"中原"，框定在"黄河中下游地区"。从历史发展的眼光来看，显然"中国腹心地区"更适合表述不断扩展、范围逐步变大的中国腹心。李济先生曾在其文章中表述："我说现代中国人的体征这个话是很审慎的，因为今日的中国人不同于 500 年前的中国人，而 500 年前的中国人又有别于孔子时代的中国人。"① "中国腹心地区"这一发展的概念非常适合用来讨论关于"中国人"何以成为今天的"多元一体的中国人"，"中国腹心地区"何以成为中华民族这个以汉族为主体、多民族凝聚而成中华民族的历史文化核心地区，甚至"何以中国""何以中国人"的多方面理解。

回顾中国百年考古历程，1921 年瑞典人安特生发现河南仰韶村遗址，揭开了中国现代考古学的大幕，也开创了以科学方法研究中国历史的新路径。而当时，中国知识界深受新文化运动影响，都在寻求救亡图存的路径。内忧外患的社会环境促使李济、苏秉琦、裴文中、吴定良等一批学者重新思考人生定位、价值与使命。看这些先辈的人生履历，经常可以感受到当时学者们浓浓的爱国情怀和强烈的救国愿望。

1923 年夏，李济先生在哈佛大学完成博士学位毕业论文 The Formation of the Chinese People（今译为《中国民族的形成：一次人类学的探索》），获得哲学（人类学）博士学位，回国后在南开大学任人类学、社会学教授，并将科研重点聚焦在体质人类学方面。10 月

---

① 李济：《中国的若干人类学问题》，李济：《李济文集》第一卷，上海人民出版社 2006 年版，第 4 页。

即赴河南新郑一处青铜时代遗址实地考察，并对出土人骨做了体质人类学研究，后写成《新郑的骨》一文。此文是国内学者首篇关于中国境内出土古代人类骨骼的科学研究成果。后他又开展了湖北人群体质调查等千余人的人体测量工作，试图从中追寻湖北人群的历史迁徙源流和基因构成痕迹。1928 年开启的殷墟发掘培养了李济、董作宾、石璋如、高去寻、梁思永、郭宝钧、尹达、夏鼐、胡厚宣等中国考古学第一代学者。中国腹心的安阳殷墟也成为中国考古人才的摇篮。1934 年，苏秉琦大学毕业后，进入北平研究院史学研究会（1937 年改为北平研究院史学研究所），被分配到考古组。1934 年 9 月，他就随徐旭生先生（1888—1976 年）去陕西宝鸡发掘斗鸡台遗址。当时的中国主要有两个机构从事考古学研究，一个是以李济、梁思永为代表的中研院历史语言研究所（简称史语所）考古组，另一个是徐旭生负责的北平研究院史学研究所考古组。前者在 1928 年开启了安阳殷墟的发掘，为商代考古正式发端；而徐旭生带领苏秉琦到斗鸡台发掘，则围绕着周秦考古开展。凡此种种，可以窥见百年前中国考古人的历史使命都是以中国腹心地区核心文化体系开展的。

1978 年，李建复演唱的《龙的传人》日渐流行。歌词中"古老的东方有一条龙，它的名字就叫中国；古老的东方有一群人，他们全都是龙的传人；巨龙脚底下我成长，长成以后是龙的传人，黑眼睛黑头发黄皮肤，永永远远是龙的传人"成为我年少时常哼唱的曲子。当时懵懂，不曾想这段歌词会与本书有何关联。但后来通过阅读苏秉琦先生《华人·龙的传人·中国人——考古寻根记》这本书，[①] 其关于"华（花）人、龙的传人、中国人的源"之联络似乎表明"龙的传人"一直都在指引着我。

本书最初的想法源自攻读博士学位期间，当时着手梳理与安阳

---

① 苏秉琦：《华人·龙的传人·中国人——考古寻根记》，辽宁大学出版社 1994 年版，第 88 页。

殷墟人骨有关的研究成果，在朱泓、王明辉等前辈的指引下搜集了一些资料，似乎有一点点思绪，奈何当时的材料比较少，尤其是战国晚期以及秦以后的资料极少，很难作深入讨论，也就作罢。随着近年来考古发现的不断增多和多学科研究的逐步开展，尽管材料还不是很充分，但我想已可以支撑作一些尝试性的讨论了。

通过认真思考，我认为此书的核心就是以考古记录的黄河中下游地区古代人类遗骸的生物遗传表型特征线索为中心，去探索中国腹心地区古代人群形成、发展与交流的大致轨迹，尽管是粗略的，甚至可能有不少错漏，但不妨作为引玉之砖，供大家思考、辨析、批评、甚至批判，也为促进对"龙的传人"的理解贡献自己一点绵薄之力。希望本书能为中国考古学者百年的努力探索添一块砖、加一块瓦，希望能为中国考古人找到解答中华文明起源与发展这一问题的钥匙提供一个新的观察视角。

第二节　时空范围

自古以来，黄河中下游这一地区一直是中华民族这个以汉族为主体民族的中华民族共同体历史发展的核心地区，这一地区是历代政治、军事、经济、文化的中心，相关研究不胜枚举，也值得进一步深入探索。本书所指中国腹心地区①指的是以黄河中下游地区为核心的广大地域，黄河中下游地区通常以现河南省省域地理分布范围为中心。该地又称中土、中州、华夏、中原，尤其是文献中通常以"中原"来表述，"中原"原意为"天下至中的原野"。

以黄河中下游地区为核心的中国腹地横跨中国地形的第二、三级阶梯，地貌环境包括黄土高原东南部、华北平原以及黄河中下

---

① 此概念最早见于2008年郑州市文物考古研究院、张松林、杜百廉编著的《中国腹心地区体质人类学研究》一书，相较"中原地区""黄河中下游地区"的概念，其更适合表述不断扩展、范围逐步变大的中国腹心地区，此概念更具内涵与延展性。

平原等，区域内有黄河及其支流渭河、汾河、伊洛河、永定河等贯穿其间，交通极为便利，地貌类型以河谷平原和黄土台塬为主，土壤深厚，土质疏松，适宜农业耕作和经济开发。其大部分位于暖温带大陆性季风气候区，降雨充沛，雨热同期，十分适宜发展农业经济，宜于孕育早期农业耕作文明。

中国腹心地区文化底蕴深厚，中国古代王朝也大多在此建都，其长期处于古代中国政治、经济、文化和交通中心。该地是中华文明的重要发祥地，是中华文明孕育、起源、发展和多元一体格局形成的关键区域。在中华文明多元一体格局起源、形成、发展进程中，该地考古学文化从未间断，文化发展跌宕起伏，历经多次高潮或低谷，但其始终与周边区域进行着不间断地文化交流与互动，取长补短、共生共荣、创新生长。

黄河是华夏民族的母亲河，黄河中下游地区是中国古代文明孕育、产生和发展的最主要地区之一。万里黄河在这片肥沃的土地上奔腾咆哮，一泻千里，在黄河中下游地区形成了辽阔的冲积扇平原，千百年来黄河哺育着两岸的亿万华夏儿女，为中华民族的繁衍生息提供了一片理想场域。自古以来，这一地区一直是以汉族为主体民族的中华民族共同体历史发展的核心地区，这一地区不仅孕育了汉民族及其前身——华夏族，同时由于其特殊的地理位置而成为历代政治、军事、经济、文化的中心，其强大的辐射力不断影响和吸引周边地区诸多族群投身于这个民族的大熔炉之中。正是通过长期的人群迁徙、民族融合、文化碰撞和基因交流，多元一体的中华民族得以逐渐发展、壮大。对该地区古代人群人类遗骸进行人群人类学类型的探索将有助于了解各族群在历史长河演进过程中所起到的特殊作用，为深入了解华夏民族、汉族以及中华民族的历史形成过程提供有益的参考。

本书立足于中华文明产生、孕育、发展、成熟的核心区域，通过对中国腹心地区自旧石器时代以来古代人群人类学特征、人类学类型的研究实践及其反映的人群演进的分析与对比，试图探求中国腹心地区人类群体体质特征与类型变化的总体过程。

考虑到研究材料的相关度以及研究目的的针对性，中国腹心地区空间范围大致覆盖现今行政区划的陕西省、山西省、河南省、山东省以及河北省等。参考各地研究资料的积累程度、考古学文化的相似性或地域的连续性等问题，本书论述范围依据研究情况适当拓展，核心区域以关中、豫西、郑洛、晋西南以及海岱地区为中心。

时间或年代范围涵盖了旧石器时代、新石器时代、青铜—早期铁器时代以及铁器时代四个阶段。旧石器时代大致指距今约 10000 年左右以前漫长的历史时期；新石器时代大致划分为三段，即裴李岗时代（距今约 9000~7000 年）、仰韶时代（距今约 7000~5000 年）和龙山时代（距今约 5000~4000 年）；① 青铜—早期铁器时代大约始于距今 4100 年或略早（大体相当于文献记载当中的夏纪年），一直延续到距今 2400~2300 年左右，大致相当于古史记载当中的夏纪元开始，经历商、西周一直延续到春秋战国时期；铁器时代指秦统一六国以后的历史时期，大致从公元前 221 年一直延续到明清时期。

第三节　研究简史

中国腹心地区关于人类骨骼的考古研究几乎与中国考古的发展同步。大致可分为萌芽期、草创期、发展期、成型期和新时代多学科交融期。

萌芽期：始于 20 世纪初，大致到 20 世纪 20 年代，以学者们采集"龙骨"时发现古人类、古生物化石遗存为代表。起初，王懿荣等学者在采集甲骨时发现大量"龙骨"，其中包含大量古生物化石。受此启发，1903 年，德国古生物学家舒罗塞（M. Schlosser）发表了对中国

---

① 王建华：《黄河中下游地区史前人口研究》，科学出版社 2012 年版，第 17 页。

药店中购得"龙骨"（即古生物化石）的研究结果，指出其中一件标本很像人类的牙齿。这枚牙齿显示中国有可能存在远古人类，引起了西方人类学家的普遍关注。而后奥地利古生物学家师丹斯基（C. Zdansky）在1921年和1923年两度发掘北京周口店龙骨山，获得两枚古人类牙齿。这一阶段的相关研究都是国外学者开展的。

此阶段仅是发现少量人类化石，尽管学者们已经意识到在久远的时代可能有人以及伴生的动物群生活在中国腹心地区，但涉及的研究非常有限。正是这些古老化石的发现，启发了时人对古代人类及生物遗存的研究兴趣及进行科学研究的出发点，为后期留美学生李济等参与人类学研究、人类化石研究奠定了思想基础。

草创期：开始于1923年，至1949年中华人民共和国成立。开始的标志是1923年李济先生从哈佛大学留学归来，参与河南新郑、夏县西阴村、安阳殷墟①考古发掘，对出土人骨开始开展搜集、保存、整理和相关研究，以考古学科学方法介入人类学研究，撰写《新郑的骨》为标志。1926年，在北京协和医学院任教的步达生（D. Black）（加拿大解剖学家、人类学家）教授对采自辽宁、河南和甘肃等地的一些史前时期居民骨骼进行了研究。② 还有地质学背景的裴文中于1929年12月2日（另一说法是12月4日③）于北京（北平）周口店龙骨山半山腰的洞穴里发现了北京猿人第一个头盖骨化石④（参见图1-1），这可以说是此阶段最为重要的考古发现。⑤ 以中国地质调查所⑥所长翁文灏

---

① 杨希枚：《河南安阳殷墟墓葬中人体骨骼的整理和研究》，中国社会科学院历史研究所、中国社会科学院考古研究所编著：《安阳殷墟头骨研究》，文物出版社1985年版，第21—49页。
② ［加］步达生：《甘肃史前人种说略》和《奉天沙祸屯及河南仰韶村之古代人骨与近代华北人骨之比较》，李济：《李济文集》第一卷，上海人民出版社2006年版，第7—23页。
③ 李锐洁、高星：《他不仅是第一个北京猿人头盖骨的发现者》，《中国科学报》2024年1月19日，第4版。
④ 裴文中：《周口店洞穴层采掘记》，地震出版社2001年版，第78—91页。
⑤ 先后参加发掘的有加拿大解剖学家步达生（D. Black）、中国古生物学家裴文中和德国解剖学家、体质人类学家魏敦瑞（F. Weidenreich）等人。
⑥ 1929年中国地质调查所和美国人开办的协和医学院联合成立了专门发掘与研究周口店的新生代研究室（即中国科学院古脊椎动物与古人类研究所的前身）。

（地质学家）为代表的一批地质学背景的学者以及大量西方学者（如法国古生物学家、地质学家德日进，法国巴黎大学步日耶）开始关注东亚地区作为人类起源地的可能性（参见图1－2）。此外，还有魏敦瑞（F. Weidenreich）对北京猿人（参见图1－3）和山顶洞人的研究以及步达生和莫尔斯（W. R. Morse）等人对近代中国居民体质特征的考察。而吴定良等学者的回国研究更是为人类学的研究团队组建、后续的可持续性研究奠定了人才基础。同时，大量西方著作被不同途径引入。①从国家层面来讲，当时的国民政府专设研究机构中研院历史语言研究所（简称史语所）考古组，以留

图1－1 裴文中抱着刚出土的
"北京人"头盖骨化石
（1929 年，拍摄者关注化石而忽略了
裴文中的头面部）

美归来的李济、梁思永为代表，并在中国西南等开展时人体质特征研究，积累了大量原始数据。1934 年原中研院历史语言研究所成立人类学组（侧重体质人类学研究），②标志着中国体质人类学学科的正式诞生。此外，还有一个研究机构是由徐旭生、苏秉琦等负责的北平研究院史学研究会（1937 年改为研究所）考古组。

---

① 如《古生物学》，1925 年版。参见 Karl A. Von Zittel. Max Schlosser, et al. ，"Text Book of Palaeontdogy" Macmillan&Co. Ltd 1925。

② 杜靖：《1895～1950 年间的中国体质人类学研究与教学活动述略》，《人类学学报》2008 年第 2 期，第 182—190 页。

图 1 - 2   1931 年，裴文中（左）、翁文灏（中）与步日耶在周口店合影

　　从 1923 年到中华人民共和国成立前，是以美国、英国等广义人类学研究思路为代表的研究阶段。此阶段，在方法上以西方近代体质人类学理论为基础，注重发掘和搜集考古所得头骨并开展研究。此时，考古发现、研究方法的科学性、人才梯队建设等方面与世界同步，甚至得到西方学者极大的关注。

图 1 - 3   北京周口店直立人头骨的复原

发展期：主要集中在 1949 年到 1987 年。中华人民共和国成立初期，中央人民政府专设社会文化事业管理局管理文物相关工作。1950 年，北平研究院史学研究所并入新成立的中国科学院考古研究所。1952 年至 1955 年间，由裴文中发起，社会文化事业管理局（原文物局）和中国科学院考古研究所、北京大学联合举办四届考古工作人员训练班，培养了来自全国各地的 341 位学员。该阶段河南郑州二里冈商代遗址、河南洛阳周汉代墓葬等一批考古工作不断开展。体质人类学研究主要集中于资阳人等人类化石以及殷墟等既往考古及田野考古新发现人类遗骸的研究。方法上借鉴西方研究成果，普遍采用人类骨骼测量学、形态学进行研究，出版了《人体测量方法》[①]《人体测量手册》[②] 等奠基性成果。1982 年《人类学学报》创刊，研究重点也开始关注全新世和历史时期出土人类遗骸的研究。吴汝康、颜訚、吴新智、韩康信等一批受医学、遗传学、生命科学教育的国内学者开始承担起研究的重任，考古学科知识背景培养的潘其风等开始崭露头角。以国家文物局委托四川大学历史系举办全国考古专业体质人类学进修班为平台，复旦大学邵象清教授等授课，国内一批中青年学者开始成长（参见图 1 – 4）。中国科学院古脊椎动物与古人类研究所在各省、市、自治区文物考古部门和各级人民政府的支持和配合下，在古人类化石和古灵长类动物化石的发掘、整理和研究方面取得了卓越的成就。中国科学院考古研究所 1977 年从中国科学院体系调整到中国社会科学院考古研究所，侧重于对新石器时代和历史时期古代人骨的种族人类学研究。对 10000 年以前旧石器时代化石人类的研究和全新世以来及历史时期研究的分化一方面反映出研究重点的划分，另一方面也折射出大量考古发现的研究压力需要研究团队开始有所侧重。这一阶段以和县猿人等人类化石、曾侯乙墓、马王

---

① 吴汝康、吴新智、张振标：《人体测量方法》，科学出版社 1984 年版。
② 邵象清：《人体测量手册》，上海辞书出版社 1985 年版。

堆汉墓等考古发现为标志，国内跨学科知识背景的中青年学者开始成长起来，除中国科学院、中国社会科学院外，地方上的湖北省文物考古研究所、陕西省考古研究所，高校中的复旦大学生物系人类学研究室的人类学家在我国现代人体测量学方面也都取得了很大的成绩。厦门大学、吉林大学开始专设人才培养机构，培养考古学、遗传学方面的人才。1985 年，朱泓教授领衔组建了吉林大学体质人类学实验室，开始以实验室为单元收集整理古代人骨资料。

自 1949 年中华人民共和国成立开始，马克思主义和前苏联模式深刻影响中国，大陆地区的人类学研究取向发生重大转变，主要体现在考古学领域针对古代人类本身生物遗存的人类学研究迅即由 1949 年以前的广义人类学主张转向狭义人类学取向。此外，团队扩大、专门研究机构和人员数量迅速增加、研究领域更加全面，涉及体质人类学、人体解剖学、人体形态学、古病理学等多个方面。应当说，中华人民共和国成立以来针对考古出土古代人类遗骸的主体研究，是在借鉴以前苏联、日本等学者倡导的狭义人类学思想体

图 1-4　四川大学历史系举办全国考古专业体质人类学进修班师生合影

系指导下进行的，是以探究人类的起源与演化、人类不同体质特征的形成与分布规律为学术目标的。

成型期：主要为 1988 年到 2014 年。最为典型的标志是古 DNA 研究思路和方法的借鉴。1953 年，沃森（Watson）和克里克（Crick）发现了 DNA 双螺旋结构，后逐步开始人类基因组研究计划。尤其是古 DNA 技术的考古学应用是这一阶段最显著的表现。帕博（Pääbo）在 1985 年首先运用分子克隆技术从 23 具埃及木乃伊中获取了距今约 4000 多年的古 DNA，是最早将古 DNA 技术应用于考古材料的研究案例。1987 年提出的关于现代人起源的"线粒体夏娃理论"引发了考古界极大的讨论。[①] 中国体质人类学研究借鉴国际学界研究思路，开始进入自然科学方法应用于考古学研究的新阶段，以 1998 年吉林大学建立国内首家古 DNA 考古实验室为标志，开始从人类遗传表型和基因型相结合的视角开展人类遗传及演化研究，体质人类学与古 DNA 相结合的表型与基因型研究大大拓展了人们对于古代人群的认识，涉及古代人骨个体鉴定、家系鉴定和种系鉴定等，形成了系统的生物学研究思路。复旦大学等侧重于遗传学的研究。以辽宁医科大学为代表的今人类学研究也取得了重大进展。中国科学院古脊椎动物与古人类研究所、中国社会科学院考古研究所等开始建立古 DNA 实验室，大量的古 DNA 研究成果逐步丰富了对人类发展的研究，但受限于方法，主要集中在全新世历史时期古人类的 DNA 研究，鲜有旧石器时代的成果，仅有北京田园洞人等少量旧石器时代化石人类的研究。此外，分子人类学、牙齿人类学、性别考古学、人口考古学、骨骼同位素分析等理论和方法[②]引入中国，现代统计学的各种多元统计分析方法，如聚类分析、主成分分析、因子分析等得到广泛应用。[③] 1993 年，朱泓出版了

---

①　刘武、叶健：《DNA 与人类起源和演化——现代分子生物学技术在人类学研究中的应用》，《人类学学报》1995 年第 3 期，第 266—281 页。

②　刘武：《〈牙齿人类学进展〉评介》，《人类学学报》1996 年第 1 期，第 89—91 页。

③　孟庆福、王义民、朱泓：《中国新石器时代居民体质特征的多元统计分析》，《社会科学战线》1992 年第 4 期，第 316—322 页。

我国第一部体质人类学专业教材《体质人类学》。2004 年再版的《体质人类学》统编教科书入选普通高等教育"十五"国家级规划教材，被多所高校选用为教学参考书。朱泓等研究团队建立了中国先秦时期古代人种遗传坐标体系。自 20 世纪 90 年代开始逐步提出了中国古代人群的分类系统，将中国古代人群依据颅骨表型分为"古东北类型""古华北类型""古西北类型""古中原类型""古华南类型"和"古蒙古高原类型"等。① 王明辉等开始人骨遗存保护、展示利用等科研尝试。研究思路上该阶段也开始关注颅骨、牙齿等其他骨骼部分的研究。如身体发育、骨骼病理等生存状态、行为习惯、饮食结构等，以及利用计算机模拟技术开展三维容貌复原研究等。对北京市老山汉墓、江苏省泗水汉墓、内蒙古吐尔基山辽墓、广西桂林甑皮岩等考古出土古人类颅骨的复原研究引发社会广泛关注。该阶段学者们还发表了许多综合性研究论文、专著等，如韩康信出版的《丝绸之路古代居民种族人类学研究》等。② 国际合作也逐步加强，如中国科学院古脊椎动物与古人类研究所与德国格廷根大学人类学研究所，潘其风、韩康信先生与日本东京大学、日本九州大学等。通过积极合作，信息互通，取长补短，此时的研究更加多元化。

新时代多学科交融期主要指 2014 年以来。2014 年 8 月 14 日，经中国考古学会批准，"中国考古学会人类骨骼考古专业委员会"在吉林大学边疆考古研究中心成立。以人类骨骼考古为名，针对古代人类遗存开展研究是国际考古学科发展的一个必然趋势，也是中国考古学与世界接轨的一项重要标志。③ 专委会的成立正式开启了有组织地开展多学科视野交流古代人类生物遗存研究的新局面。21 世纪以来，中国人类骨骼考古专业领域学科发展迅速，学科体系日趋完善，理论建

---

① 朱泓、张旭：《泓涵演迤 博骨辨宗——朱泓先生访谈录》，《南方文物》2019 年第 2 期，第 37—50 页。

② 韩康信：《首届人类学终身成就奖获得者韩康信先生的人类学生涯回顾》，《现代人类学通讯》2010 年第 4 期，第 115—124 页。

③ 王明辉：《中国考古学会人类骨骼考古专业委员会在长春成立》，《人类学学报》2015 年第 1 期，第 137 页。

设和个案研究不断深化，专业队伍不断壮大，实验室建设趋向国际化，支撑了许多重大课题的研究。人类骨骼考古专业委员会在推动体质人类学、古人类学、分子考古学、古病理学、人类食谱结构等各相关研究领域的科研人员开展国内外学术交流，提高研究水平，加强人才梯队建设，促进事业全面、协调、可持续发展上起到了积极的催化作用。人类骨骼考古专业委员会通过定期召开学术会议进行交流，积极开展国内外同行学术交流，参与国际人类骨骼考古合作研究，组织探讨人类骨骼考古理论、实践和田野工作以及实验室操作方法，建立中国人类骨骼考古资料和信息数据库，促进不同单位间资源共享、相互交换等多元化方式加强信息沟通。目前，专委会协同中国考古学大会先后在长春（2016）、[1] 郑州（2016）、[2] 西安（2016）[3] 成都（2017、[4] 2018[5]）、青岛（2019）、[6] 三门峡（2021）、[7] 通辽（2023）[8]、西安（2023）[9] 召开了九届以专委会（参见图1-5）为单位的学术交流，向学术界介绍最新信息和研究成果，搭建起国内外人类骨骼考古交流平台。国家文物局组织制定了人类学采样、整

---

[1]　王明辉：《人类骨骼考古大有可为——人类骨骼考古专业委员会成果综述》，吉林大学边疆考古研究中心编：《边疆考古研究》第20辑，科学出版社2015年版，第427—437页。

[2]　配合中国考古学大会在河南省郑州市黄河迎宾馆召开。

[3]　2016年9月22日至23日，首届中国人类骨骼考古专业委员会年会在西北大学文化遗产学院顺利召开。赵东月：《首届中国人类骨骼考古专业委员会年会纪要》，文化遗产研究与保护技术教育部重点实验室、西北大学文化遗产与考古学研究中心编：《西部考古》第13辑，科学出版社2017年版，第335—340页。

[4]　2017年10月27日至30日，由中国考古学会人类骨骼考古专业委员会主办、四川大学历史文化学院承办的以"透骨见人：多维视角探寻多彩的古代人类生活"为主题的人类骨骼考古专业委员会第二届年会在四川大学成功举办。曹豆豆、原海兵：《"透骨见人"：多维视角探寻多彩的古代人类生活——"2017年中国考古学会人类骨骼考古专业委员会年会"纪要》，四川大学博物馆、四川大学考古学系、成都文物考古研究院编：《南方民族考古》第17辑，科学出版社2018年版，第318—327页。

[5]　配合中国考古学大会在四川省成都市金牛宾馆召开。

[6]　2019年9月6日至8日，中国考古学会人类骨骼考古专业委员会第三届年会暨生物考古学高端论坛在山东大学青岛校区召开。

[7]　配合中国考古学大会在河南省三门峡市举办。

[8]　2023年8月23日，中国考古学会人类骨骼考古专业委员会第四届年会在内蒙古通辽市召开。

[9]　配合中国考古学大会在陕西省西安市举办。

理和研究标准以及古 DNA、同位素采样和实验室标准等。近年来，一大批中青年学者不断成长，相信随着基础科学技术的发展，在文理交叉、相互渗透的学科背景下，在未来年轻学者们的努力下，中国人类骨骼考古必将取得更多令世人瞩目的重要进展。

图 1-5　2017 年中国考古学会人类骨骼考古专业委员会年会参会人员合影

　　总体而言，自从现代考古学引进中国大陆以来，从步达生对仰韶村、① 李济对新郑出土人骨②的研究开始，学者们对古人骨骼的研究都极为关注。受恩格斯《自然辩证法》③《苏联大百科全书》④ 罗金斯基

---

　　① ［加］步达生：《奉天沙锅屯与河南仰韶村古代人骨及近代华北人骨之比较》，李济：《李济文集》第一卷，上海人民出版社 2006 年版，第 10—23 页。
　　② 李济：《新郑的骨》，李光谟编：《李济与清华》，清华大学出版社 1997 年版，第 3—18 页。
　　③ 恩格斯：《自然辩证法》，于光远等译，人民出版社 1984 年版，第 28 页。
　　④ ［苏］楚卡诺娃等编：《苏联大百科全书选译》，千山译，上海人民出版社、生活·读书·新知三联书店 1956 年版，第 25 页。

等《人类学》①影响编撰的《辞海》"人类学"词条②以及关于体质
人类学③的教材，其核心均以研究人类体质特征与类型在时间和空
间上的变化及其规律为主要内容。尤其是中华人民共和国成立以
来深受马克思历史唯物主义和辩证唯物主义史观及苏联教育模式
影响、培育的老一辈人类学工作者，他们在狭义人类学（体质人
类学）学科体系引领下开展了大量卓有成效的工作。针对考古出
土古代人类遗骸，充分参考出土背景、文化属性等信息，运用唯
物史观方法论，④ 践行人民群众是推动历史进步和发展的根本动
力⑤思想，将人类自身演化过程中社会文化因素和历史发展因素的
影响与具体考古实践相结合建立了"中国古代人种坐标体系"。⑥
该体系搭建起以中国人类化石为基础的亚洲人类起源与演化以及
新石器时代以来古代人群的遗传表型分群框架，为梳理中国腹心
地区古代人群的体质发展奠定了思想基础、基本方法论、研究材
料基础和文化阐释逻辑起点。

第四节　关键概念

为便于读者阅读，现对文中涉及的一些关键概念予以说明。

---

① ［苏］Я. Я. 罗金斯基、M. J. 列文：《人类学》，警官教育出版社 1993 年版，第 6—9 页。
② 辞海编辑委员会编：《辞海》第七版，中华书局 2019 年版。夏征农、陈至立主编：《辞海》第六版，辞书出版社 2009 年版，第 1882—1883 页。
③ 张实：《体质人类学》，云南大学出版社 2009 年版，第 1 页。朱泓：《体质人类学》，高等教育出版社 2004 年版，第 2、288—289、348—349 页。
④ 马克思、恩格斯：《德意志意识形态（节选本）》卷一，人民出版社 2018 年版。
⑤ 毛泽东：《论联合政府》（1945 年 4 月 24 日），《毛泽东选集》第三卷，人民出版社 1991 年版，第 1031 页。
⑥ 颜闇：《从人类学上观察中国旧石器时代晚期与新石器时代的关系》，《考古》1965 年第 10 期，第 513—516 页。朱泓：《建立具有自身特点的中国古人种学研究体系（代序）》，《中国古代居民体质人类学研究》，科学出版社 2014 年版，第 i—v 页。

一　表型

表型（Phenotype）是生命科学等遗传学领域相对于基因型的概念。其通常指生物体从胚胎发育到成长、衰老、死亡过程中所有生物学性状的表现或集合，一般认为是基因与环境以及二者相互作用最后呈现的产物。

二　人种

人种（Race），亦称"种族"，是生物学概念，以现存人类的形态特征和遗传学性状为依据，侧重于对人群自然生物属性的描述。人种指根据一些遗传表型特征（活体如皮肤颜色，头发形状和颜色，胡须发达程度，眼色和眼、鼻、唇部形状，身高和体型及头型和面型等；骨骼上如眉弓、鼻前棘和犬齿窝的发达程度以及下颌圆枕、印加骨、铲形门齿等；还有遗传基因、血型、指纹、齿形、耵聍等）体现出的指征划分区别于其他人群的某些共同遗传体质特征的人群。这些共性遗传特征是在一定地域、在漫长的环境适应、人群遗传演化过程中逐渐形成的。这一概念在某种程度上与人类自然地理分布密切相关。当前，学术界通常以公元1600年以前人群分布状态为依据，以尽量规避大规模人群流动带来的影响。需要指出的是，当今世界上一切现存的人类，在生物学上都属于无生殖隔离的同一个物种，即生物分类法中的智人种下的晚期智人，这一概念在使用时大体上相当于动物界中的亚种。

值得注意的是，"人种"这一概念原本是人类学研究中进行人群客观、科学、分类描述的中性词汇，但当前受科学种族主义泛滥思潮的影响，这一概念表达日益敏感。

三　民族

民族（Ethnic）是指根据历史上人们在一定地域活动范围内，因较稳定地使用某种语言，共享一定的文化传统、群体意识以及精神信仰，经历一定的历史演变形成的较稳定的人群共同体。其本质上是一个文化概念，主要侧重对某一人类群体社会文化属性的考察。

值得注意的是，一个种族常常可以包含一个或几个民族，而一个民族也可以包含一个或几个种族成分，二者不可等同视之。

四 蒙古人种

蒙古人种（Mongoloid）亦称黄色人种、亚美人种。主要分布在东亚、东南亚、西伯利亚和美洲等地。

蒙古人种主要体质表型体现在皮肤中间色调为黄色，存在着由较浅到较深的一系列变化。通常头发为黑色，较粗硬，绝大多数为直发，其南部类型中有稍高比例的波发出现率。胡须少或极少，体毛不发达。面部扁平度很大，颧骨明显突出，脸部宽大。眼裂多狭窄，常见眼外角高于眼内角，内眦皱褶和上眼睑皱褶出现率较高，北部类型此性状为甚，眼色多呈褐色或黑色。鼻子宽度中等，鼻根常较低矮或中等。唇厚中等，多为凸唇型。颅骨特征上，蒙古人种通常具有很大的朝向前方的鼻颧骨，反映出其上面部在垂直方向上相当扁平。颧骨比较高、宽，颧骨上颌骨下缘处有较明显的转折。眶型普遍偏高。鼻根点凹陷比较浅。除美洲类型外，鼻骨一般较低平。鼻前棘、犬齿窝通常发育较弱。蒙古人种人群中存在较高频次的矢状嵴、下颌圆枕和铲形门齿出现率。

根据某些体质特征差异或地理分布，蒙古人种可进一步划分为东亚类型、北亚类型、南亚类型、东北亚类型和美洲类型。

五 欧罗巴人种

欧罗巴人种（Europoid）亦称白色人种、欧亚人种或高加索人种。在欧洲殖民扩张以前，主要分布在欧洲、西亚、北非和南亚次大陆的北部等地。现分布很广，遍及全球，在美洲、大洋洲人口中占很大比例。

欧罗巴人种主要体质表型体现在人群间肤色变异很大，由

极浅到很深均有。眼色中天蓝色、灰色、浅绿色等浅色调人群
占一定比例，亦有黑褐色等深色调人群。成年人通常缺乏内眦
皱褶，上眼睑皱褶欠发达。多为直发或波发，质地细软。发色
变异范围也很大，从很浅的金黄色、亚麻色、灰色到较深的火
红色、黑色等色调在群体中均占一定比例。胡须、体毛发达。
嘴唇较薄，口裂宽度较小，多为正唇型和正颌型。鼻根很高，
鼻型狭窄，鼻部显著向前突出，鼻孔纵径明显大于横径。眼眶
略显凹陷。颧骨不突出，面部扁平度较小。颅骨特征上，其通
常有高而狭窄的梨状孔，鼻指数小或中等，鼻根指数很大，鼻
前棘多很发达。眉弓发育显著，犬齿窝多发育较深。颧骨较低、
窄，颧骨上颌骨下缘缺乏明显的转折。鼻颧角一般较小，鼻根
点凹陷常很深。

根据某些遗传性状及地理分布，欧罗巴人种又可进一步分为大
西洋—波罗的海类型、印度—地中海类型、中欧类型、白海—波罗
的海类型和巴尔干—高加索类型等区域类型。

六　古中原类型

古中原类型（Paleo-Central Chinese type）主要指根据中国腹心
地区考古发现的仰韶文化、大汶口文化、庙底沟二期文化、龙山文
化人群及殷墟中小墓 B 组、西村组、瓦窑沟组等人群共性特点总结
出的先秦时期人群遗传表型类型。因其主要分布在先秦时期的中原
地区，故称之为"古中原类型"（参见图 1 - 6）。该类型人群的主要
体质特征体现为偏长的中颅型，高而偏狭的颅型，中等偏狭的面宽
和中等上面部扁平度，较低的眶型和明显的低面、阔鼻倾向。如果
将其与现代亚洲蒙古人种各区域类型相比较，其表型特征介于东亚
类型和南亚类型之间，并且在若干体质特征上与现代华南地区人群
颇相近似（参见图 1 - 7）。从现有古人骨资料看，中国腹心地区先
秦时期原始土著居民就是"古中原类型"。

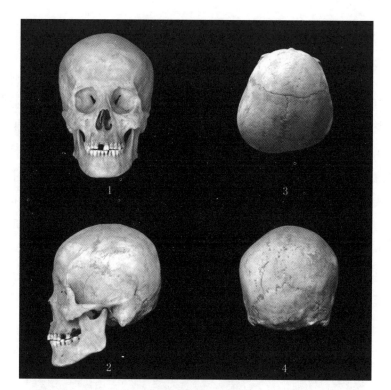

图1-6　"古中原类型"人群男性典型颅骨

（山西太谷白燕遗址，1：正面观；2：左侧面观；3：顶面观；4：后面观）

图1-7　"古中原类型"人群男性典型颅骨复原像（朱泓提供）

七 古华北类型

古华北类型（Paleo-North Chinese type）主要指根据先秦时期分布于内蒙古长城地带考古发现的古代人群（如庙子沟新石器时代人群、朱开沟早期青铜时代人群、毛庆沟和饮牛沟东周时期人群及白庙墓地 I 组人群等）颅骨共性特征总结出的古代人群类型。其主要体质特征是高颅窄面，伴有较大的面部扁平度，同时还常有中等偏长而狭窄的颅型（参见图1-8）。其与现代亚洲蒙古人种东亚类型很相似，但在面部扁平程度上又存在较大差异，他们或许是现代亚洲蒙古人种东亚类型组成的一个重要基因来源（参见图1-9）。其应该是先秦时期内蒙古长城沿线最主要的原始土著人群，其中心分布区集中在内蒙古中南部到晋北、冀北一带以及西辽河流域等区域。

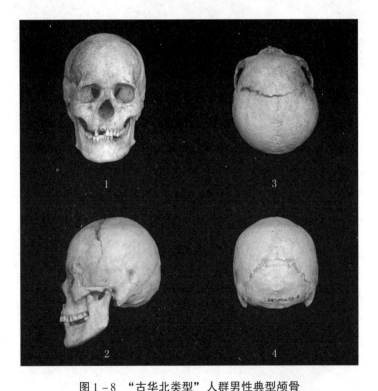

图1-8 "古华北类型"人群男性典型颅骨

（内蒙古察右前旗庙子沟遗址，1：正面观；2：左侧面观；3：顶面观；4：后面观）

图 1-9　"古华北类型"人群
男性典型颅骨复原像（朱泓提供）

八　古东北类型

古东北类型（Paleo-Northeast Chinese type）主要指以分布于我国东北地区先秦时期新开流文化、小河沿文化、夏家店下层文化（第二、三分组人群）、西团山文化、庙后山文化类型（或称马城子文化）、平洋墓葬、郑家洼子青铜短剑墓、关马山石椁墓和水泉墓地人群等为代表的颅骨共性特征总结出的古人群类型。其主要体质特征表型表现为颅型较高，面型较宽阔且颇为扁平（参见图 1-10），其与现代亚洲蒙古人种东亚类型之间相似程度也很高，但在颧宽绝对值较大和较为扁平的面形上差异明显，或许指示其对现代亚洲蒙古人种东亚类型也有较多的遗传贡献，或许反映的是现代亚洲蒙古人种东亚类型某个祖先类型的基本形态。其中心分布区就在我国东北地区，其应是东北地区远古时期的土著类型，至少也是该地区最主要的古代土著类型之一。

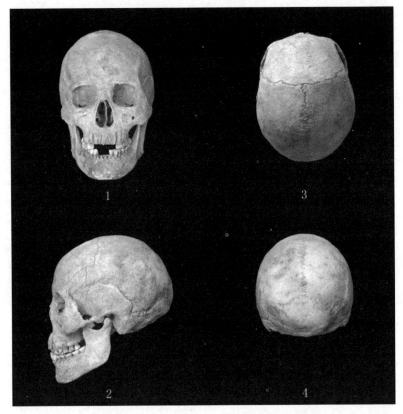

图 1-10　"古东北类型"人群男性典型颅骨

(内蒙古敖汉旗水泉墓地，1：正面观；2：左侧面观；3：顶面观；4：后面观)

九　古西北类型

古西北类型（Paleo-Northwest Chinese type）主要是指根据先秦时期我国西北地区考古发现的宁夏海原菜园墓地新石器时代人群，青海民和阳山墓地半山文化人群，青海乐都柳湾墓地半山文化、马厂文化和齐家文化人群，甘肃宁定杨洼湾墓地齐家文化人群，甘肃玉门火烧沟墓地、酒泉干骨崖墓地和民乐东灰山墓地早期青铜时代人群，青海民和核桃庄墓地辛店文化人群以及青海循化阿哈特拉山墓地卡约文化人群颅骨共性特征总结出的古代人群类型。这些人群颅骨体现出的遗传表型极其一致，主要表现在颅型偏长，高颅型结合偏狭的颅型，中等偏狭的面宽，高而狭的面型，中等的面部扁平度，中眶型、狭鼻型和正颌型（参见图1－11）。这种体质特征与现代亚洲蒙古人种东亚类型和近代华北组颇为相似。先秦时期该类型人群主要分布在黄河流域上游的甘青地区，北向在内蒙古额济纳旗居延地区，东向稍晚时期在陕西省关中平原及其邻近地区均有发现。"古西北类型"人群与现代华北地区居民之间也极其相似。

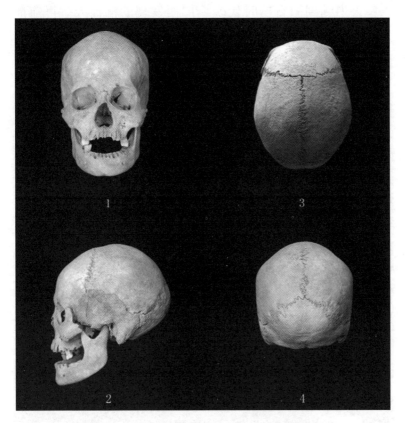

图1－11 "古西北类型"人群男性典型颅骨

（青海民和核桃庄墓地，1：正面观；2：左侧面观；3：顶面观；4：后面观）

十　古华南类型

古华南类型（Paleo-South Chinese type）主要是指以我国华南地

区考古发现的先秦时期浙江余姚河姆渡、福建闽侯县石山、广东佛山河宕、广东南海鱿鱼岗、广西桂林甑皮岩等人群颅骨表型共性所总结出的古代人种类型。该类型人群颅骨体现出的遗传表现主要为长颅型、低面、阔鼻、低眶、突颌（参见图1－12）、身材比较矮小等。他们在体质特征上与现代华南地区绝大多数居民（含南方汉族和少数民族）均有所不同。其与东南亚现代印度尼西亚以及大洋洲现代土著、美拉尼西亚人群等比较相似（参见图1－13）。该类型人群可以一直追溯到旧石器时代晚期广西发现的柳江人。目前证据显示，该类型人群在先秦时期很可能广泛分布于浙、闽、粤、桂一带的我国南方地区。

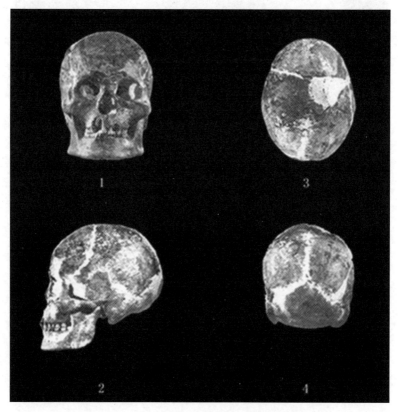

图1－12　"古华南类型"人群男性典型颅骨

(福建闽侯县石山遗址，1：正面观；2：左侧面观；3：顶面观；4：后面观)

图 1 – 13 "古华南类型"人群男性典型颅骨复原像（朱泓提供）

十一 古蒙古高原类型

古蒙古高原类型（Ancient Mongolian Plateau Type）是指以内蒙古和林格尔县新店子墓地等为代表的，以蒙古高原为中心分布的古代人群共性特征总结出的古代人群体质表型特征类型。该类型人群体质基因表型一般具有较小的颅长绝对值，圆颅型、偏低的正颅型结合阔颅型的颅部形态，面部具有颇大的颧宽绝对值和上面部扁平度，低眶和偏狭的中鼻型，较为垂直的面形和中等程度的齿槽面性状等（参见图 1 – 14）。其与现代亚洲蒙古人种北亚类型在颅骨表型特征上显示出较多一致性。中国境内该类型人群最早出现在东周时期的内蒙古中南部，可能是青铜时代受气候急剧变化由更远的北方南下迁徙到今天内蒙古中南部地区的一批牧人及其后裔，其主要基因成分可能流入到时代较晚的匈奴人、鲜卑人、契丹人和蒙古人的血液中。东周以后其广泛分布于北方长城地带沿线，东到辽宁，西至宁夏，而北部范围可到蒙古国以至外贝加尔等地区。该类型人群通常以牧业经济形态构成其主要生产生活方式，在匈奴、蒙古等群团中，该类型人群占比较高。

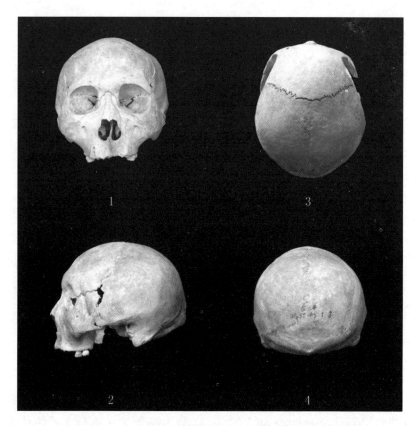

图1-14　"古蒙古高原类型"人群男性典型颅骨

（内蒙古乌兰察布东大井遗址 M1：1，1：正面观；2：左侧面观；3：顶面观；4：后面观）

十二　汉族

汉族（Han Chinese）是中国主体民族，大约占全国总人口数量的93.3%。现代汉族的形成有一个漫长积淀的历史过程，其最初基础应当是先秦时期的华夏族，[①] 其应当是以华夏族为主干，后来历经

---

① 王松龄：《关于我国古代民族的形成问题》，《四平师范学报（哲学社会科学版）》1980年第3期，第9—13、34页。王雷：《民族定义与汉民族的形成》，《中国社会科学》1982年第5期，第143—158页。周双利、李民佑：《略论汉民族与汉民族语的形成》，《中国社会科学院研究生院学报》1985年第5期，第68—74页。史继忠：《汉族的形成及其历史地位》，《贵州民族研究》1993年第2期，第21—26页。蔡瑞霞：《试论汉民族的形成与民族史的撰述》，《中州学刊》2002年第2期，第105—108页。张建军：《斯大林民族定义与汉民族形成》，《黑龙江民族丛刊》2009年第1期，第67—72页。

多次大规模民族融合，陆续吸收许多历史上少数民族的血液与文化，最后才形成今天的汉族。汉族遗传学基因应是多元构成，组成现代汉族的基本基因成分应是现代亚洲蒙古人种东亚类型。我国汉族可分为北方汉族和南方汉族两种。

北方汉族是典型的现代亚洲蒙古人种东亚类型，主要表现在通常具有蒙古人种范围内中等程度的肤色色素，直而硬的头发，再生毛发不发达，中头型，面部比较狭长，鼻型较窄，中等唇厚和显著的蒙古人种眼部结构。而华南地区的南方汉族，如广东、广西、福建、海南、香港、澳门、台湾等地的主要居民，虽然在基因人种分类上应归入现代亚洲蒙古人种东亚类型，但在体质特征上与华北汉族之间存在不容忽视的差别。如相对来说，南方汉族肤色色素更深一些，波发个体比例较大，再生毛发较发达，眼部构造的蒙古人种特征较弱，鼻型较阔，唇较厚，突颌程度较大，面部较短，身材较矮。我国华南地区的南方汉族居民中混杂有大量现代亚洲蒙古人种南亚类型基因成分。分子生物学研究也支持我国南、北方汉族在群体遗传学上存在着一些差异。据研究，按照血型基因频率的差异，大致以北纬30度线为界，全国各地汉族居民分为南、北两大类型。北方类型包括居住在新疆、甘肃、青海、宁夏、内蒙古、黑龙江、辽宁、吉林、陕西、山西、河北、河南、山东、安徽、江苏以及浙江北部的汉族；南方类型包括居住在湖北、湖南、四川、云南、贵州、广东、广西、江西、福建、台湾及浙江南部的汉族。

第五节　相关说明

本书主要立足于中国腹心地区百年来考古发现中有关人类遗骸本身及其研究成果，着眼于人类基因遗传、变异以及代谢之后的遗传表型结果来探讨以中原为核心的中国腹心地区人类的发展问题。人类骨骼本身就是深受人类生物遗传影响的遗传表型结果。研究表明，人类的生物表型特征受先天遗传基因、基因表达和后天成长环境（包括自然环境、人体发育、年龄、健康以及人类行为等）的综合影响。生化遗传学研究认为人类的一切形态特征和生理生化特性都是通过基因控制蛋白质（或酶）的合成而形成的，[①] 基因、基因表达转录机制、蛋白质、生化代谢等共同构成了人体的表型基础。从考古遗址中出土的人骨本身经历了人体的代谢过程和长时段的地下埋藏，是历史进程在考古现场呈现出的埋藏结果。排除掉可供观察判定的人类生产、生活中人类行为对骨骼发育造成的功能性影响等因素，透过骨骼上呈现出来的表型特征可以在一定程度上窥见人群间遗传结构的相似程度，进而探索古代各地区人类群体之间、古今各地区人类群体之间生物遗传上亲缘关系的亲疏远近。这是本书可以讨论、立论的学科基础。

“格物致知”，以唯物史观视角对自然界中所有生物体的研究，一般是进行观察、描述，然后进行分类、归纳和总结，得出客观的认识。前人研究大都遵循这一过程，西方以林耐“双名命名法”发展出来的生物分类原则也是如此。受时代认知影响，前人在既往话语体系中对人群表型普遍采用“人种”这一概念进行分类描述[②]和表述人类学各类型并进行研究。需要指出的是这一概念常有晚期智人（也称为新人）和人类在生物分类体系（阶元）“界、门、纲、目、科、属、种”中“人种”（含早期智人和晚期智人）两种理解。生物分类中的“人种”概念一般是古人类学研究领域依据古人类化石形态分类的时间概念种，是指人类演化过程中的人类

---

① 曹溢滔：《人类生化遗传学》，《国外医学（内科学分册）》1979 年第 2 期，第 78—84 页。

② 当前，“人种”这一概念受科学种族主义泛滥思潮等的影响，原本进行客观、科学、分类描述的词汇表达变得敏感。事实上，早在 1950 年，联合国教科文组织就从多个方面批判了“科学”种族主义，指出了五条需要特别注意的事项。第一，当时社会思潮中所谓的种族差异不完全是生物现象，应更多地归为社会文化建构；第二，当时所有分类的各种族都归为一类，即智人；第三，不同人类群体之间的形态差别并非一成不变，不能以某些差别证明人类不同群体的等级高下；第四，各个族群之间文化特征的差异不能直接与生物学差异建立关联；第五，生物遗传差异不是社会和文化差别的决定因素，“是文化环境，而不是遗传特征，决定着各个人类群体之间的现实差别”。见付成双：《白人种族主义幽灵并未远去》，《历史评论》2020 年第 3 期，第 63—68 页。

组群，是无生殖隔离的人类演化研究概念。本书中，尤其是旧石器时代晚期以来的各人群均应该属于人类演化发展过程中的晚期智人，这些人群相互之间一般被认为是无生殖隔离的，最多相当于生物分类法中的亚种。是故，为避免混淆，本书采用"人群""类群""人类学类型"等词汇予以表述。

如何将考古出土的古代人骨反映的人群对应文献记载中的"民族""种族""族属""族群""族群身份""人群"等概念是人类学、考古学、历史学、民族学等多学科普遍关注的问题。目前来看，现阶段大多数地点出土的古代人群骨骼只能明确其出土地，其他信息都依靠共存遗迹、遗物来判定。这与文献中涉及古代人群表达的常见概念"民族""种族""族属""族群""族群身份""考古学文化"等的联系可能需要进一步的考证与链接。事实上，受考古学"实物史料"的局限，在建构考古学话语体系、语言表述、遗存解释时，不同的学者知识体系、学科背景、理解角度的不同甚至在不同的认识阶段可能会产生偏差，得出不一样的认识和结果。在具体使用这些概念时需要将其转化为适应学科话语以及根据具体研究对象和研究目的来进行区分的概念。阅读在某种程度上就是一种误读，读者可能永远无法理解作者想要表达的真正含义，[①] 所以在跨学科相互借鉴研究成果时需要特别留意。

具体到遗存单位中的各个组成部分，如具体出土单位的形制、规模、出土器物及组合等，墓葬墓主人埋葬方式、位置、随葬品及其组合、随葬品与墓主人之间的位置关系等在判定考古遗存属性或性质时都会产生不同的影响和结果。由于各领域学者学科立场的不同，在具体使用研究材料，讨论涉及这些概念进行跨学科研究时，需要将其转化为适应目标学科话语体系，根据具体研究对象、场景和研究目的来进行区分的概念，这难免会出现转换偏差，出现误读。

---

① 李晓宇：《"非君"与"排满"——辛亥革命的现代性诉求及其中国式表达》，《四川大学学报》（哲学社会科学版）2011 年第 6 期，第 12—17 页。

如在古今学者的话语体系中对于"夏""商""周"这些概念，在不同的表述语境中还有"时代"、政治含义上的"疆域"以及"国家""族群""人群""考古学文化"等具体所指，需要注意。本书中涉及仰韶文化、龙山文化、夏人、商人、周人等概念更多表达中国腹心地区涉及这些文化时段发现的古代人群，也就是仰韶文化、龙山文化、夏、商、周等只是指时间概念，而不涉及其他。

第 二 章

旧石器时代人群的
演化、发展

　　古人类化石材料表明，中国腹心地区从旧石器时代早期开始就有人类在这片土地上繁衍生息。近一个世纪发现的古人类化石材料表明，这一区域的古人类应成功地通过自身适应、演进以及与外来人群的基因交流完成了由直立人向早期智人、晚期智人的演化过程，他们都体现出现代亚洲蒙古人种共有的特征，中国腹心地区无疑是现代亚洲蒙古人种最重要的发祥地之一。

　　核心区域涉及的人类化石材料主要包括陕西蓝田人（陈家窝、公王岭）、[1] 洛南（东河）人，[2] 河南南召（杏花山）人、[3] 淅川人、[4] 栾川人，[5] 山东沂源人[6]等直立人化石和陕西大荔（解放村）

　　① 吴汝康：《陕西蓝田发现的猿人下颌骨化石》，《古脊椎动物与古人类》1964年第1期，第1—12页。

　　② 薛祥煦：《陕西洛南人牙化石及其地质时代》，《人类学学报》1987年第4期，第284—288页。

　　③ 邱中郎、许春华、张维华、王汝林、王建中、赵成甫：《南召发现的人类和哺乳类化石》，《人类学学报》1982年第2期，第109—117页。

　　④ 吴汝康、吴新智：《河南淅川的人类牙齿化石》，《古脊椎动物与古人类》1982年第1期，第1—9页。

　　⑤ 赵凌霞、李璇、顾雪军、杜抱朴、史家珍、高星：《河南栾川发现直立人化石及其演化意义》，《人类学学报》2018年第2期，第192—205页。

　　⑥ 吕遵谔、黄蕴平、李平生、孟振亚：《山东沂源猿人化石》，《人类学学报》1989年第4期，第301—313页。

人、[①] 黄龙(东莲花山)人、[②] 长武(鸭儿沟)人、[③] 金鼎(志丹广中寺)人、[④] 山西襄汾丁村人、[⑤] 阳高许家窑人、[⑥] 曲沃西沟人、[⑦] 峙峪人、[⑧] 临汾王汾人，[⑨] 河南许昌(灵井)人、[⑩] 卢氏(刘家岭)人、[⑪] 鲁山人(仙人洞)、[⑫] 蝙蝠洞人，[⑬] 山东新泰乌珠台人[⑭]等智人化石。更重要的是围绕这一核心区域邻近的还有北京猿人、[⑮] 田园洞人、[⑯] 山顶洞人、[⑰] 东胡林人，[⑱]

---

①　吴新智：《陕西大荔县发现的早期智人古老类型的一个完好头骨》，《中国科学》1981 年第 2 期，第 200—206 页。吴新智：《大荔中更新世人类颅骨》，科学出版社 2020 年版，第 166—182 页。

②　王令红、李毅：《陕西黄龙出土的人类头盖骨化石》，《人类学学报》1983 年第 4 期，第 315—319 页。

③　黄万波、郑绍华：《记陕西长武晚更新世人牙及共生哺乳动物化石》，《人类学学报》1982 年第 1 期，第 14—17 页。

④　杨福新、任剑璋、张景昭、刘林：《陕西志丹县发现的古人类化石》，西安半坡博物馆编：《史前研究：西安半坡博物馆成立四十周年纪念文集》，三秦出版社 1998 年版，第 49—58 页。

⑤　贾兰坡：《山西襄汾县丁村人类化石及旧石器发掘报告》，《科学通报》1955 年 1 月号，第 46—51 页。

⑥　吴茂霖：《许家窑遗址 1977 年出土的人类化石》，《古脊椎动物与古人类》1980 年第 3 期，第 229—238 页。

⑦　刘源：《山西曲沃县西沟新发现的旧石器》，《人类学学报》1986 年第 4 期，第 325—335 页。

⑧　吴汝康、吴新智、张森水编著：《中国远古人类》，科学出版社 1989 年版，第 224—225 页。

⑨　李超荣：《山西临汾发现人类股骨化石》，《人类学学报》1995 年第 3 期，第 284 页。杜抱朴、周易、孙金慧、张立召、夏宏茹、王益人、赵凌霞：《山西襄汾石沟砂场发现人类枕骨化石》，《人类学学报》2014 年第 4 期，第 437—447 页。

⑩　Li Zhanyang et al. , " Late Pleistocene Archaic Human Crania from Xuchang, China", *Science*, Vol. 355, No. 6328, 2017, pp. 969 –972.

⑪　吴汝康、吴新智、张森水编著：《中国远古人类》，科学出版社 1989 年版，第 407 页。

⑫　常洪涛：《鲁山发现早期现代人类头骨化石》，《平顶山日报》2021 年 9 月 28 日第 003 版。

⑬　李占扬、武仙竹、孙蕾、郁红强、侯彦峰：《河南栾川蝙蝠洞洞穴遗址考古调查简报》，《华夏考古》2013 年第 3 期，第 3—9 页。

⑭　吴新智、宗冠福：《山东新太乌珠台更新世晚期人类牙齿和哺乳动物化石》，《古脊椎动物与古人类》1973 年第 1 期，第 105—106 页。

⑮　邢松、周蜜、刘武：《周口店直立人下颌前臼齿齿冠形态结构及其变异》，《科学通报》2009 年第 19 期，第 2902—2911 页。Martin Kundrát、刘武、Jan Ove R. Ebbestad、Per Ahlberg，同号文：《瑞典乌布萨拉大学博物馆藏品中新发现北京人牙齿化石》，《人类学学报》2015 年第 1 期，第 131—136 页。

⑯　刘武、吴秀杰、邢松、张银运编著：《中国古人类化石》，科学出版社 2014 年版，第 30—40 页。

⑰　吴新智：《山顶洞人的种族问题》，《古脊椎动物与古人类》1960 年第 2 期，第 141—148 页。

⑱　何嘉宁、赵朝洪、郁金城、崔天兴、王涛：《北京东胡林遗址人骨的体质演化与生物文化适应》，《考古》2020 年第 7 期，第 90—98 页。

内蒙古河套人、[①] 萨拉乌苏人，[②] 南京（汤山）人、[③] 高资人，[④] 安徽巢县人、[⑤] 和县人、[⑥] 华龙洞人，[⑦] 湖北建始人、[⑧] 郧县人（梅铺、曲远河口）、[⑨] 黄龙洞人、[⑩] 长阳人、[⑪] 白龙洞人，[⑫] 重庆巫山人、[⑬] 兴隆

① 贾兰坡：《河套人及其文化》，《历史教学》1951 年第 3 期，第 18—19 页。董光荣、高尚玉、李保生：《河套人化石的新发现》，《科学通报》1981 年第 19 期，第 1192—1194 页。1948 年，裴文中首先提出"河套人"说法，以对应法国学者桑志华在萨拉乌苏发现的人类牙齿化石代表的古人类。

② 尚虹、刘武、吴新智、董光荣：《萨拉乌苏更新世晚期的人类肩胛骨化石》，《科学通报》2006 年第 8 期，第 937—941 页。

③ 张银运、刘武：《南京汤山直立人头骨的复原和更新世中期直立人的地理变异》，《地学前缘》2002 年第 3 期，第 119—123 页。刘武、邢松、张银运：《南京人头骨化石研究新进展》，《古生物学报》2009 年第 3 期，第 357—363 页。张银运、刘武：《南京直立人与印尼、周口店直立人的面颅形态比较》，《人类学学报》2005 年第 3 期，第 171—177 页。张银运、刘武：《南京 2 号人类头骨化石的复位和形态》，《人类学学报》2006 年第 4 期，第 267—275 页。

④ 何嘉宁、房迎三、何汉生、吴平：《"高资人"化石与股骨形态变异的生物力学分析》，《科学通报》2012 年第 10 期，第 830—838 页。

⑤ Shara E Bailey, Wu Liu, "A Comparative Dental Metrical and Morphological Analysis of a Middle Pleistocene Hominin Maxilla from Chaoxian (Chaohu), China", *Quaternary International*, Vol. 211, No. 1 - 2 (Jan 1 2010), pp. 14 - 23.

⑥ 范小筱、郑龙亭、邢松、吴秀杰、黄万波、刘武：《新发现的和县直立人牙齿化石》，《人类学学报》2013 年第 3 期，第 280—292 页。

⑦ 宫希成、郑龙亭、邢松、吴秀杰、同号文：《安徽东至华龙洞出土的人类化石》，《人类学学报》2014 年第 3 期，第 428—436 页。李潇丽、董哲、裴树文、王晓敏、吴秀杰：《安徽东至华龙洞洞穴发育与古人类生存环境》，《海洋地质与第四纪地质》2017 年第 2 期，第 169—179 页。

⑧ 张银运、张振标、刘武：《古人类（湖北建始龙骨洞新发现的人类牙齿化石）》，郑绍华编：《建始人遗址》，科学出版社 2004 年版，第 26—36 页。

⑨ 吴汝康、董兴仁：《湖北郧县猿人牙齿化石》，《古脊椎动物与古人类》1980 年第 2 期，第 142—149 页。

⑩ 刘武、武仙竹、吴秀杰：《湖北郧西黄龙洞更新世晚期人类牙齿》，《人类学学报》2009 年第 2 期，第 113—129 页。武仙竹、吴秀杰、陈明惠、屈胜明、裴树文：《湖北郧西黄龙洞古人类遗址 2006 年发掘报告》，《人类学学报》2007 年第 3 期，第 193—205 页。武仙竹、刘武、高星、尹功明：《湖北郧西黄龙洞更新世晚期古人类遗址》，《科学通报》2006 年第 8 期，第 1929—1935 页。刘武、高星、裴树文、武仙竹、黄万波：《鄂西—三峡地区的古人类资源及相关研究进展》，《第四纪研究》2006 年第 7 期，第 514—521 页。

⑪ 贾兰坡：《长阳人化石及共生的哺乳动物群》，《古脊椎动物与古人类》1957 年第 1 期，第 247—257 页。

⑫ 武仙竹、裴树文、吴秀杰、屈胜明、陈明惠：《湖北郧西白龙洞古人类遗址初步研究》，《人类学学报》2009 年第 1 期，第 1—15 页。

⑬ 王谦：《巫山龙骨坡人类门齿的归属问题》，《人类学学报》1996 年第 4 期，第 320—323 页。吴新智：《巫山龙骨坡似人下颌属于猿类》，《人类学学报》2000 年第 1 期，第 1—10 页。宁荣章：《轰动世界的"巫山人"》，《四川文物》1993 年第 6 期，第 70—72 页。陈铁梅、杨全、陈琪、胡艳秋：《巫山县龙骨坡地层的电子自旋共振测年》，《人类学学报》2000 年第 1 期，第 17—20 页。

洞人，① 四川资阳人，② 甘肃泾川人、③ 武山人④、宁夏水洞沟人⑤等远古人类。尽管多数地点出土人类化石不够丰富，但足以表明以中国腹心地区为核心的广大区域无疑是现代亚洲蒙古人种各人群最为重要的起源、演化、发展的区域之一。详见表 1。

第一节　直立人

直立人（Homo erectus）是对古老人属成员的称谓，包括文献中记述的称为"猿人"的各类型化石标本。"猿人"称谓最早由著名进化论者、德国博物学家海克尔提出。1889 年，他研究了发现于德国的早期智人——尼安德特人（Homo meanderthalensis）化石后，提出一种人类发展进化的假设途径，认为猿和人之间存在着一种称之为"猿人"（Pithecanthropus）的过渡阶段。这个命名一直沿用至今。

直立人化石最早在印度尼西亚被发现，后来在中国也出土了"北京猿人"等更为丰富的资料。目前除亚洲外，其他地区同类化石发现较少。目前已知亚洲以外直立人化石材料主要集中发现于东非、西北非和西欧等地。直立人生活在距今约 200 万～20 万年以前的更

---

① 高星、黄万波、徐自强、马志邦、J. W. olsen：《三峡兴隆洞出土 15 万～12 万年前的古人类化石和象牙刻划》，《科学通报》2003 年第 23 期，第 2466—2472 页。

② 秦学圣：《关于资阳人的年龄和性别问题》，《古脊椎动物与古人类》1962 年第 1 期，第 111—115 页。The Quaternary Section of the Chengtu Institute of Geology：《资阳人化石地层时代问题的商榷》，《考古学报》1974 年第 2 期，第 111—123 页。吴秀杰、严毅：《资阳人头骨化石的内部解剖结构》，《人类学学报》2020 年第 4 期，第 313—322 页。

③ 李海军、吴秀杰：《甘肃泾川化石人类头骨性别鉴定》，《人类学学报》2007 年第 2 期，第 107—115 页。李海军、吴秀杰、李盛华、黄慰文、刘武：《甘肃泾川更新世晚期人类头骨研究》，《科学通报》2009 年第 21 期，第 3357—3363 页。张亚盟、吴秀杰：《甘肃晚更新世破碎古人类头骨—泾川人颅容量的推算》，《中国古生物学会第 28 届学术年会论文摘要集》，北京，2015 年，第 197 页。

④ 谢骏义、张振标、杨福新：《甘肃武山发现的人类化石》，《史前研究》1987 年第 4 期，第 47—51 页。

⑤ 吴秀杰、刘武、王兆贤：《水洞沟新发现的人类顶骨化石》，宁夏文物考古研究所：《水洞沟：1980 年发掘报告》，科学出版社 2003 年版，第 222—227 页。

新世早期到更新世中期，考古学分期上属旧石器时代早期。

直立人相较南方古猿，表现出的人属成员的脑量更大，依靠文化而不是依靠生物性本能来适应环境。

中国腹心地区直立人化石主要有陕西蓝田人（陈家窝、公王岭地点）、洛南（东河）人，河南南召（杏花山）人、淅川人、栾川人和山东沂源人等6处。

蓝田猿人（Lantian Homo erectus）化石材料发现于陕西省蓝田县泄湖公社灞河岸边的陈家窝村和公王岭两个地点。材料包括一具猿人的额骨、大部分顶骨及部分右侧颞骨、鼻骨、上颌骨、右侧上颌第二、三臼齿和左侧上颌第二臼齿以及一具基本完好的人类下颌骨化石（参见图2-1）。用古地磁方法测定的公王岭与陈家窝出土化石的第四纪中更新世红色土层的绝对年代分别为距今约163万~110万年和距今约65万年，[①] 地质年代可能为更新世早期。蓝田猿人具有较为粗大几乎形成一条横行的骨嵴眶上圆枕形态、近方形眼眶、较低平的前额、极厚的颅壁、较低矮的颅高、深的鼻根凹、明显后倾的额部，额骨内面正中有宽阔并发达的额脊、明显的齿槽突颌和较小的脑容量、较小的下颌骨前部倾角以及尺寸较大的牙齿等特点，脑容量约为七百八十毫升，显示出比北京猿人更为原始的人类学特征。[②] 其两地点"直立人"类型的下颌骨及部分颅面部骨骼化石，经鉴定均属于人属直立种，合称其为"蓝田直立人"。此外，蓝田猿人第三臼齿（M3）的先天缺失被认为是古人类演化中具有地区连续性的证据之一。[③] 而蓝田猿人的内耳迷路特征显示出与其他人

---

① 吴汝康：《陕西蓝田发现的猿人下颌骨化石》，《古脊椎动物与古人类》1964年第1期，第1—12页。吴汝康：《陕西蓝田发现的猿人头骨化石》，《古脊椎动物与古人类》1966年第1期，第1—16页。史前研究通讯员：《蓝田猿人研究的新进展》，《史前研究》1987年第2期，第94页。

② 吴汝康、吴新智、张森水编著：《中国远古人类》，科学出版社1989年版，第16—17页。

③ Wu Rukang, "Chinese Human Fossils and the Origin of Mongoloid Racial Group", *Anthropos* (*Brno*), Vol. 23, 1986, pp. 151–155.

群交流的遗传表征。①

　　蓝田猿人文化遗物主要有公王岭地点采集的 26 件石制品和陈家窝地点及附近发现的 10 件石制品。石制品石料多为石英和脉石英，打制粗糙，缺少二次加工，形制不很规整。最有代表性的石器

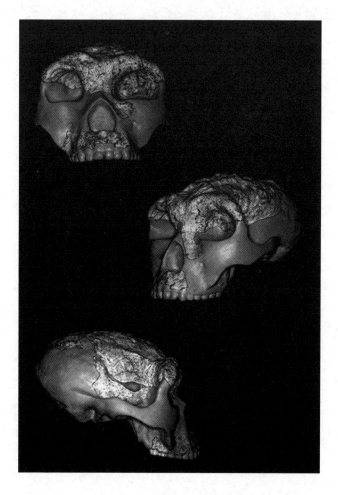

图 2 - 1　蓝田直立人复原头骨

（上：正面观；中：左侧面观；下：右侧面观）

---

　　① 吴秀杰、张亚盟：《陕西公王岭蓝田直立人内耳迷路的复原及形态特点》，《人类学学报》2016 年第 1 期，第 14—23 页。

类型是厚重的大三棱尖状器。同类器见于山西省匼河和丁村遗址，表明蓝田猿人与匼河文化、丁村文化之间可能存在某种较为密切的联系。

洛南猿人（Luonan Homo erectus）化石出土于陕西省洛南县洛河左岸东河村附近的洞穴中。其为一枚古人类右侧上颌第一臼齿，仅保留齿冠部分，猞面纹理显得颇为复杂，齿冠的颊、舌两侧各有一条直沟，此特征与北京猿人臼齿非常相似，与郧县人牙齿化石也极其相似。与人类臼齿化石共存的有大熊猫和獏的臼齿。经鉴定，大熊猫和獏化石比华南洞穴中常见的同类化石明显发育较小，而比广西柳城巨猿洞中的小型者要大。从化石特点分析，洛南人牙齿化石及其所在沉积层时代为中更新世早期（也有早更新世晚期的可能）。薛祥煦认为其应属直立人范畴，建议称其为"洛南猿人"。①

南召猿人（Nanzhao Homo erectus）化石出土于河南省南召县云阳镇鸡河右岸的杏花山东麓第二级阶地的堆积中。其人类化石为一枚右侧下颌第二前臼齿，该化石保存完好，齿尖稍有磨蚀，颊尖微露齿质点，应属一例青年阶段个体。该枚下颌第二前臼齿属双尖型，颊尖大于舌尖，中间被一条近远中方向的纵沟隔开。齿冠的形态特征和尺寸均与北京猿人的同类牙齿接近，故被认为可能属于直立人类型。与其共存的哺乳类化石有三门马、剑齿虎、中国鬣狗、肿骨鹿、和河狸等北京猿人动物群中常见种类和诸如剑齿象、巨獏等华南"大熊猫—剑齿象动物群"成员共计21种，兼有南、北方色彩。"南召人"所处地质时代与"北京人"相当，应属更新世中期，同属人类演化过程中的直立人范畴。②

淅川猿人（Xichuan Homo erectus）化石发现于河南省南阳市，是1973年夏邱占祥等在中药材仓库中发现的一枚人类上颌前臼齿。

① 薛祥煦：《陕西洛南人牙化石及其地质时代》，《人类学学报》1987年第4期，第284—288页。
② 邱中郎、许春华、张维华、王汝林、王建中、赵成甫：《南召发现的人类和哺乳类化石》，《人类学学报》1982年第2期，第109—117页。

据仓库工人告知是其从淅川县收购来的。后吴汝康、吴新智与孙文书等于 1973 年 9 月到南阳地区，与当地南阳市博物馆王儒林等在南阳药材仓库和西峡县药材仓库及药店"龙骨"中又找到 12 枚人类牙齿化石。包括左侧下颌犬齿一枚、左右侧下颌第一前臼齿各一枚、左侧下颌第二前臼齿一枚、左右侧上颌第二前臼齿各一枚、右侧上颌第一（或第二）臼齿两枚、左右下颌第一（或第二）臼齿各一枚、左侧下颌第二臼齿一枚、左侧下颌第三臼齿一枚、右侧下颌第二乳臼齿一枚（参见图 2－2）。从化石形态和年代上看，淅川猿人牙齿化石有些显示较早猿人的性状，可能年代较早。也有些显示较晚猿人的性状，表现出较为进步的特点，可能年代较晚，性质不尽相

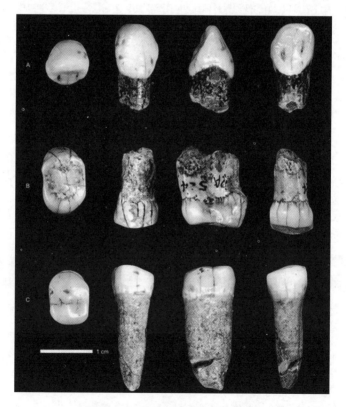

图 2－2　淅川直立人牙齿化石

（A：左侧下颌犬齿，PA523；B：左侧上颌第四前臼齿，PA524；

C：右侧上颌第四前臼齿，PA525）

同。总的来看，淅川猿人牙齿化石形态可看作是较早的直立人向较晚的直立人过渡的中间类型。所处时代可能早于"北京人"，大抵与郧县龙骨洞年代相当，即属中更新世早期，同属人类演化过程中的直立人范畴。①

　　栾川猿人（Luanchuan Homo erectus）化石出土于河南省栾川县栾川乡湾滩村哼呼崖断崖上的孙家洞。共包括6件古人类牙齿化石（参见图2-3、图2-4），代表三例个体，应为一例成年和两例未成年个体。未成年个体牙齿生长发育阶段大致分别与6~7岁和11~12岁现代青少年相当。基于幼年个体上下颌骨牙齿发育状况可知，栾川古人类第一臼齿萌出年龄可能已接近6岁，显示出有接近于现代人牙齿生长模式和生活史的特点。于原生层位出土古人类化石，地层伴有大量哺乳动物化石及少量人工石制品。根据伴生动物群鉴定，栾川人生存时代为中更新世。栾川人牙齿有一定的原始性，明显区

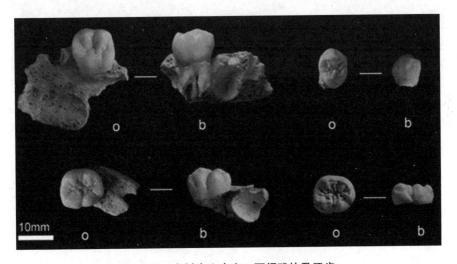

图2-3　栾川直立人上、下颌残块及牙齿

（上左：左侧上颌附第一臼齿；上右：左侧上颌第二前臼齿；

下左：左侧下颌附第一臼齿；下右：左侧下颌第二臼齿）

---

①　吴汝康、吴新智：《河南淅川的人类牙齿化石》，《古脊椎动物与古人类》1982年第1期，第1—9页。

别于现代人，其形态大小处于周口店直立人牙齿变异范围内，形态特征可归入直立人范畴；同时具有东亚古人类及现代亚洲蒙古人种人群的地区性特征。栾川中更新世古人类化石为支撑中国古人类连续演化假说提供了新证据。[①]

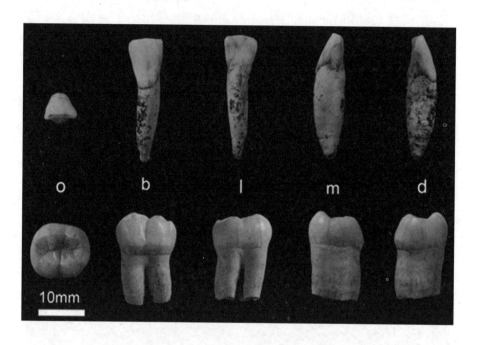

图 2 - 4　栾川直立人下侧门齿和臼齿

（上：右侧下颌侧门齿；下：左侧下颌第二臼齿）

　　沂源猿人（Yiyuan Homo erectus）化石出土于山东省沂源县土门镇骑子鞍山东麓的一处石隙裂缝及其附近的堆积中。包括一件猿人头盖骨残片（含大部分左右侧顶骨、小部分额骨和枕骨），额骨眶上部两块（参见图 2 - 5）、人类牙齿化石 7 枚（包括犬齿一枚，前臼齿四枚和臼齿两枚）及部分肢骨（参见图 2 - 6）。这些古人类化石材料可能代表了两例成年个体。与沂源猿人化石共生的脊椎动物化

---

　　① 赵凌霞、李璨、顾雪军、杜抱朴、史家珍、高星：《河南栾川发现直立人化石及其演化意义》，《人类学学报》2018 年第 2 期，第 192—205 页。

石群的主要种属同华北地区周口店的动物群相当，如棕熊、三门马、李氏野猪和肿骨鹿等。经研究，沂源猿人头盖骨颅壁较厚，眶上圆枕十分发育，近眉间部的上缘略向下弯，呈现出左右相连的趋势。眉嵴上沟明显，额骨低平，眶后缩窄程度也较接近于北京猿人。其牙齿化石尺寸较大，齿根粗壮，臼齿齿冠基部尚可见齿带痕迹，颌面的构造也和北京猿人同类标本相同或相似，具有直立人的典型特

图 2 – 5 沂源直立人头骨化石

（A：顶骨，Sh. y. 001；B：左侧额骨眶上部，Sh. y. 002.1；

C：右侧额骨眶上部，Sh. y. 002.2）

征。综合来看，在分类上可归属于直立人，其体质特征与北京猿人的关系似乎比较密切，系统地位应与北京猿人相当，生存地质时代处于更新世中期。吕遵谔等将其命名为"沂源猿人"。①

从人类进化的方向上来说，直立人可能是现代人的远古祖先，这已是为科学界普遍接受的认识。然而，直立人是哪一类时代更早的人科成员发展而来呢？目前还不能对这个问题给出较为确切的回答。南方古猿等人科成员目前被认为是人类演化的最早阶段，那些显示出明显进步特征的南方古猿，他们与直立人之间都存在着明显的形态距离，是否是直立人的直接祖先也是值得继续深入研究的。从现有化石证据来看，直立人祖先最可能的是能人，或者是某种与能人相似的人类先祖类型。但目前能人化石发现较少，人们通常也把能人当作最早的人属成员来看待。

蓝田猿人等这些直立人化石的发现显示中国腹心地区至少在旧石器时代早期就有人类已经生活在这片土地上。中国腹心地区是人类演化发展最重要的探索地区之一，这一地区很可能也是探索人类起源的重要地区。② 近年来，文博工作者在河北泥河湾地区开展了一系列重要的工作，发现了一批人类活动的遗存，相信随着工作的不断推进，一定会有新的人类化石发现等重大进展。

第二节　智人

大约距今 25 万年前后，人类体质特征有了较大变化，特别是脑量增加尤为突出，已达 1300 毫升以上，与现代人越来越接近。但同

---

① 徐淑彬：《山东沂源县骑子鞍山发现人类化石》，《人类学学报》1986 年第 4 期，第 398—399 页。吕遵谔、黄蕴平、李平生、孟振亚：《山东沂源猿人化石》，《人类学学报》1989 年第 4 期，第 301—313 页。

② 吴秀杰：《中国发现的主要直立人头骨化石》，《科学》2019 年第 3 期，第 20—24 页。刘武、张银运：《中国直立人形态特征的变异——颅骨测量数据的统计分析》，《人类学学报》2005 年第 2 期，第 121—136 页。

时保留如眉嵴发达、前额较为倾斜、脑结构有很多原始性状、枕部向后突出、吻部向前突出等原始性状。因该阶段发现的化石人类脑容量明显大于直立人，故称为智人（Homo sapiens）。智人又可分为早期智人（Early Homo sapiens）和晚期智人（Late Homo sapiens）。

生活在距今约 25 万年到 4 万~5 万年之间的智人通常被称为早期智人，也曾称之为"古人"。早期智人生活的时代，考古学上通常划分在旧石器时代中期，地质学上属中更新世晚期到晚更新世。目前早期智人化石主要发现在亚、欧、非三大洲，累计超过七十余处地点。学术界一般认为早期智人是由直立人演化而来。

当人类演化发展到距今约 4 万~5 万年时，一系列化石证据显示人类体质特征演化达到一个新的阶段，出现了若干不同于早期智人的进步特点。如前部牙齿和面部较之以往明显减小、眉嵴变弱、颅高增加等，这些特征与今天的现代人基本一致。因此，在生物学系统分类上将该阶段及以后的人类统称为晚期智人或现代智人（Modern Homo sapiens），也指解剖结构上的现代人。在考古学分期中，通常将划分在旧石器时代晚期直到现在的人类都称之为晚期智人。晚期智人也曾被称为"新人"。该阶段，人类分布范围明显逐步扩大，遍及欧、亚、非，晚期智人还通过各种路径跨入美洲、澳洲等地。因各不同区域自然环境差别很大，本来在早期智人阶段已经存在的人群体质差异因环境适应、基因选择进一步扩大，当今世界上的各人种在演化中逐渐形成。

中国腹心地区智人阶段的化石发现主要有陕西大荔（解放村）人、黄龙（东莲花山）人、长武（鸭儿沟）人、金鼎（志丹广中寺）人，山西襄汾丁村人、阳高许家窑人、曲沃西沟人、峙峪人、临汾王汾人，河南许昌（灵井）人、卢氏（刘家岭）人、鲁山人（仙人洞）、蝙蝠洞人和山东新泰乌珠台人等 14 处地点。

大荔人（Dali Man）的化石材料出自陕西省大荔县段家公社解放村北附近甜水沟的黄土沟壁上的洛河第三阶地的砂砾层中，是一具比较完整的人类头骨化石（下颌骨缺失，参见图 2–7），[①] 属一例青年男性个体，死亡时应不足 30 岁。大荔人头骨颅穹较低，前额扁平，骨壁较厚，眉脊粗壮，两侧向后外方延伸。眉嵴后方有一条浅沟，有眶后缩窄现象。颅骨最大宽位置在颞鳞后上部，颞骨鳞部呈圆鳞状。矢状脊发达，有枕圆枕。眉间凹陷，鼻骨长而垂直，面部低矮而扁平，方形眼眶，吻部不甚前突，颧弓细弱，表现出很多与直立人相似的原始特征，但处于较北京猿人更高的进化阶段，反映出与早期智人更多接近的性状，其脑容量估计约为 1120 毫升，因此可能属于早期智人的一种古老类型。此外，大荔人标本上还体现出某些与现代黄种人（蒙古人种）较为一致的特征，而明显区别于在欧洲和西亚广泛分布的"尼人"类型。例如额骨正中有矢状嵴，颧骨较朝向前方而使面部颇为扁平，鼻梁不高，鼻根点凹陷不深，顶骨与枕骨之间存在着印加骨等。[②]

与大荔人化石共出石制品约五千余件，原料多为当地砂砾层中石英岩和燧石。石器以石片石器为主，数量最多的是凹刃刮削器，其次为尖状器，还有少量雕刻器和石锥等。从化石出土地层伴生动物群来看，主要包括古菱齿象、河狸、野驴、马、犀、肿骨鹿、大角鹿、鸵鸟等十余种。大荔人生活的年代为中更新世晚期或晚更新世早期。根据铀系法测定的结果，出土大荔人化石的地层年代为距今约 30 万～26 万年。[③]

① 王永焱、薛祥煦、岳乐平、赵聚发、刘顺堂：《陕西大荔人化石的发现及其初步研究》，《科学通报》1979 年第 7 期，第 303—306 页。

② 吴新智、尤玉柱：《大荔人及其文化》，《考古与文物》1980 年第 1 期，第 2—6 页。吴新智：《陕西大荔县发现的早期智人古老类型的一个完好头骨》，《中国科学》1981 年第 2 期，第 200—206 页。周春茂：《大荔人在人类进化过程中的位置、种族特征及其意义》，《史前研究》1983 年第 2 期，第 106—111 页。吴新智：《大荔中更新世人类颅骨》，科学出版社 2020 年版，第 166—182 页。

③ 尹功明、赵华、卢演俦、刘武、陈杰：《大荔人化石层位上限年龄的地质学证据》，《第四纪研究》1999 年第 1 期，第 93 页。尹功明、孙瑛杰、业渝光、刘武：《大荔人所在层位贝壳的电子自旋共振年龄》，《人类学学报》2001 年第 1 期，第 34—38 页。

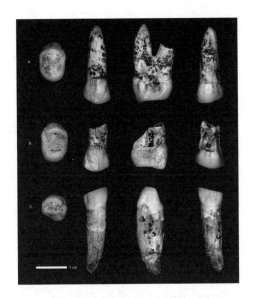

图2-6　沂源直立人部分牙齿化石

（A：右侧上颌第三前臼齿，Sh. y. 003；B：左侧上颌第三前臼齿，Sh. y. 004；

C：右侧下颌犬齿，Sh. y. 005）

图2-7　大荔人颅骨化石

（A：正面观；B：后面观；C：顶面观；D：左侧面观；E：右侧面观；F：底面观）

　　黄龙人（Huanglong Man）的头盖骨化石材料出土于陕西省黄龙县东莲花山下以及徐家坟山南坡。人类化石为一些头盖骨残片，包括额骨的大部和相邻的顶骨两部分，额骨有几乎完整的额鳞和左侧眶上部的外侧部分。左右两侧顶骨则均保留有前三分之二的部分（参见图2-8）。经鉴定此头骨可能属于一例年龄在30岁以上的男性个体。从地层上看可能属于更新世晚期，在体质特征上，黄龙人额、顶骨上有发达的矢状脊，骨壁较厚，额部倾斜，额结节显著，额脊发育，前囟点位置靠后。眶缘圆钝，眉弓颇为显著，眶后缩窄比较明显，额骨内面有较发达的额嵴，脑膜中动脉压迹较粗。其既保留了某些比较原始的性状，又具有许多进步的特征。黄龙头盖骨可能处于早期智人向晚期智人的过渡阶段，代表了解剖学上现代智人中一种古老种群，也可能是一种混杂类型。其发展阶段应较马坝人进步，而比山顶洞人、柳江人更为原始，属于晚期智人阶段。其头盖骨上矢状嵴的存在可能暗示其与黄种人（蒙古人种）之间存在着密切关系。①

　　长武人（Changwu Man）化石出土于陕西省长武县城关附近的窑头沟及鸭儿沟晚更新世地层中。其主要是一枚智人牙齿化石，还伴生许多石器及少量哺乳动物化石。人类牙齿齿根缺失，齿冠釉质破损，原尖大于次尖，前尖大于后尖，各尖之间沟脊分明，应为刚萌出不久的上颌左侧第二臼齿，经鉴定应属于一例未成年个体。其形态与中国科学院古脊椎动物与古人类研究所藏168号中国现代人头骨上的牙齿相似。②

　　金鼎人（Jinding Man）化石出土于陕西省志丹县金鼎乡谢湾村广中寺的沟北侧，是村民冯钟乾在筑窑时掘出后但又被抛弃的古人

---

① 王令红、李毅：《陕西黄龙出土的人类头盖骨化石》，《人类学学报》1983年第4期，第315—319页。王令红、冈特·布罗尔：《陕西黄龙人头盖骨的多元分析比较研究》，《人类学学报》1984年第4期，第313—321页。
② 黄万波、郑绍华：《记陕西长武晚更新世人牙及共生哺乳动物化石》，《人类学学报》1982年第1期，第14—17页。

图2－8　黄龙人颅骨化石

（PA842，上：顶面观；下：底面观）

类头骨化石。经初步研究和测试，此头骨化石属名为志丹"金鼎人"，包括额骨、左右顶骨、眉骨、额骨和部分鼻根部，颅骨两侧蝶骨及乳突骨（缺枕骨），骨骼有一定的石化程度。其属于一例少年个体的晚期智人，大致同现代12岁左右个体相当。其额骨较低平、眉脊显著、眉脊后方线沟明显、前额外凸、前囟点位置靠后、骨壁较厚、矢状线后段锯纹较复杂、脑膜动脉压迹粗深等表现出较原始的特点，但前额稍隆、冠状缝锯纹等接近晚期智人的特征。金鼎人大约生活在距今约5.5万～5.3万年。[①]

① 杨福新、任剑璋、张景昭、刘林：《陕西志丹县发现的古人类化石》，西安半坡博物馆编：《史前研究：西安半坡博物馆成立四十周年纪念文集》，三秦出版社1998年版，第49—58页。杨福新：《核工业部西北地质勘探局发现人类化石经测定属晚期智人》，《铀矿地质》1988年第1期，第64页。

　　丁村人（Dingcun Man）化石出土于山西省襄汾县丁村附近的汾河东岸，地处汾河中游临汾宽谷的南端的丁村遗址。在以丁村为中心的汾河东岸第三阶地上，共发现化石地点 12 处。经多次发掘获得古人类化石标本四件，其中包括人类牙齿三枚（包括右侧上颌中门齿、侧门齿和下颌第二臼齿，参见图 2-9）和一块右侧顶骨残片。这些化石应分别属于一名 12~13 岁的少年以及一名大约 2 岁左右的婴儿。丁村人化石材料中两枚门齿齿冠舌面呈铲形，有明显的舌隆突和指状突，体现出与现代亚洲蒙古人种相似的表型特征。尤其是铲形门齿和印加骨等显示出与现代亚洲蒙古人种更为相似、更强的相关性。丁村遗址各地点出土石制品超过两千余件，原料多数为角页岩，少量燧石和石灰岩。石器类型主要为大三棱尖状器、砍砸器、刮削器、石球和手斧等。丁村遗址伴生动物群化石共计 27 个种属，多数为中更新世常见种类，如德永氏象、纳玛象、梅氏犀等，反映出其时代较晚的倾向。其生存年代大约在晚更新世的早、中期，距今约 21 万~16 万年。[①]

　　许家窑人（Xujiayao Man）化石出土于山西省阳高县古城公社许家窑村东南一公里的梨益沟西岸断崖上的许家窑遗址（又名许家窑—侯家窑遗址）。人类化石包括一件儿童左侧上颌骨、三枚游离臼齿、两块枕骨、一块颞骨、一件上颌支残段和 13 块顶骨碎片（参见图 2-10、图 2-12），代表约 16 例个体，生存于中更新世晚期。学者们对许家窑人演化地位存在直立人、尼安德特人、早期智人或未知人群等多个不同观点。许家窑人颅骨骨壁较厚，超过尼安德特人的最大变异值。脑面动脉沟后枝比前枝长，比北京猿人细而分叉复杂。枕峭位置较高，不如北京猿人那么突出。枕骨曲率与尼安德特人相仿。上颌骨粗壮，鼻前棘清楚，吻部中等程度突出。下颌支低宽，后缘较直。牙齿粗大，齿冠𬌗面纹理复杂等。许多特征与早期

---

　　① 贾兰坡：《山西襄汾县丁村人类化石及旧石器发掘报告》，《科学通报》1955 年第 1 期，第 46—51 页。裴文中：《山西襄汾县丁村旧石器时代遗址发掘报告》，科学出版社 1958 年版，第 43 页。

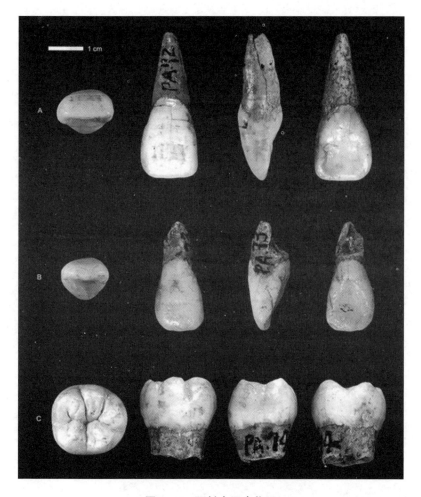

图2-9　丁村人牙齿化石

（A：右侧上颌中门齿，PA72；B：右侧上颌侧门齿，PA73；C：右侧下颌
第二臼齿，PA74；从左至右依次为咬合面、颊侧面、近中面和舌侧面）

智人相同。最新研究表明，许家窑人牙齿、头盖骨和下颌骨形态都
具有原始与进步镶嵌混合的特征；许家窑个体呈现有罕见的先天巨
顶孔缺陷遗传疾病、暴力冲突产生的创伤愈合痕迹、因营养缺乏导
致的牙齿釉质发育不良及适应潜水环境产生的耳圆枕结构；许家窑
人上颌骨内鼻底、颞骨内耳迷路（参见图2-11）和枕圆枕等形态
类似尼安德特人，牙齿生长发育模式接近现代人。许家窑人特殊的

形态特征，特别是低而宽的头盖部和巨大颅容量，与许昌人头骨形态相近，二者可能代表中更新世晚期到晚更新世早期东亚境内生存的一种新型古老型人类，或可称之为"巨颅人"，可能是欧洲先驱人或尼安德特人祖先向东亚扩散过程中与东亚直立人杂交的后代。①出土地伴生大量石片、石器，已发现石制品一万四千余件，石制品原料以脉石英、燧石和石英岩居多。石器类型包括刮削器、尖状器、雕刻器、砍砸器和石球等多种，以刮削器和石球占绝对优势。该遗址石球共发现1079个，数量之多，极为典型。哺乳动物化石显示的哺乳动物群包括22个种属，其中八种为绝灭种，占比较丁村动物群稍

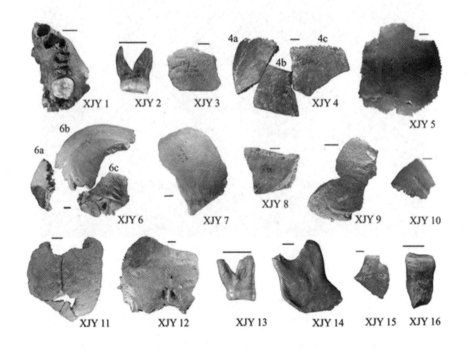

图 2 – 10　许家窑人化石

(含十六例个体，XJY – 1：1 号个体上颌骨顶面观；

XJY – 2，13，16：三枚游离牙齿远中面观；XJY – 3 – 12，14 – 15：颅骨化石碎片外侧面观)

---

①　吴秀杰：《中更新世晚期许家窑人化石的研究进展》，《人类学学报》2024 年第 1 期，第5—18 页。

高。此外，还有大量骨器。是生活在距今约 20 万 ~ 10 万年前的早期智人的化石，据研究其脑容量达 1700 毫升以上，是目前发现的中更新世脑容量最大的古人类。①

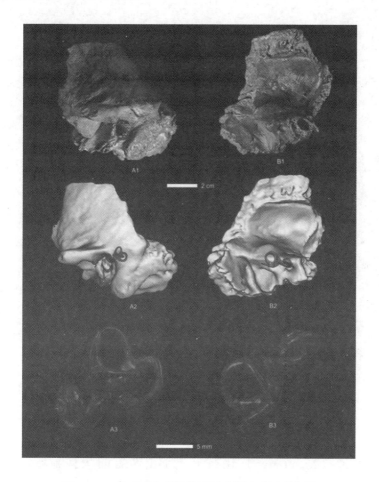

图 2 - 11　许家窑人颞骨化石及内耳迷路形态复原

（PA1498，A1：颞骨外面观；B1：颞骨内面观；A2：三维虚拟复原颞骨及内耳迷路外面观；
B2：三维虚拟复原颞骨及内耳迷路内面观；A3：三维虚拟复原内耳迷路侧面观；
B3：三维虚拟复原内耳迷路顶面观）

---

① Wu XiuJie, et al. , "Evolution of Cranial Capacity Revisited：A View from the Late Middle Pleistocene Cranium from Xujiayao，China"，*Journal of Human Evolution*，Vol. 163，2022，pp. 1 - 11. 吴茂霖：《许家窑遗址 1977 年出土的人类化石》，《古脊椎动物与古人类》1980 年第 3 期，第 229—238 页。

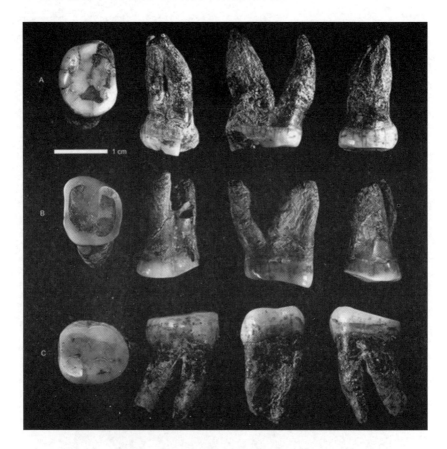

图 2 - 12　许家窑人部分牙齿化石

(A：右侧上颌第三臼齿，PA1481；B：左侧上颌第一臼齿，PA1496；
C：右侧下颌第三臼齿，PA1500；从左至右依次为咬合面、颊侧面、近中面和舌侧面)

　　西沟人（Xigou Man）化石出土于山西省曲沃县县城西北约 11
公里汾河支流滏河北岸朝阳西沟（曾称"里村西沟遗址"）出口的
西侧西沟遗址。化石主要是人牙化石，还伴生石制品和动物化石，
其文化属性、石器工业技术传统与许家窑、峙峪文化较接近。时代
为晚更新世，距今约 5 万年。[①]

　　峙峪人（Shiyu Man）化石发现于山西省朔城区峙峪村附近。主

　　①　刘源：《山西曲沃县西沟新发现的旧石器》，《人类学学报》1986 年第 4 期，第 325—335 页。

要为人类枕骨化石一块。化石形态显示其应晚于丁村人，而早于山顶洞人。其伴生有野马、野驴、水牛、羚羊、披毛犀、虎、狼等脊椎动物化石五千多件，骨器和细小石器三万余件。研究表明峙峪人已发明了弓箭。峙峪人体质形态已与现代人相似。①

王汾人（Wangfen Man）化石出土于山西省临汾市郊土门乡王汾村。化石主要是人类右侧股骨体中段的一段，长 71 毫米。应属于一例青年女性个体，王汾人化石可能属于晚期智人甚至更早些。②

许昌人（Xuchang Man）化石材料出自河南省许昌市西灵井镇西侧的灵井遗址。人类颅骨化石包括残破的顶骨、颞骨等（参见图 2 - 13 - 1、图 2 - 13 - 2），据化石出土层位、遗址中灭绝动物比例和光释光测年结果测定，其距今约 12.5 万～10.5 万年，是世界古人类学研究的敏感时段，对研究东亚地区古人类演化和中国现代人类起源的研究有极其重要的学术价值。③ 许昌人头骨内耳迷路模式与许家窑人极其相似，有典型尼安德特人特征，两者应存在一定的人群基因交流。从石器工业类型来看，许昌人遗址与河北板井子、许家窑遗址之间虽有一定差异，但表现出较多相似性，而与欧洲尼安德特人所创造的莫斯特文化表现出明显文化差异。④

---

① 吴汝康、吴新智、张森水编著：《中国远古人类》，科学出版社 1989 年版，第 224—225 页。

② 李超荣：《山西临汾发现人类股骨化石》，《人类学学报》1995 年第 3 期，第 284 页。李超荣：《山西临汾发现的人类化石》，《文物季刊》1996 年第 4 期，第 9—10 页。杜抱朴、周易、孙金慧、张立召、夏宏茹、王益人、赵凌霞：《山西襄汾石沟砂场发现人类枕骨化石》，《人类学学报》2014 年第 4 期，第 437—447 页。

③ 河南省文物考古研究所：《河南许昌灵井旧石器遗址》，见《全景视线：2007 年度全国十大考古新发现》，《中国文化遗产》2008 年第 2 期，第 12—13 页。Li ZhanYang et al.，"Late Pleistocene Archaic Human Crania from Xuchang, China"，*Science*，Vol. 355，No. 6328，2017，pp. 969 - 972.

④ 李占扬、吴秀杰：《河南灵井许昌人遗址古人类化石及相关研究进展》，《科技导报》2018 年第 23 期，第 20—25 页。吴秀杰、李占扬：《中国发现新型古人类化石——许昌人》，《前沿科学》2018 年第 1 期，第 51—54 页。李占扬：《灵井遗址与"许昌人"》，《寻根》2008 年第 3 期，第 77—83 页。李占扬、李浩、吴秀杰：《许昌人遗址研究的新收获及展望》，《人类学学报》2018 年第 2 期，第 219—227 页。

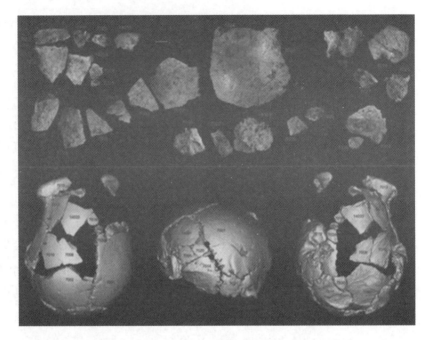

图 2 - 13 - 1   许昌人 1 号头骨及其三维虚拟复原

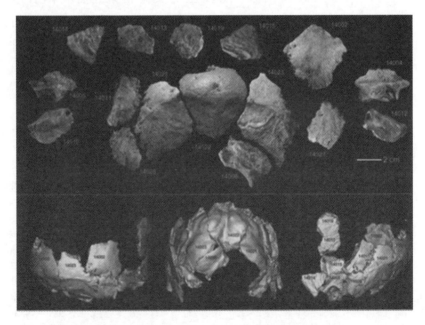

图 2 - 13 - 2   许昌人 2 号头骨及其三维虚拟复原

卢氏人（Lushi Man）化石出土于河南省卢氏县刘家岭遗址。化石包括古人类头骨化石四块和牙齿两枚。牙齿和枕骨化石等形态特征显示其总体与现代人较为接近，应属于晚更新世晚期智人化石。[1]

鲁山人（Lushan Man）化石出土于河南省平顶山市鲁山县观音寺乡西陈庄村石门沟组陡峭崖壁上的仙人洞遗址。该遗址是一处旧石器时代中晚期洞穴遗址，发现了距今约3.2万年的古人类牙齿化石、两件人类额骨断块（最小年代分别为距今约3.2万年、约1.2万年）、动物化石、石器等。人类额骨化石厚度在现代人变异范围之内。这些古人类牙齿化石表现出的形态特征与栾川人相似，而与直立人、古老型智人差异很大，应属人类演化过程中的早期现代人范畴。伴生动物遗存主要有普氏原羚、普通马、羊、棕熊、鹿、野猪、狼及一些啮齿类小型哺乳动物化石等。其石片、刮削器等石制品反映的文化传统与中国北方传统石片工业相似。[2]

蝙蝠洞人（Bianfudong Man）化石发现于河南省栾川县庙子乡高崖头村南的蝙蝠洞旧石器时代洞穴遗址。主要包含古人类牙齿化石一枚，经研究，可知其解剖结构具有现代人特征，与我国更新世晚期智人化石相似。还伴生旧石器时代石制品八件，大量动物化石共计62种。石制品主要有石核、石片、刮削器等。其时代应为晚更新世早期，应属人类演化过程中的早期现代人范畴。[3]

乌珠台人（Wuzhutai Man）化石发现于山东省新泰县（今新泰市）刘杜公社乌珠台。主要为一枚人类下颌臼齿（参见图2-14），应属晚更新世现代人。伴生有更新世哺乳动物化石等。研究显示，乌珠台人类牙齿形态特征基本与现代人接近，但其所表现出的三角座横脊、Y型齿沟排列、原附尖在现代人中出现率较低，而更多发

① 吴汝康、吴新智、张森水编著：《中国远古人类》，科学出版社1989年版，第407页。李占扬：《河南境内古人类及旧石器遗存的发现及其问题》，《华夏考古》2012年第2期，第14—46页。
② 常洪涛：《鲁山发现早期现代人类头骨化石》，《平顶山日报》2021年9月28日第003版。
③ 李占扬、武仙竹、孙蕾、郁红强、侯彦峰：《河南栾川蝙蝠洞洞穴遗址考古调查简报》，《华夏考古》2013年第3期，第3—9页。

现于直立人或尼安德特人中。相对于东亚其他晚更新世现代人，乌珠台第三臼齿表现出的特征组合具有特殊性，体现了东亚晚更新世现代人牙齿形态特征的多样性。[①]

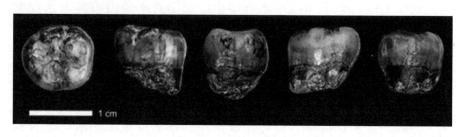

图 2 - 14　乌珠台人牙齿化石

（从左至右依次为咬合面、颊侧面、近中面、舌侧面和远中面）

现有化石证据表明，早期智人由直立人演化而来。尽管在分类上将他们归入人属下的两个不同种——直立人种和智人种，但他们之间差异的程度或性质应截然不同于一般理解的两个"生物学种"之间的差异。[②] 理论上说，演化发展时代最晚的直立人与时代最早的智人，他们彼此之间应该在时间上是有一段相互重叠的，人群体质形态应该是相互交叉或非常相似的。

通过以上总结可以看出，中国腹心地区发现的古人类化石复杂，争议很多，尤其是许家窑人，学者们分别将其归入直立人、尼安德特人、早期智人或者未知人群来讨论。最新研究显示，许家窑人牙齿、头盖骨和下颌骨形态都具有原始与进步混合的特征。这种混合

① 吴新智、宗冠福：《山东新太乌珠台更新世晚期人类牙齿和哺乳动物化石》，《古脊椎动物与古人类》1973 年第 1 期，第 105—106 页。李万荣：《乌珠台智人牙齿化石发现始末》，《春秋》2012 年第 3 期，第 55—56 页。孙承凯、孙小玲、周蜜、刘立群、邢松：《山东新泰乌珠台人类牙齿的形态学特征》，《人类学学报》2019 年第 3 期，第 446—459 页。

② 生物学中"种"的概念用以表示自然界存在的最大个体群。群内异性个体具备能够相互交配，并产生具有繁育能力的后代。在古生物学中，"种"这一概念具有"时间序列种"的内涵。一个"古生物学种"常用来表示系统演化中的一个环节，因而祖先种和后裔种之间的界限完全是为了研究工作需要而设计的学术概念而人为划定的。从广泛的意义上讲，直立人和智人之间的界限实际是不存在的。

特征属性还可以在许昌人等化石上找到。可见古老的遗传性状与现代性状共存，尤其是在同件标本上既具有某些原始特征又具有某些进步特征，所体现的杂交性状应该是这一阶段东亚人群演化的一个重要特征。吴秀杰认为这种交叉可能是欧洲先驱人或尼安德特人祖先向东亚扩散过程中与东亚直立人杂交的结果。许家窑人、许昌人等此类化石应视作直立人与早期智人、甚至晚期智人（最晚或最早阶段交叉时段）相互杂交的结果，其系统地位之间连续演化、附带横向基因交流的一系列证据应视作一种过渡类型的体现。①

第三节　小结与讨论

目前学术界对于人类起源于非洲以及中国远古早期直立人为首次走出非洲的直立人后裔已成共识。而针对中国"现代人"②起源问题主要存在三种理论。

第一种可称为单一地区起源论，也称作入侵论、迁徙论、代替论或夏娃说。该理论认为现生各色人群拥有一个近期（大约10万~5万年前）的共同祖先。即世界各地的远古人类中只有一支人群成功地演化为解剖学上现代类型的智人。由于这些人群在解剖结构、生理功能以及文化技术上较之同期生存于其他地区的古代人类群体有更多优势，他们出现以后向四面八方迁徙，替代了其他地区的原住人群。

单一地区起源论若成立需要进一步回答以下问题。第一，最早在非洲演化出来的现代人具备怎样的表型特征？他们的基因结构呈

---

① 刘武：《更新世晚期人类演化及现代人群形成研究的一些问题》，《自然科学进展》2006年第12期，第1233—1241页。刘武：《蒙古人种及现代中国人的起源与演化》，《人类学学报》1997年第1期，第55—73页。刘武、邢松、吴秀杰：《中更新世晚期以来中国古人类化石形态特征的多样性》，《中国科学：地球科学》2016年第7期，第906—917页。刘武：《早期现代人在中国的出现与演化》，《人类学学报》2013年第3期，第233—246页。刘武、吴秀杰：《现代人在中国的出现与演化：研究进展》，《中国科学基金》2016年第4期，第306—314页。

② 此处指解剖意义上的现代人。

现的遗传表型是否与基因指示的迁徙、替代路径一致。第二，这些最早演化形成的现代人为什么要迁徙？是由于人口增长迫使走出非洲寻找更为适合的生存空间？还是环境转换，不得不寻求新的发展场域？第三，这些现代人迁徙路径是怎样的？在各辗转地是怎样生活的？又是怎样的生存压力迫使其再次踏上迁徙之路？他们生存、迁徙过程中的路径选择与支撑能力是什么？第四，现代人迁徙到新的地点以后是如何适应当地环境的？比如北欧光照大大降低，他们是如何适应由此带来的钙质合成障碍？北欧人高鼻梁的形态表型是如何形成的？现存各地的现代人差异的基因原理是什么？是积累了多少代基因突变结合环境选择而适应形成的？在新迁入地是如何与当地古老型人类的后裔共存或替代的？……总之，这一系列宏大的命题需要不断探索。

第二种称之为多地区起源论，亦称作直接演化论或系统论。该理论认为现代类型的智人都是由当地的早期智人以至直立人演化而来，各大人群的性状差异在很久以前便已存在，他们各自平行发展，但相互之间又存在着明显的基因交流，最后演化成现代的各色人群。

第三种称之为同化论。"同化论"和"单一地区起源论"都是基于生命科学遗传基因研究基础提出的现代人起源假说。20世纪80年代以来，现代人起源"单一地区起源论"和"多地区起源论"两种理论各持证据，争论不休。[1] 2010年，尼安德特人基因组草图问世，表明欧洲现代人的基因组中包含有尼安德特人贡献的少量基因，[2] 学界开始重新审视主张完全取代的"夏娃说"。2014年，有学者根据对600个现代人基因组的分析发现其中有约0.2%

---

[1] 朱泓：《体质人类学》，高等教育出版社2004年版，第288—289页。张野、黄石：《古DNA的新发现支持现代人东亚起源说》，《人类学学报》2019年第4期，第491—498页。雷晓云、袁海健、张野、黄石：《基于DNA分子的现代人起源研究35年回顾与展望》，《人类学学报》2018年第2期，第270—283页。

[2] Richard E. Green et al. , "A Draft Sequence of the Neandertal Genome", *Science*, Vol. 328, No. 5979, 2010, pp. 710 – 722.

的尼安德特人基因成分。[①] 近来，随着丹尼索瓦人、[②] 夏河人[③]等新的人群的发现，支持"同化论"的证据越来越多。在此基础上，学者们提出了"同化说"，主张现代人（晚期智人）的基因在演化过程中接受了早期智人少量的基因，从 DNA 遗传基因贡献层面得出现代人来源主要还是在非洲，其后裔来到欧洲和亚洲后没有完全取代当地的原始土著人群，而是两者之间有很少的杂交，存在与各地早期智人的基因交流，且这些交流后的基因一直延续到晚期智人人群中，但各地土著人群对现代人基因组的贡献不大。

应该说，主张替代的"夏娃说"和主张基因交流的"同化说"都是在生命科学遗传基因研究基础上提出的现代人起源假说，均得益于遗传学研究技术方法的迭代与更新。学者们也意识到依凭少量学科观察视角、零碎证据、有限数据企图构建宏大历史叙事的尝试是极为冒险的行为。[④] 目前，学界关注人类起源、现代人起源的学者也试图根据人类化石遗传表型特征、遗传学研究成果、结合考古学、环境学、人类学等证据开展各区域多样化环境下人类适应体系的综合研究。

综合分析中国腹心地区及周边旧石器时代的人类化石资料，早在 20 世纪 90 年代，吴新智院士根据东亚大陆人类化石上的印加骨、

---

① Sriram Sankararaman et al. , "The Genomic Landscape of Neanderthal Ancestry in Present-Day Humans", *Nature*, Vol. 507, No. 7492, 2014, pp. 354 – 357.

② Meyer Matthias et al. , "A High-coverage Genome Sequence from an Archaic Denisovan Individual", *Science*, Vol. 338, No. 6104, 2012, pp. 222 – 226.

③ Zhang Dongju et al. , "Denisovan DNA in Late Pleistocene Sediments from Baishiya Karst Cave on the Tibetan Plateau", *Science*, Vol. 370, No. 6516, 2020, pp. 584 – 587. Chen Fahu et al. , "A Late Middle Pleistocene Denisovan Mandible from the Tibetan Plateau", *Nature*, Vol. 569, No. 7756, 2019, pp. 409 – 412.

④ 罗新：《有所不为的反叛者：批判、怀疑与想象力》，上海三联书店 2019 年版，第 1—13 页。事实上，任何学者试图站在自我立场，用自有局限的历史认知跨越时空去观察、建构纷繁复杂的真实历史都可能是一种自以为是的妄想。历代学者回顾既往对历史真实建构的文本（社会记忆）只是对片面、细小如九牛一毛的零碎历史真实社会记忆的可能性表达，实事求是科学的态度应为充分利用既有知识结构，广泛借鉴其他学科的努力成果，在"走进历史真实之道"上蹒跚前行，尽力抓住历史真实分毫。张忠培：《考古学：走近历史真实之道》，科学出版社 1999 年版，第 296—315 页。

比较朝向前方的颧骨、扁塌的鼻梁、铲形门齿、呈一条水平横线的额鼻缝和额颌缝等性状呈现出与现代亚洲蒙古人种之间遗传表型特征强烈的一致性，以人类化石材料为核心，结合第四纪古环境、[①] 人类生产方式、[②] 石器技术发展模式，提出了中国古人类是连续发展的主张，并进一步阐释为以"连续进化、附带杂交"为核心论点[③]的东亚现代人多地区起源论。而后关于古人类生存环境的探索，[④] 东亚大陆一系列旧石器研究成果，[⑤] 以及道县福岩洞、[⑥] 木榄山人、[⑦] 马鹿洞、[⑧] 田园洞[⑨]等古人类的发现，学者们从东亚地区的石器工业、文化传统、人类化石、行为表现等多角度、多层次提出了现代人类起源与演化的多样性、复杂性。尤其是对于石器技术发展与古人类演化的关系，吴汝康系统阐释为"区域渐进为主，（文化与基因）交流为辅"，[⑩]间接论证了东亚地区"多地区起源论"假说的诸多合理之处，东亚地

---

① 王幼平：《华北旧石器晚期环境变化与人类迁徙扩散》，《人类学学报》2018 年第 3 期，第 341—351 页。

② 李文成：《MIS3 阶段嵩山东麓及华北石片石器研究》，《古代文明研究通讯》2020 年总第 86 期，第 371—383 页。

③ 吴新智：《中国远古人类的进化》，《人类学学报》1990 年第 4 期，第 312—321 页。

④ Yong Ge, Xing Gao, "Understanding the Overestimated Impact of the Toba Volcanic Super—Eruption on Global Environments and Ancient Hominins", *Quaternary International*, Vol. 559, 2020, pp. 24 - 33.

⑤ Feng Li, Steven Kuhn, Ofter Bar-Yosef, et al., "History, Chronology and Techno-typology of the Upper Paleolithic Equence in the Shuidonggou Area, Northern China", *Journal of World Prehistory*, Vol. 32, 2019, pp. 111 - 141. 王幼平：《石器技术与早期人类的迁徙扩散》，北京大学考古文博学院、北京大学中国考古学研究中心编：《考古学研究》第 11 卷，科学出版社 2020 年版，第 1—12 页。

⑥ Wu Liu, María Martinón-Torres, Yanjun Cai, et al., "The earliest unequivocally modern humans in southern China", *Nature*, Vol. 526, No. 7575, 2015, pp. 696—699. 刘武：《湖南省道县发现东亚最早的现代人化石》，《化石》2015 年第 11 期，第 76—78 页。

⑦ 刘武、金昌柱、吴新智：《广西崇左木榄山智人洞 10 万年前早期现代人化石的发现与研究》，《中国基础科学》2011 年第 2 期，第 11—14 页。

⑧ Darren Curnoe, Xueping Ji, Wu Liu, et al., "A Hominin Femur with Archaic Affinities from the Late Pleistocene of Southwest China", *Plos One*, Vol. 10, No. 12, 2015, pp. e0143332. 吉学平、吴秀杰、吴沄、刘武：《广西隆林古人类颞骨内耳迷路的 3D 复原及形态特征》，《科学通报》2014 年第 12 期，第 3517—3525 页。

⑨ Qiaomei Fu, Matthias Meyer, Xing Gao, et al., "DNA Analysis of An Early Modern Human from Tianyuan Cave, China", *Proceedings of the National Academy of Sciences*, 2013, Vol. 110（6），pp. 2223 -2227. 魏偏偏、Ian J. Wallace、Tea Jashashvili、刘武：《周口店田园洞古人类股骨形态功能分析》，《中国古生物学会第 28 届学术年会论文摘要集》，海洋出版社 2015 年版，第 211 页。

⑩ 吴汝康、吴新智、张森水编著：《中国远古人类》，科学出版社 1989 年版，第 16—17 页。

区现代人类起源、演化的复杂性及多样性应该得到更多的重视。近来，吴秀杰等根据许家窑人、许昌人颅面形态、内耳迷路结构等特征的研究显示其均与现代人或东亚更古老人群的同类结构不同，而与莫斯特文化的主人尼安德特人完全一致，似乎也在另一个角度上表明了古人类（东亚早期智人与尼安德特人）之间存在的基因交流证据。[1] 李锋等从旧石器的发现论证了早期现代人扩散过程中在北方路线上与古老类型人类（尼安德特人、丹尼索瓦人等）曾有过频繁的基因交流，进一步指出早期现代人的扩散是一个复杂的动态过程，扩散过程中与不同人群的基因交流可能是常态，[2] 从化石人类学、古基因组学、[3] 考古学等多方面进一步丰富了东亚地区现代人起源的"多地区起源论"，并指出很可能东亚地区古人类在基因"同化"方面采用独特策略，适应本地自然环境的古人类占据了较为主要的角色。[4] 在讨论我们的直接祖先——现代人的起源和演化时应该高度重视区域复杂性、多样性以及基因交流的频发性。[5]

　　中国腹心地区旧石器遗址多分布在豫西、豫西南山地丘陵向平原的过渡地带，陕南汉中盆地，晋南运城盆地、临汾盆地，鲁南等地，主要涉及三门峡盆地、伊洛河流域、嵩山东麓、平顶山地区、南阳盆地、汾河谷地等。河南地区至少有旧石器时代早期遗址 12 处，文化面貌与我国南方砾石工业很相似，同时与周口店第一地点、

　　① 吴秀杰：《中国古人类演化研究进展及相关热点问题探讨》，《科学通报》2018 年第 21 期，第 2148—2155 页。

　　② 李锋、高星：《东亚现代人来源的考古学思考：证据与解释》，《人类学学报》2018 年第 2 期，第 176—191 页。

　　③ Yang Melinda Anna、付巧妹、张明、平婉菁：《现代史史前遗传历史的古基因组研究》，《人类学学报》2020 年第 3 期。

　　④ 高星、裴树文：《中国古人类石器技术与生存模式的考古学阐释》，《第四纪研究》2006 年第 4 期，第 504—513 页。

　　⑤ 高星、李锋、关莹、张晓凌、John W. olsen：《中国现代人起源与演化的考古学思考》，《人类学学报》2019 年第 3 期，第 317—334 页。张明、付巧妹：《史前古人类之间的基因交流及对当今现代人的影响》，《人类学学报》2018 年第 2 期，第 206—218 页。

峙峪遗址等为代表的我国北方小石片工业有一定相似性。河南地区旧石器时代早期古人类在与南方砾石工业人群进行文化交流时，也保持与我国北方小石片工业人群的文化交流，体现出南北文化交流融合的特色。旧石器时代中期中原地区文化面貌仍体现出我国南方砾石工业文化因素，但占比有所下降，小石片工业占比增加，石器加工技术较早期有所进步，同时，还出现阿舍利技术，许昌人遗址出现具备精准控制力的石器压制技术（参见图 2 – 15、图 2 – 16）。旧石器时代中期古人类在保持自身文化特色的同时，与同期南北方人群保持密切文化交流，很可能也与西方人群保持一定的人群交流和文化交往。旧石器时代晚期遗址主要集中在嵩山地区，石料选择、加工技术及石器组合等反映的石器工业具有较为鲜明的区域文化特征，与

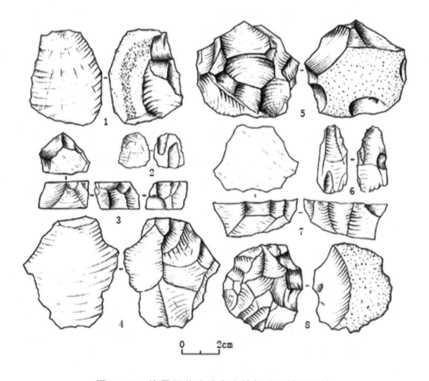

图 2 – 15　许昌灵井遗址出土的部分石核和石片

（1、2、4：石片；3：双台面石核；5、8：盘状石核；6：砸击石核；7：单台面石核）

我国北方小石片石器工业没有明显不同。从登封西施遗址来看，其与山西下川遗址、塔水河遗址等石叶遗存相似，石叶技术均为非典型石叶遗存，他们之间应存在一定的文化交流。[①] 与目前发现的细石器遗存[②]表现出的文化面貌存在较大相似性。总体来看，中原腹地细石器文化与华北地区其他细石器遗址文化面貌高度一致，本地细石器文化可能与下川、虎头梁等华北典型细石器文化源出一脉，并保持了较为频繁的横向交流。

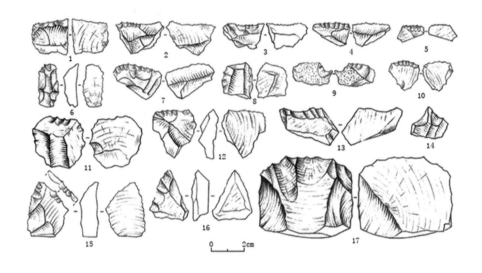

图 2 - 16　许昌灵井遗址出土的石质工具

（1、4、5：单直刃刮削器；2、3：单凹刃刮削器；6：多刃刮削器；7、9：单凸刃刮削器；

8：双刃刮削器；10 - 12：锯齿刃器；13：凹缺刮器；14：钻；15 - 16：尖状器；17：砍砸器）

目前来看，人类化石形态学表型研究和古 DNA 遗传学证据都还存在明显不足，但这些丰富的化石发现足以明确中国腹心地区不仅

① 梁法伟、赵清波、李世伟、曹艳朋、贾一凡、师东辉、高振龙、周润山：《中原与周边——中华文明的融合与发展》，2023 年 1 月 1 日，https://www.hnswwkgyjy.cn/NewsView.php? News_ ID = 1852，访问时间：2024 年 2 月 12 日。

② 如许昌灵井遗址第⑤层、舞阳大岗遗址第④层、新密李家沟遗址第⑥层、裴李岗遗址旧石器文化层等。

是研究人类起源的重要区域之一，还极可能是探索现代亚洲蒙古人种各人群起源、演化的核心区域之一。[①] 从现有证据来看，现代亚洲蒙古人种人群体质因素是东亚大陆可追溯到时间最早、一直延续、并对后继的华夏民族、汉族历史形成及现代汉族体质形成贡献了主流影响的遗传因素，现代亚洲蒙古人种体质因素一直是该地区人群演化、基因传承与互动的主旋律。魏敦瑞认为中国猿人是现代蒙古人种的祖先，[②] 对旧石器时代晚期山顶洞人"尚在形成中的蒙古人种"[③] 的描述可能是其地位最为贴切的表达。[④] 旧石器时代人类化石证据显示现代亚洲蒙古人种各人群一直是该地区人群演化、基因传承与互动的主旋律。

---

① 刘武、吴秀杰、邢松：《更新世中期中国古人类演化区域连续性与多样性的化石证据》，《人类学学报》2019 年第 4 期，第 473—490 页。刘武、吴秀杰、邢松：《现代人的出现与扩散——中国的化石证据》，《人类学学报》2016 年第 2 期，第 161—171 页。吴新智、徐欣：《从中国和西亚旧石器及道县人牙化石看中国现代人起源》，《人类学学报》2016 年第 1 期，第 1—13 页。刘武、邢松、张银运：《中国直立人牙齿特征变异及其演化意义》，《人类学学报》2015 年第 4 期，第 425—441 页。

② Weidenreich, Franz, *The Skull of Sinanthropus Pekinensis*, 1948.

③ 吴新智：《山顶洞人的种族问题》，《古脊椎动物与古人类》1960 年第 2 期，第 141—148 页。

④ 刘武、何嘉宁、吴秀杰、吕锦燕：《山顶洞人与现代华北人头骨非测量性特征比较及中国更新世晚期人类演化的一些问题》，《人类学学报》2006 年第 1 期，第 26—41 页。

第 三 章

新石器时代人群及其演化、发展特征

目前来看，经研究的中国腹心地区新石器时代古代人群资料相对比较丰富，主要涉及裴李岗文化、仰韶文化、大汶口文化、后冈一期文化、庙底沟文化、庙底沟二期文化、客省庄文化、秦王寨文化、龙山文化等人群的材料。这些材料经过多年的深入研究，学术界已有很多报道，时间跨度大约从距今 9000 年一直延续至距今 4000年左右。以下就裴李岗时代、仰韶时代和龙山时代人群的体质基因传承、发展与交融总结如下。

第一节　裴李岗时代

在裴李岗时代，中国腹心地区主要分布着裴李岗文化、老官台文化、后李文化、磁山文化等考古学文化。裴李岗文化是新石器时代中期主要分布于河南地区的考古学文化，年代距今约 8500 ~ 7000 年。裴李岗文化以豫中嵩山地区为中心，东到豫东周口，西到三门峡，南抵信阳，北至豫北安阳，分布范围广。以小口双耳壶、三足钵、深腹罐等为典型器物。研究表明，以裴李岗文化为代表的文明成就在当时的整个东亚地区极为突出，因此这一时期也被学术界称为"裴李岗时代"。裴李岗时代"早期中国文化圈"雏形已经开始形成。①

目前，裴李岗文化代表性遗址主要有新郑裴李岗、沙窝李、唐户、郏县水泉、长葛石固、舞阳贾湖、安阳八里庄等。虽然裴李岗文化、老官台文化、后李文化、磁山文化等的各类遗址中发现了数量不等的墓葬等遗存，且发现了数量不等、保存状况不一的人群资料，但该期经研究的古代人群骨骼材料仅有河南舞阳贾湖遗址 1 处。②

贾湖组材料出自河南省舞阳县贾湖村新石器时代早期文化遗址。经碳十四年代测定，贾湖遗址的时代为距今约 8500～7500 年（树轮校正），属于裴李岗文化。贾湖人具有现代亚洲蒙古人种人群常见的体质特征，其人种属性应与蒙古人种无异，其体质特征主要表现为圆颅型、高颅型结合中颅型，扁平偏狭的上面部、中等的眶型、中鼻型等特点。在与其他组的对比中，贾湖人群与新石器时代的北方类群人群较为接近，且与邻近地区时代稍晚的北方类群中的下王岗人人群最为相似。③ 其基本体质类型与"古中原类型"人群相近。④

贾湖人群已经显示出与山顶洞人等相似的现代亚洲蒙古人种人群具备的常见表型特征，且与新石器时代北方类群人群较为接近，与邻近地区时代稍晚的下王岗人群最为相似，⑤ 呈现出基因表达的连续性。其基本体质特征与划分在"古中原类型"中的各人群最为接近。⑥

---

① 梁法伟、赵清波、李世伟、曹艳朋、贾一凡、师东辉、高振龙、周润山：《中原与周边——中华文明的融合与发展》，2023 年 1 月 1 日，https://www.hnswwkgyjy.cn/NewsView.php?News_ ID = 1852，访问时间：2024 年 2 月 12 日。

② 鉴于河南省长葛县（今长葛市）石固墓葬群的时代包括了前仰韶文化期及仰韶文化期，故石固组材料应视作仰韶时期形成的人群类型，本书将其放置于仰韶时代论述。

③ 陈德珍、张居中：《早期新石器时代贾湖遗址人类的体质特征及与其他地区新石器时代人和现代人的比较》，《人类学学报》1998 年第 3 期，第 191—211 页。

④ 河南省文物考古研究院、中国科学技术大学科技史与科技考古系编著：《舞阳贾湖·2》，科学出版社 2015 年版，第 246—332 页。

⑤ 陈德珍、张居中：《早期新石器时代贾湖遗址人类的体质特征及与其他地区新石器时代人和现代人的比较》，《人类学学报》1998 年第 3 期，第 191—211 页。陈德珍：《中国新石器时代居民体质类型及其继承关系》，《人类学学报》1986 年第 2 期，第 114—127 页。刘武：《华北新石器时代人类牙齿形态特征及其在现代中国人起源与演化上的意义》，《人类学学报》1995 年第 4 期，第 360—380 页。

⑥ 朱泓：《中原地区的古代种族》，吉林大学边疆考古研究中心编：《庆祝张忠培先生七十岁论文集》，科学出版社 2004 年版，第 549—557 页。

颜訚认为中国旧石器时代晚期人类与新石器时代人类存在着形态学上的继承关系，并且他认为蒙古人种的起源、形成和分化等历史可追溯到遥远的旧石器时代。[①]潘其风、韩康信也撰文指出中国旧石器时代晚期人类与新石器时代人类存在着形态学关系上的继承关系。[②]由此来看，中国腹心地区古代人群在新石器时代早期依然延续了旧石器时代晚期以来的主要人群基因因素，尽管中国南北方古人群早在9500年前已经分化。但从贾湖人群呈现的结果来看，连续演化应是以中国大陆为主体的东亚主体人群从旧石器时代一直到新石器时代早期演化、发展的主旋律。[③]

贾湖人（裴李岗文化）文化特征鲜明、发展程度已较高，以定居生活为主，农业生产和加工工具（参见图3-1）显示遗址晚期，农业化程度逐渐加强，生产生活中性别分工日渐明确，并有意识规划聚落和墓葬区等。据研究，贾湖遗址出土的骨笛（参见图3-2）、内含石块的龟甲可能为祭祀器具，结合发现的祭祀坑等可知该人群有浓厚的祭祀文化。贾湖遗址陶片沉淀物经鉴定含有酒类挥发后沉积的酸，残留物化学成分与现代米酒、葡萄酒类似，贾湖人很可能已经饮酒。贾湖遗址发现的七孔骨笛、制作精美，是我国发现最古老的乐器；贾湖刻划符号也显示出其较高的认知能力。

裴李岗时代以裴李岗文化最为强势，发展水平明显高于周边同期诸考古学文化，尤其在晚期阶段其对当时周边地区的老官台文化、后李文化、磁山文化等产生了积极影响。[④]此外，其对彭头山文化

[①] 颜訚：《从人类学上观察中国旧石器时代晚期与新石器时代的关系》，《考古》1965年第10期，第513—516页。

[②] 韩康信、潘其风：《古代中国人种成分研究》，《考古学报》1984年第2期，第245—263页。

[③] Melinda A Yang, Xuechun Fan, Bo Sun, et al. , "Ancient DNA Indicates Human Population Shifts and Admixture in Northern and Southern China", *Science*, Vol. 369, No. 6501, 2020, pp. 282 – 288.

[④] 磁山文化小口双耳壶、三足钵、深腹罐等与裴李岗文化典型器物一致，且从早到晚呈现出明显增加趋势，表明磁山文化深受裴李岗文化影响。老官台文化圈底钵、三足钵、圈足钵等器物可在裴李岗文化中找到祖型，两者葬俗也相似。后李文化相对独立发展，但在山东章丘小荆山、临淄后李等后李文化遗址中发现的小口壶、长颈壶、侈口粗颈罐、乳足钵等与裴李岗文化同类器相似，两者共性应反映出二者密切的文化交流。

图 3 - 1　裴李岗遗址出土的石磨盘、石磨棒组合①

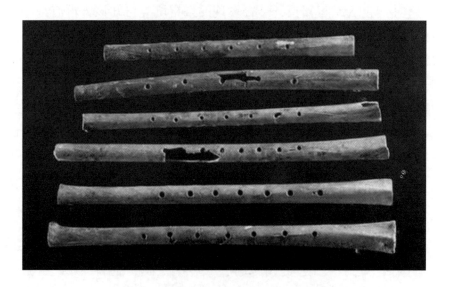

图 3 - 2　河南舞阳贾湖遗址出土的七孔骨笛

---

① 见袁广阔《文明曙光：裴李岗文化》，2020 年 9 月 30 日，《中国社会科学报》总第 2022
期，http：kaogu. cssn. cnzwbxshdzxkaoguzhuanti202009t20200930_ 5191281. shtml。

（以湖南澧县为代表）、城背溪文化、双墩文化（以安徽蚌埠为代表）、顺山集文化（以江苏泗洪为代表）等长江中游、淮河流域文化也产生了不同程度的影响，使得中原地区与关中渭河、海岱地区、冀南地区、汉水上游地区等第一次产生紧密联系，并影响了长江中游、淮河中游等地区的文化发展。裴李岗时代因裴李岗文化等人群的强势崛起与拓展，对周边同期人群产生强烈影响，进而带动了中国腹心地区整体文化的协同发展与演进，使"早期中国文化圈"雏形开始形成，为中华文明起源和早期发展奠定了坚实基础。

第二节　仰韶时代

在仰韶时代，中国腹心地区分布的考古学文化主要有仰韶文化、大汶口文化、屈家岭文化等。仰韶文化是我国分布范围最广的一支新石器时代考古学文化，涉及十余个省区，延续时间长达两千余年，大体可分为初、早、中、晚四个发展阶段，在其内部分布着不同的"类型"或"文化"，内涵极其丰富。在仰韶文化初期和早期，中原与周边地区就存在着文化交流与互动。如下潘旺类型与海岱地区北辛文化联系密切。后岗类型与海岱地区亦有较为密切的文化交流，其很可能对河北北部、内蒙古中南部等地产生积极影响。半坡文化的发展对周边地区如豫西晋南地区东庄类型等存在积极影响。豫西南地区八里岗类型与南部江汉地区也有一定文化联系。仰韶中期仰韶文化发展水平明显高于周边地区，对周邻文化产生积极强烈的辐射影响。仰韶文化对大汶口早期文化陶器敛口彩陶钵、卷沿曲腹彩陶（素面）盆、矮领折肩罐、束腰器座等以及大汶口文化早期阶段彩陶艺术都产生直接影响。仰韶文化以汉江为交流通道向南与大溪文化形成互动交流。中国腹心地区仰韶中期文化彩陶艺术对南方长江下游薛家岗文化、崧泽文化，对北方地区红山文化、小珠山中层文化也有积极辐射影响。仰韶晚期文化内部分化加剧，同时受到周邻文化的强烈冲击。这一时期，华夏民族先世已经开始从农业社会逐步向有城社会发展，有人称之为"城市革命"的早期文明化进程。仰韶文化是我国史前时期影响极为深远的主干型文化，具有独一无二的历史地位，可以称之为多元一体"重瓣花朵"史前文化发展格局的"花心"。[1]

大汶口文化主要分布在海岱文化区。关于这一地区，史学家曾有过很多称谓。如徐旭生称之为"东夷集团分布区"，[2] 蒙文通称之为"海岱民族分布区"，以及"齐鲁文化区""东夷文化区"等诸多概念。[3] 随着我国考古工作的不断发展，20 世纪 80 年代初，苏秉琦将中国新石器文化划分为六大区系，并总结为"面向内陆的部分，多出彩陶和细石器"和"面向海洋的部分，则主要是黑陶、几何印纹陶、有段和有肩石器的分布区域，民俗方面还有拔牙的风俗。"[4] 在苏秉琦区系理论的指导下，1984 年高广仁、邵望平提出了海岱文化区的概念。他们认为《尚书·禹贡》中"海、岱、淮所圈定的青、徐二州正是大汶口—龙山文化系统的中心分布区，亦是后来商王朝本土以东的东夷诸国的活动地区和更晚的齐鲁国境"。[5] 虽然后来又有学者提出了如"泰沂文化区"[6] 的概念，但"海岱文化区"这一概念已得到学术界的广泛认同。

高广仁、邵望平认为海岱文化区是以泰、沂山系为中心的周围地区，不同时期的分布范围有一定差别，大体上经历了由小到大、再由大到小的发展历程，其空间分布的鼎盛阶段是在岳石文化时期。栾丰

---

① 梁法伟、赵清波、李世伟、曹艳朋、贾一凡、师东辉、高振龙、周润山：《中原与周边——中华文明的融合与发展》，2023 年 1 月 1 日，https://www.hnswwkgyjy.cn/NewsView.php? News_ ID = 1852，访问时间：2024 年 2 月 12 日。

② 徐旭生：《中国古史的传说时代》，广西师范大学出版社 2003 年版，第 55—65 页。

③ 高广仁、邵望平：《中华文明发祥地之一——海岱历史文化区》，《史前研究》1984 年第 1 期，第 7—25 页。

④ 苏秉琦、殷玮璋：《关于考古学文化的区系类型问题》，《文物》1981 年第 5 期，第 10—17 页。

⑤ 高广仁、邵望平：《中华文明发祥地之一——海岱历史文化区》，《史前研究》1984 年第 1 期，第 7—25 页。

⑥ 郑笑梅：《论泰沂文化区》，张学海、山东省文物考古研究所编：《海岱考古》第 1 辑，山东大学出版社 1989 年版，第 344—348 页。

实在此基础上作了具体解释，指出海岱地区是海岱文化区、海岱历史文化区的略称，它是一个考古用语。海岱地区的空间分布是以泰沂山系为中心的地区，不同时期范围有一定差别，总体上呈逐渐扩大趋势，鼎盛时包括现行政区划的山东全省、苏皖两省北部、豫东、冀东南以及辽东半岛南部在内的广大地区，或被称为泰沂文化区。时间上大约包括了目前已知的整个新石器时代和青铜时代，经历了一个产生（后李文化）、发展（北辛文化和大汶口文化早中期）、鼎盛（大汶口文化晚期、龙山文化和岳石文化）的过程，最终融入中华文明古代文化之中，成为中华文明古代文化的几个主要来源之一。[①] 郑笑梅从考古学文化的基本要素分析入手，提出以泰沂山系为中心发展起来的文化传统，从时间和空间角度讨论其源流、分布范围已超越历史范畴的概念，并提出了"泰沂文化区"[②] 的概念。张学海合取《禹贡》《史记》两书所指海岱的地理概念，认为其应指以山东为中心的考古文化区，其范围和形成时间随文化的发展变化而不同。[③] 何德亮认为海岱一词属地理概念，是古代山东地区的统称，"海、岱及淮惟青州，"所谓青、徐二州主要指地处中国东部沿海、黄河下游的山东地区。自后李文化，经北辛文化、大汶口文化，至龙山文化时逐渐形成一个相对独立、相对稳定、持续发展的地区。[④] 靳松安则把海岱文化区的地理分布按水系分为五大部分。[⑤] 总之，海岱地区应当是一个四维的考古学概念，地理上是以泰、沂山系为中心的周边地区，时间范围大致在北辛—大汶口—龙山—岳石文化阶段，具体范围随时间、文化变迁有所变化。

目前来看，仰韶文化和大汶口文化的诸多地点中均出土了较多的古代人群遗骸，研究也较为丰富。详见表2。

---

① 栾丰实：《海岱地区考古研究·前言》，山东大学出版社1997年版，第1—4页。

② 郑笑梅：《论泰沂文化区》，张学海、山东省文物考古研究所编：《海岱考古》第1辑，山东大学出版社1989年版，第344—348页。

③ 张学海：《论四十年来山东先秦考古的基本收获》，张学海、山东省文物考古研究所编：《海岱考古》第1辑，山东大学出版社1989年版，第325—343页。

④ 何德亮：《海岱地区古代社会的文明化进程》，《中原文物》2005年第4期，第10—21页。

⑤ 靳松安：《河洛与海岱地区考古学文化的交流与融合》，科学出版社2006年版，第3页。

仰韶时代与仰韶文化共存的人群主要有陕西西安半坡、[①] 宝鸡北首岭、[②] 华阴横阵、[③] 华县元君庙、[④] 临潼姜寨（一期和二期）、[⑤] 临潼晓坞、[⑥] 西乡何家湾，[⑦] 河南长葛石固、[⑧] 淅川沟湾、[⑨] 郑州西山、[⑩] 郑州孙庄、[⑪] 灵宝西坡、[⑫] 郑州汪沟、[⑬] 渑池笃忠、[⑭] 邓州八里岗[⑮]等人群。

---

① 颜訚、吴新智、刘昌芝、顾玉珉：《西安半坡人骨的研究》，《考古》1960 年第 9 期，第 36—47 页。

② 颜訚、刘昌芝、顾玉珉：《宝鸡新石器时代人骨的研究报告》，《古脊椎动物与古人类》1960 年第 1 期，第 33—43 页。颜訚、刘昌芝、顾玉珉：《宝鸡新石器时代人骨的研究报告》，中国社会科学院考古研究所编著：《宝鸡北首岭》附录一，文物出版社 1983 年版，132—144 页。

③ 考古研究所体质人类学组：《陕西华阴横阵的仰韶文化人骨》，《考古》1977 年第 4 期，第 247—250 页。

④ 颜訚：《华县新石器时代人骨的研究》，《考古学报》1962 年第 2 期，第 85—104 页。

⑤ 夏元敏、巩启明、高强、周春茂：《临潼姜寨一期文化墓葬人骨研究》，《史前研究》1983 年第 2 期，第 112—132 页。巩启明、高强、周春茂、王志俊：《临潼姜寨第二期墓葬人骨研究》，中国考古学研究论集编委会编：《中国考古学研究论集——纪念夏鼐先生考古五十周年》，三秦出版社 1987 年版，第 99—116 页。

⑥ 陈靓、魏兴涛：《晓坞遗址仰韶文化墓葬出土人骨的鉴定与初步研究》，《河南灵宝市晓坞遗址仰韶文化遗存的试掘》附录，《考古》2011 年第 12 期，第 16—22 页。

⑦ 韩康信：《西乡县何家湾仰韶文化居民头骨》，陕西省考古研究所、陕西省安康水电站库区考古队编：《陕南考古报告集》（二），附录一，三秦出版社 1994 年版，第 192—200 页。

⑧ 陈德珍、吴新智：《河南长葛石固早期新石器时代人骨的研究》，《人类学学报》1985 年第 3 期，第 205—214 页。陈德珍、吴新智：《河南长葛石固早期新石器时代人骨的研究（续）》，《人类学学报》1985 年第 4 期，第 314—323 页。另外，该组人群并未根据前仰韶文化期和仰韶文化期进行区分，根据考古学研究的一般原则，时代较早的遗物可出现在较晚期的单位中，而时代较晚的遗存不能出现在较早的单位中的基本规律，故选择将其归入较晚的仰韶文化时代。以下类似情况同样处理。

⑨ 王一如：《沟湾遗址新石器时代人骨研究》，硕士学位论文，吉林大学文学院，2015 年，第 51—52 页。

⑩ 魏东、张桦、朱泓：《郑州西山遗址出土人类遗骸研究》，《中原文物》2015 年第 2 期，第 111—119 页。

⑪ 周亚威、张晓冉、顾万发：《郑州孙庄遗址仰韶文化居民的颅骨形态》，《人类学学报》2021 年第 4 期，第 611—627 页。

⑫ 中国社会科学院考古研究所、河南省文物考古研究所编著：《灵宝西坡墓地》，文物出版社 2010 年版，第 123、281—282 页。

⑬ 周亚威、王艳杰、顾万发：《汪沟遗址仰韶文化居民的颅骨形态学分析》，吉林大学边疆考古研究中心编：《边疆考古研究》第 26 辑，科学出版社 2020 年版，第 371—393 页。

⑭ 孙蕾、武志江：《渑池笃忠遗址仰韶文化晚期人骨研究》，《华夏考古》2010 年第 3 期，第 100—109 页。

⑮ 张弛、何嘉宁、吴小红、崔银秋、王华、张江凯、樊力、严文明：《邓州八里岗遗址仰韶文化多人二次合葬墓 M13 葬仪研究》，《考古》2018 年第 2 期，第 79—87 页。

半坡组材料出自陕西省西安市半坡遗址。该组材料反映的颅面特征与现代亚洲蒙古人种极为相似，其基本体质特征为中颅型、高颅型结合中颅型、中等面宽、中眶、阔鼻、中等扁平的上面部等特点。[①]

宝鸡北首岭组材料出自陕西省宝鸡市北首岭仰韶文化村落遗址。[②] 经研究，该组材料呈现出的测量、观察特征与现代亚洲蒙古人种颇为一致。他们的基本体质特征为中颅型、高颅型结合偏中等的狭颅型，中等宽度的上面部、中眶、阔鼻、矢状方向上中等突出等特征。在与其他组的对比中，宝鸡组与新石器时代的半坡组形态距离最近，而在较宽的鼻型、较低的垂直颅面指数、突颌等特征上呈现出与现代亚洲蒙古人种南亚类型人群更为相似的特点。[③]

横阵组材料出自陕西省华阴县（今华阴市）横阵遗址。通过对该遗址仰韶文化墓葬出土人骨的研究，认为该组材料显示出明显与现代亚洲蒙古人种相似的特征，其总的体质特征与宝鸡组等极为相似，应属于相同的体质类型，头骨颅型同样为近中颅型、高颅型结合中等近狭颅型、中等宽的上面部、中眶、近阔鼻等颅面基本形态。[④]

华县元君庙组材料出自陕西省华县柳子镇元君庙遗址。经研究，该组材料体现出明显与现代亚洲蒙古人种相似的基本特征，颅型为中颅型、高颅型结合偏狭的颅型，以及面部中等、中眶阔鼻、齿槽突颌等特征，其与半坡新石器组、宝鸡组最为相似。[⑤]

---

① 颜闇、吴新智、刘昌芝、顾玉珉：《西安半坡人骨的研究》，《考古》1960 年第 9 期，第 36—47 页。

② 颜闇、刘昌芝、顾玉珉：《宝鸡新石器时代人骨的研究报告》，中国社会科学院考古研究所编著：《宝鸡北首岭》附录一，文物出版社 1983 年版，132—144 页。

③ 颜闇、刘昌芝、顾玉珉：《宝鸡新石器时代人骨的研究报告》，《古脊椎动物与古人类》1960 年第 1 期，第 33—43 页。

④ 考古研究所体质人类学组：《陕西华阴横阵的仰韶文化人骨》，《考古》1977 年第 4 期，第 247—250 页。

⑤ 颜闇：《华县新石器时代人骨的研究》，《考古学报》1962 年第 2 期，第 85—104 页。

姜寨组材料出自陕西省临潼县（今西安市临潼区）姜寨遗址。该遗址分为五期文化遗存，第一至第四期属仰韶文化遗存，第五期属客省庄二期文化，① 见诸报道的是姜寨一期②和姜寨二期③时期的人骨材料。姜寨一期组为新石器时代半坡文化人群，通过观察与测量分析，他们具有中颅型、较宽而较陡直的额部、较宽的中部面宽、较大的上面部扁平度、中等突颌、中眶型和阔鼻型等特点，其应与现代亚洲蒙古人种的远东类型（东北亚类型）最为接近，并与古代组中的新石器时代的宝鸡组最为接近。姜寨二期组为新石器时代仰韶文化史家类型人群，文化类型虽与一期人群略有差异，但体质特征表型同样与现代亚洲蒙古人种颇为一致，在与其他组别的对比中与庙底沟组最为接近，与华县、宝鸡等仰韶文化人群也没有明显差异。④

晓坞组材料出自河南省灵宝市阳店镇晓坞村南的晓坞遗址，地处弘农涧河支流朱乙河北岸的二级阶地和黄土台塬上。研究认定其是一处包含仰韶文化早期和二里头文化遗存的遗址。通过研究仰韶文化早期东庄类型墓葬（M1、M2）出土人骨遗存可知，其颅骨形态表型可以概括为偏短的中颅、高颅结合狭颅，高且偏狭的面宽，低眶型，偏狭的中鼻型，中等偏小的上面部扁平度，简单的颅顶缝，发育弱的犬齿窝和鼻根凹，很小的鼻突出度，低矮的鼻前棘，高而宽的颧骨，较显著的矢状嵴发育等（参见图 3−3）。这些特征在现代亚洲蒙古人种人群中出现率均较高，体质特征应与现代亚洲蒙古

① 西安半坡博物馆、临潼县文化馆：《临潼姜寨遗址第四至十一次发掘纪要》，《考古与文物》1980 年第 3 期，第 1—13 页。西安半坡博物馆、临潼县文化馆：《1972 年春临潼姜寨遗址发掘简报》，《考古》1973 年第 3 期，第 134—145 页。

② 夏元敏、巩启明、高强、周春茂：《临潼姜寨一期文化墓葬人骨研究》，《史前研究》1983 年第 2 期，第 112—132 页。

③ 巩启明、高强、周春茂、王志俊：《临潼姜寨第二期墓葬人骨研究》，中国考古学研究论集编委会编：《中国考古学研究论集——纪念夏鼐先生考古五十周年》，三秦出版社 1987 年版，第 99—116 页。

④ 夏元敏、巩启明、高强、周春茂：《临潼姜寨一期文化墓葬人骨研究》，《史前研究》1983 年第 2 期，第 112—132 页。巩启明、高强、周春茂、王志俊：《临潼姜寨第二期墓葬人骨研究》，中国考古学研究论集编委会编：《中国考古学研究论集——纪念夏鼐先生考古五十周年》，三秦出版社 1987 年版，第 99—116 页。

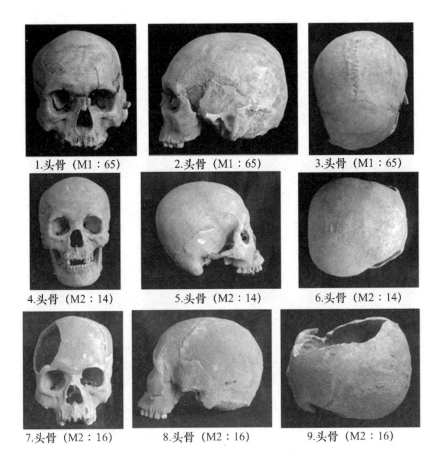

1.头骨（M1:65）　　2.头骨（M1:65）　　3.头骨（M1:65）

4.头骨（M2:14）　　5.头骨（M2:14）　　6.头骨（M2:14）

7.头骨（M2:16）　　8.头骨（M2:16）　　9.头骨（M2:16）

图 3-3　河南灵宝晓坞遗址仰韶文化人群颅骨

人种人群一致。通过对比可知晓坞组与陶寺组、仰韶合并组相似度
最高。[①]

何家湾组材料出自汉水上游的陕西省西乡县境内的何家湾新石
器时代遗址，属半坡文化，年代距今约 6000 年。[②] 该组人群头骨上
存在现代亚洲蒙古人种常见的表型特征，且与关中地区仰韶文化人

————————

①　陈靓、魏兴涛：《晓坞遗址仰韶文化墓葬出土人骨的鉴定与初步研究》，《河南灵宝市晓坞
遗址仰韶文化遗存的试掘》附录，《考古》2011 年第 12 期，第 16—22 页。

②　陕西省考古研究所汉水考古队：《陕西西乡何家湾新石器时代遗址首次发掘》，《考古与文
物》1981 年第 4 期，第 13—26 页。

群头骨之间表现出普遍的相似性，在种系形态学上应与关中地区仰韶文化人群视为同种类型较为妥当。①

　　石固组材料出自河南省长葛县（今长葛市）境内的石固新石器时代遗址，墓葬的时代包括前仰韶文化期及仰韶文化期。通过对前仰韶文化期和仰韶文化期人类骨骼的检验，研究者认为他们的体质特征属于同一类型。石固组人类学材料具有明显与现代亚洲蒙古人种相似的特点，无疑与蒙古人种属同一类型。有些特征与现代亚洲蒙古人种南亚类型颇为接近，如按照种族相似系数来看，石固组头骨与华北地区的新石器时代各组的差异均较小。② 石固组人群的基本体质类型应为"古中原类型"。③

　　沟湾组材料出自河南省淅川县上集镇张营村沟湾组村东沟湾遗址。通过对新石器时代早期仰韶文化时期墓葬出土人骨的研究可知，沟湾遗址仰韶文化人群应与蒙古人种体质特征一致，并可能与现代亚洲蒙古人种东亚类型人群有更为密切的亲缘关系。④

　　西山组材料出自河南省郑州市北郊的西山新石器时代遗址，经初步分析该遗址分为前后顺序发展的三期遗存，第一期相当于后冈一期文化，第二期约与庙底沟文化同时，第三期早段为秦王寨文化时期，晚段约相当于大河村遗址第五期，其绝对年代距今约 5300 ～ 4800

　　① 韩康信：《西乡县何家湾仰韶文化居民头骨》，陕西省考古研究所、陕西省安康水电站库区考古队编：《陕南考古报告集》（二）附录一，三秦出版社 1994 年版，第 192—200 页。

　　② 陈德珍、吴新智：《河南长葛石固早期新石器时代人骨的研究》，《人类学学报》1985 年第 3 期，第 205—214 页。陈德珍、吴新智：《河南长葛石固早期新石器时代人骨的研究（续）》，《人类学学报》1985 年第 4 期，第 314—323 页。

　　③ 陈德珍、吴新智：《河南长葛石固早期新石器时代人骨的研究》，《人类学学报》1985 年第 3 期，第 205—214 页。陈德珍、吴新智：《河南长葛石固早期新石器时代人骨的研究（续）》，《人类学学报》1985 年第 4 期，第 314—323 页。另外，该组人群并未根据前仰韶文化期和仰韶文化期进行区分，根据考古学研究的一般原则，时代较早的遗物可出现在较晚期的单位中，而时代较晚的遗存不能出现在较早的单位中的基本规律，故选择将其归入较晚的仰韶文化时代。以下类似情况同样处理。

　　④ 王一如：《沟湾遗址新石器时代人骨研究》，硕士学位论文，吉林大学文学院，2015 年，第 51—52 页。

年。① 该组材料表现出中颅型、高颅型结合狭颅型的基本特征，还有狭额、阔鼻、偏低的眶型，矢状方向上中等突出程度，齿槽突颌等表型特征，无疑与现代亚洲蒙古人种一致，与古代组中的西夏侯组最为接近。②

孙庄组材料出自河南省郑州市中原区孙庄村南的一处仰韶文化晚期遗址。通过对出土 10 例保存基本完整颅骨的测量与观察可知，该组人群颅面部特征为高颅型与狭颅型相结合，中等偏大的面部扁平度、狭额型、中鼻型、低眶型、平颌型、犬齿窝和鼻根凹欠发达、简单的颅顶缝等。其形态特征反映的表型遗传因素多与现代亚洲蒙古人种相似。颅骨形态学对比显示孙庄组与现代亚洲蒙古人种近代华南组人群最为相似，男性与新石器时代仰韶合并组、庙子沟组、西山组、大汶口组人群遗传关系最近，孙庄女性组最接近大汶口组、徐堡组和西山组人群。其与中国腹心地区仰韶时代中晚期人群颅面部特征上颇为一致的特点显示该地区人群具有极高的同源性，同属"古中原类型"人群。③

西坡组材料出自河南省灵宝市阳平镇以东约三公里的西坡遗址，经研究可知该墓地主体文化遗存应归入仰韶文化庙底沟类型，可能处在该类型的最晚阶段，其年代大致距今约 5300～4900 年之间。④ 通过对墓地出土男性颅骨测量性特征的研究可知西坡遗址人群在主体体质类型上应该属于"古中原类型"。⑤ 参见图 3-4、图 3-5、图 3-6。

---

① 张玉石、杨肇清、赵新平：《郑州西山仰韶文化城址》，中国考古学会编：《中国考古学年鉴》，文物出版社 1996 年版，第 164—166 页。
② 魏东、张桦、朱泓：《郑州西山遗址出土人类遗骸研究》，《中原文物》2015 年第 2 期，第 111—119 页。
③ 周亚威、张晓冉、顾万发：《郑州孙庄遗址仰韶文化居民的颅骨形态》，《人类学学报》2021 年第 4 期，第 611—627 页。
④ 中国社会科学院考古研究所、河南省文物考古研究所编著：《灵宝西坡墓地》，文物出版社 2010 年版，第 281—282 页。
⑤ 中国社会科学院考古研究所、河南省文物考古研究所编著：《灵宝西坡墓地》，文物出版社 2010 年版，第 123、281—282 页。

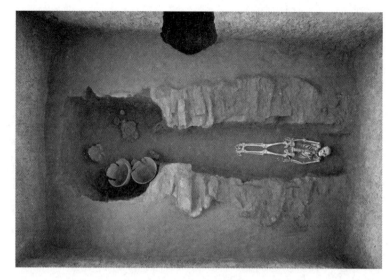

图 3 - 4   河南灵宝西坡遗址 M27 墓主人埋葬情景（王明辉、李新伟供图）

图 3 - 5   河南灵宝西坡遗址仰韶文化房址 F104 与 F105

图 3 - 6 河南灵宝西坡遗址房址及人群活动想象复原（李新伟供图）

汪沟组材料出自河南省郑州市荥阳市城关乡汪沟村南约 500 米的岗地上，是分布在黄河中游索须河流域的一处典型的仰韶文化中晚期聚落遗址（大河村三期类型）。其墓葬为长方形土坑竖穴墓，葬式均为仰身直肢，个别头向朝东，大多数向西。墓葬随葬品少。研究认为汪沟全组表现出的个体差异超出了纯种系的程度，种系成分复杂，可能存在两个以上人群类型。其总体上应系同一人种主干下的不同类型，可概括为"一支同种系多类型的复合体人群"。汪沟人群种系特征与现代亚洲蒙古人种一致，且与现代亚洲蒙古人种东亚类型、南亚类型最为相似。汪沟 A、B 两组颅骨形态在颅型、鼻型、眶型以及面部扁平度上有很大差别。A 组颅型更倾向圆形，B 组则为狭长颅型；B 组鼻型比 A 组更阔，面部扁平度也较 A 组大。汪沟全组、汪沟 A 组与新石器时代仰韶合并组、西山组最为相似，汪沟 B 组与庙子沟人群关系最为密切。[1] 参见图 3 - 7。

① 周亚威、王艳杰、顾万发：《汪沟遗址仰韶文化居民的颅骨形态学分析》，吉林大学边疆考古研究中心编：《边疆考古研究》第 26 辑，科学出版社 2020 年版，第 371—393 页。

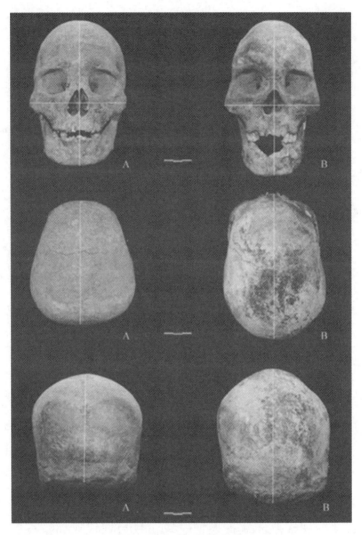

图 3 - 7　河南荥阳汪沟遗址仰韶文化男性颅骨

(左：汪沟 A 组；右：汪沟 B 组)

　　笃忠组材料出自河南省渑池县天池镇的笃忠村的新石器时代遗址。[1] 通过对该遗址仰韶时期人骨的研究，可见该组人群一般具有中

---

[1]　中国科学院考古研究所洛阳发掘队：《河南渑池县考古调查》，《考古》1964 年第 9 期，第 431—434 页。

颅型、高颅型结合狭颅型的颅形特点、中等上面部、偏低的中眶和阔鼻等特征，与现代华南地区的人群有些近似，应属于先秦时期古代人种类型中的"古中原类型"。[①]

八里岗组材料出自豫西南南阳盆地中南部的邓州八里岗遗址，遗址堆积以仰韶文化中期聚落为主。该人群颅骨均有不同程度的枕骨人工变形现象。通过21项牙齿形态特征对比发现八里岗古人与华北地区古代、现代人群牙齿形态最为相似，暗示他们可能有更密切的亲缘关系。通过可供分析的5例个体线粒体单倍型研究结果显示其均属东亚地区最常见的单倍型类群M，其单倍型又可分为三组，其中两个单倍型分别被两例个体共享，表明这两组（M13—35、37和M13—38、55）人群之间具有各自的母系亲缘关系，也就是说M13—35、37和M13—38、55分别属于两个谱系，即分属于两个母系来源。[②]

对仰韶文化人群的研究由来已早，最早是英国人类学家步达生在20世纪20年代初，对J. G. 安特生在甘肃、河南考古工作中采集的所谓仰韶文化期人类遗骨进行了测量研究。[③] 后经韩康信等学者研究，认为安特生判定的所谓仰韶期文化性质并不清楚，而步达生将河南与甘肃地区出土材料混合在一起研究，不能真正分辨仰韶文化人群的人类学特征。[④] 目前来看，随着考古工作的不断深入以及对仰韶文化人群研究的持续开展，已基本对其人类学特征有了较为明确的认识。通过总结陕西省西安半坡遗址、宝鸡北首岭遗址、华阴横阵遗址、华县元君庙遗址、临潼姜寨遗址等仰韶

---

① 孙蕾、武志江：《渑池笃忠遗址仰韶文化晚期人骨研究》，《华夏考古》2010年第3期，第100—109页。

② 张弛、何嘉宁、吴小红、崔银秋、王华、张江凯、樊力、严文明：《邓州八里岗遗址仰韶文化多人二次合葬墓M13葬仪研究》，《考古》2018年第2期，第79—87页。

③ ［加］步达生：《甘肃河南晚石器时代及甘肃史前后期之人类头骨与现代华北及其他人种之比较》，裴文中节译：《中国古生物志》丁种第六号第一册，国民政府农矿部直辖地质调查所，1928年，第1—5页。

④ 韩康信：《西乡县何家湾仰韶文化居民头骨》，陕西省考古研究所、陕西省安康水电站库区考古队编：《陕南考古报告集》（二）附录一，三秦出版社1994年版，第192—200页。

文化人群体质特征来看，他们在颅骨的主要表型特征方面表现颇
为一致。这些人群一般都具有简单的颅顶缝、圆钝的眶形、发达
而突出的颧骨、低矮的鼻前棘、低而凹的鼻梁、发育弱的犬齿窝、
扁平的面部和很高的铲形门齿出现率等蒙古人种普遍具有的特征。
且他们共同拥有高而偏狭的颅型、中等的面部扁平程度、偏低的
眶型以及低面和阔鼻倾向等特征，使其与现代人群中的华南类群
显示出更大的可比性。① 值得指出的是这些出现在仰韶文化人群
中，且与现代亚洲蒙古人种南亚类型人群相类似的低面、低眶和
阔鼻倾向特征恰好与以山顶洞人为代表的中国北方地区旧石器时
代晚期人群颇为相似。韩康信认为"与其把这些仰韶新石器时代
头骨的阔鼻、低眶倾向等特征列为现代种族特征，毋宁将它们视
作保存了旧石器时代祖先类型的某种尚未十分分化的性质"。② 而
这些共同的体质基因性状在中国北方地区至少从新石器时代一直
延续到夏商时期，③ 甚至对后世的中国南方地区的古代人群产生了
重要的遗传贡献。④

据研究，仰韶文化初期和早期，中国腹心核心区与周边地区就
存在着密切的文化交流与互动，如发展水平较高的半坡文化强势
地对周边地区产生积极影响。豫西晋南地区东庄类型很可能在发
展过程中深受半坡文化影响，同时对半坡文化反向输出文化因素。
同时，东庄类型中的鼎应是受到后岗类型文化影响而形成的。后
岗类型发展分布范围较下潘旺类型明显扩大，除涉及豫北、冀南
等地外，其文化因素还扩散到晋中北地区。后岗类型与海岱地区
也有较为密切的文化交流，文化因素甚至扩散到河北北部、内蒙

---

① 朱泓:《中原地区的古代种族》，吉林大学边疆考古研究中心编:《庆祝张忠培先生七十岁
论文集》，科学出版社 2004 年版，第 549—557 页。

② 韩康信:《仰韶新石器时代人类学材料种系特征研究中的几个问题》，《史前研究》1988
年，第 240—256 页。

③ 朱泓:《关于殷人与周人的体质类型比较》，《华夏考古》1989 年第 1 期，第 103—108 页。

④ 赖旭龙、杨淑娟、唐先华、施苏华、李润权、杨洪、高强、李涛、盛桂莲:《仰韶文化人
类遗骸古 DNA 的初步研究》，《中国地质大学学报》（地球科学）2004 年第 1 期，第 15—20 页。

古中南部等地区。下潘旺类型陶釜文化因素应来自海岱地区的北辛文化。有学者甚至指出北辛文化曾西向扩张，并对下潘旺类型形成起到了推动作用。此外，豫西南地区八里岗类型与南部江汉地区也有一定的文化联系。

仰韶文化中期中原地区仰韶文化发展更为繁盛，远超周邻地区，并对周邻文化强烈的辐射。如大汶口文化早期阶段发现的彩陶被认为是受到了此时中原地区仰韶文化传播、影响而形成的。大汶口早期文化敛口彩陶钵、卷沿曲腹彩陶（素面）盆、矮领折肩罐、束腰器座等应来自于仰韶文化。仰韶中期文化彩陶艺术对长江下游薛家岗文化、崧泽文化，甚至红山文化、小珠山中层文化也产生了积极影响。如弧边三角纹、花瓣纹等彩陶纹样应是受中原地区彩陶文化扩散影响而产生的。仰韶中期文化对大溪文化产生强烈影响。如大溪文化遗址中出现的白衣彩陶，圆点勾叶纹、花瓣纹、鸟纹、垂帐纹、叶形纹、弧边三角纹等彩陶纹饰，甚至双唇小口尖底瓶、缸、圜底釜、红顶钵等陶器都与仰韶文化南下有关。汉水作为仰韶文化与大溪文化两者的交流通道应当起到了沟通和桥梁作用。

仰韶文化晚期内部分化日益加剧，同时受到周邻文化挤压冲击。考古发现可见此时大汶口文化因素逐步出现在豫东、豫中等地，如郑州大河村、禹州谷水河、鄢陵故城等遗址均可见到其典型器物。甚至在豫西晋南的渑池仰韶村、古城东关等遗址亦可看到大汶口文化因素陶器。而此时江汉地区屈家岭文化渐次北传，屈家岭文化因素开始出现在豫西南、豫南、豫中等地。晋南地区天马—曲村赵南遗址、宜阳苏羊遗址中甚至发现屈家岭文化风格的陶器。仰韶文化晚期中国腹心地区可见的周边地区文化因素的汇聚使得中原文化充分吸收和借鉴周邻地区文化因素进行调整、重组和升级，对自身文化发展的内在机制产生了正向影响。此时，在这些文化影响的背后，以"古中原类型"为核心的人群基因得到更大范围的交流、碰撞与融合，为中国腹心地区不间断的文化发展注入了新的活力，增加了新的动力。

仰韶时代与大汶口文化共存的人群主要有山东泰安大汶口、① 曲阜西夏侯、② 邹县野店、③ 东营广饶（付家和五村）、④ 兖州王因、⑤ 诸城呈子（一期）、⑥ 即墨北阡，⑦ 江苏邳县（今邳州市）大墩子，⑧ 安徽蒙城尉迟寺⑨等。

大汶口组材料出自山东省宁阳县与泰安县（今泰安市）之间大汶口河畔的大汶口文化新石器时代遗址。其基本体质特征显示的遗传性状与蒙古人种一致，同时研究者还认为其与亚细亚蒙古人种支系中的波利尼西亚（原文写作"玻里尼西亚"）人种组群较为接近。⑩

西夏侯组材料出自山东省曲阜县（今曲阜市）东南的西夏侯大汶口文化遗址。通过对出土颅骨的研究，研究者认为无论是从形态还是从测量的分析来看，西夏侯组与大汶口组均较为接近，尽管存在一定的差异。而与其他新石器时代组相比较，由于受变形颅的影响，存在一定的形态距离。⑪

---

① 颜誾：《大汶口新石器时代人骨的研究报告》，《考古学报》1972 年第 1 期，第 91—122 页。

② 颜誾：《西夏侯新石器时代人骨的研究报告》，《考古学报》1973 年第 2 期，第 91—126 页。

③ 张振标：《山东野店新石器时代人骨的研究报告》，山东省博物馆、山东省文物考古研究所编：《邹县野店》附录，文物出版社 1985 年版，第 180—187 页。张振标：《从野店人骨论山东三组新石器时代居民的种族类型》，《古脊椎动物与古人类》1980 年第 1 期，第 65—75 页。

④ 韩康信、常兴照：《广饶古墓地出土人类学材料的观察与研究》，张学海、山东省文物考古研究所编：《海岱考古》第 1 辑，山东大学出版社 1989 年版，第 390—403 页。尚虹：《山东广饶新石器时代人骨及其与中国早全新世人类之间关系的研究》，博士学位论文，中国科学院研究生院，2002 年，第 31—57 页。

⑤ 韩康信：《山东兖州王因新石器时代人骨的鉴定报告》，中国社会科学院考古研究所编：《山东王因》附录一，科学出版社 2000 年版，第 388—413 页。

⑥ 韩康信：《山东诸城呈子新石器时代人骨》，《考古》1990 年第 7 期，第 644—654 页。

⑦ ［日］中桥孝博、［日］高椋浩史、栾丰实：《山东北阡遗址出土之大汶口时期人骨》，山东大学东方考古研究中心编：《东方考古》第 10 集，科学出版社 2013 年版，第 13—51 页。

⑧ 韩康信、陆庆伍、张振标：《江苏邳县大墩子新石器时代人骨的研究》，《考古学报》1974 年第 2 期，第 125—141 页。

⑨ 张君、韩康信：《尉迟寺新石器时代墓地人骨的观察与鉴定》，《人类学学报》1998 年第 1 期，第 22—31 页。

⑩ 颜誾：《大汶口新石器时代人骨的研究报告》，《考古学报》1972 年第 1 期，第 91—122 页。

⑪ 颜誾：《西夏侯新石器时代人骨的研究报告》，《考古学报》1973 年第 2 期，第 91—126 页。

野店组材料出自山东省邹县城南的野店遗址。研究认为野店组颅骨的基本形态明显与蒙古人种一致。在与其他组别的比较中，其形态特征多数与大汶口和西夏侯两组大体相同，此外在枕部畸形和人工拔牙风俗等方面也表现出较强的一致性，应与大汶口、西夏侯等人群在体质特征上属于同一类型。[①]

广饶组材料出自山东省广饶县的付家和五村两处新石器时代遗址，付家墓地的年代大约属于大汶口文化中期偏晚阶段；五村墓地除发现大量大汶口文化晚期的墓葬外，还发现了商周、春秋至汉代的墓葬。这两个地点的人骨最早由韩康信等进行观察、测量，研究认为付家大汶口新石器时代人群的头骨形态特点与鲁中南地区大汶口文化人群的头骨之间具有明显的共同点，存在的同质性明显体现出他们应属于同种系类群。虽然五村的周代—汉代人群与同地区的大汶口新石器时代人群之间有二三千年的时间间隔，但两者在体质形态学上是基本延续的，且在某些细节特征上趋近现代华北地区类型。[②]后来尚虹对20世纪90年代以后发掘的付家遗址出土人骨进行综合研究，认为广饶人群属于同一种族并符合蒙古人种的基本形态特点，且与现代亚洲蒙古人种东亚类型、南亚类型较为接近。[③]

王因组材料出自山东省兖州王因新石器时代氏族公共墓地。通过对王因组头骨的形态观察与测量的分析认为该组不仅与山东地区其他大汶口文化各组的同质性最为明显，而且大汶口文化与仰韶文

---

① 张振标：《山东野店新石器时代人骨的研究报告》，山东省博物馆、山东省文物考古研究所编：《邹县野店》附录，文物出版社1985年版，第180—187页。张振标：《从野店人骨论山东三组新石器时代居民的种族类型》，《古脊椎动物与古人类》1980年第1期，第65—75页。

② 韩康信、常兴照：《广饶古墓地出土人类学材料的观察与研究》，张学海、山东省文物考古研究所编：《海岱考古》第1辑，山东大学出版社1989年版，第390—403页。

③ 韩康信、常兴照：《广饶古墓地出土人类学材料的观察与研究》，张学海、山东省文物考古研究所编：《海岱考古》第1辑，山东大学出版社1989年版，第390—403页。尚虹：《山东广饶新石器时代人骨及其与中国早全新世人类之间关系的研究》，博士学位论文，中国科学院研究生院，2002年，第31—57页。

化组群在体质特征表型上存在相当密切的联系。[①]

呈子一期组材料出自山东省诸城县（今诸城市）的呈子新石器时代墓地，[②] 在该地点采集到一具属于大汶口文化时期（呈子一期）的人骨。通过对该组头骨的观察和测量研究可知其与其他地点的大汶口文化人群头骨的形态特征是相似的，应属于同一类型。[③]

北阡组材料出自胶东半岛南岸西部青岛市即墨的北阡遗址，该遗址主体为距今约 6000 多年前中全新世时期的一处贝丘遗址。经过对该批人骨整理分析，可知其颅骨形态特征主要表现出与蒙古人种相似的特点，如卵圆形颅，颅顶缝普遍简单，鼻根不深凹，鼻前棘和犬齿窝不发达，颧骨上颌骨下缘转角处欠圆钝，铲形门齿出现率极高及印加骨等。该组颅骨与蒙古人种最为相似，尤其是与现代亚洲蒙古人种东亚类型最为相似。[④]

大墩子组材料出自苏鲁边境的邳县（今邳州市）大墩子新石器时代遗址。经研究认为大墩子新石器组材料在很多特征上都显示出与蒙古人种相似的特点，其与山东地区的大汶口组和西夏侯组新石器时代人群应属于同一种族类型。[⑤]

尉迟寺组材料出自安徽省北部的蒙城县尉迟寺新石器时代遗址。通过对该遗址大汶口文化时期人群头骨的研究，可知他们的种族特性与蒙古人种一致，除表现出近于现代亚洲蒙古人种东亚类型的特

---

① 韩康信：《山东兖州王因新石器时代人骨的鉴定报告》，中国社会科学院考古研究所编：《山东王因》附录一，科学出版社 2000 年版，第 388—413 页。

② 昌潍地区文物管理组、诸城县博物馆：《山东诸城呈子遗址发掘报告》，《考古学报》1980年第 3 期，第 329—385 页。

③ 韩康信：《山东诸城呈子新石器时代人骨》，《考古》1990 年第 7 期，第 644—654 页。

④ ［日］中桥孝博、［日］高椋浩史、栾丰实：《山东北阡遗址出土之大汶口时期人骨》，山东大学东方考古研究中心编：《东方考古》第 10 集，科学出版社 2013 年版，第 13—51 页。刘超、刘树伟、王芬、王韶玉、孙华富、丁士海、汤煜春、葛海涛、孟海伟、单涛、徐君南、樊榕、樊令仲、张忠、苑宏图、展金锋、于乔文、盖新亭、汤海燕、冷媛：《北阡遗址人类颅骨的形态学研究》，山东大学东方考古研究中心编：《东方考古》第 10 集，科学出版社 2013 年版，第 91—98 页。

⑤ 韩康信、陆庆伍、张振标：《江苏邳县大墩子新石器时代人骨的研究》，《考古学报》1974年第 2 期，第 125—141 页。

征以外，同时还在低眶、阔鼻倾向等特征上反映出某些类似南亚类型的特点，其与大汶口组在形态特征上略有差异，但相似性更多。①

对大汶口文化人群体质特征的研究始于 20 世纪 70 年代。最早人类学家颜訚在研究西夏侯人群时指出大汶口文化人群的体质形态应与蒙古人种一致，但其拥有的很多人类学特征又与波利尼西亚人群十分接近，而与仰韶文化人群属于不同的体质类型。② 这里所指与波利尼西亚（原文写作"玻里尼西亚"）人群接近的因素，除了部分颅骨测量项目反映的颅面形态与波利尼西亚人群相似外，还包括文化传统或相似的生产、生活行为导致的头骨枕部人工变形、拔牙行为以及摇椅式下颌的高出现率等其他特征。韩康信、潘其风在研究了大汶口文化人群骨骼后指出"大汶口文化人群和仰韶文化人群之间的联系比他们各自同太平洋玻里尼西亚人群之间的联系密切得多。而且，大汶口和仰韶文化人群之间的体质形态差异并未超出同种系的范围"。③ 张振标对比了两种文化类型的人群后认为大汶口、野店、西夏侯、下王岗和宝鸡出土的颅骨形态都应划分到中原地区类型，而半坡和华县人群相似度更高应单独划分到关中地区类型。同时推测宝鸡人群可能是"一支由黄河下游经华北地区迁至今日陕西境内人群的典型代表，他们可能与当地原住人群混合"。④ 他虽然认为两者之间存在某些差异，但还是很难将他们明确分开。可见以宝鸡组为代表的仰韶文化人群与大汶口文化人群颅骨形态上是十分相似的。韩康信、潘其风系统分析新石器时代人骨资料后指出"至少在陕西境内仰韶文化各组体质上的联系应属同一类型，它们和大汶口文化组群之间虽在某些性状上存在差异，但两者基本上还是同

---

① 张君、韩康信：《尉迟寺新石器时代墓地人骨的观察与鉴定》，《人类学学报》1998 年第 1 期，第 22—31 页。

② 颜訚：《西夏侯新石器时代人骨的研究报告》，《考古学报》1973 年第 2 期，第 91—126 页。

③ 韩康信、潘其风：《大汶口文化居民的种属问题》，《考古学报》1980 年第 3 期，第 387—402 页。

④ 张振标、王令红、欧阳莲：《中国新石器时代居民体征类型初探》，《古脊椎动物与古人类》1982 年第 1 期，第 72—80 页。

种系的"。① 陈德珍采用多种统计方法研究新石器时代人群后，依据体质特征分为华南、华北两大类群，华北类群包含三个次级类群（第一类群包括下王岗、庙底沟和野店组；第二类群包括石固、大汶口和西夏侯组；第三类群包括宝鸡、华县、半坡和横阵组）。② 朱泓运用聚类分析方法将黄河流域新石器时代人群体质特征分为黄河上游类型和黄河中、下游类型两大地区类型，其中黄河中、下游类型按照次级划分标准又分为以仰韶文化和庙底沟二期文化人群为代表的黄河中游亚型和以大汶口文化人群为代表的黄河下游亚型两种。③

从现有颅骨资料分析，大汶口文化人群较之仰韶文化人群在低面、阔鼻倾向等特征上有所减弱，面部略显高、宽，身材略显高大。与现代亚洲蒙古人种各区域类型相比较，他们在主要颅面部特征上都与现代南亚和东亚人群比较接近。但相对于仰韶文化人群，大汶口文化人群在诸如身材略高、面部更为高、宽等个别体质性状上似乎接近现代亚洲蒙古人种东亚类型的程度表现得更加突出。此外，在属于大汶口文化的各人群中存在着不同于仰韶文化人群的颅骨枕部人工变形和拔除两侧上颌侧门齿的生活习俗。④ 但多位学者采用不同分析方法研究后，均认为大汶口文化与仰韶文化人群在种系特征上是颇为相似的，很难将他们截然分开。尽管大家研究时采用的方法不尽相同，甚至涉及的资料也有很大差别，得出的类型划分结论也各式各样，但这并不影响他们的共同点。朱泓认为这两种人群在体质类型上基本可以归入一大类，同时二者之间又略有差异。总体来看，他们与现代亚洲蒙古

① 韩康信、潘其风：《古代中国人种成分研究》，《考古学报》1984 年第 2 期，第 245—263 页。

② 陈德珍：《中国新石器时代居民体质类型及其承继关系》，《人类学学报》1986 年第 2 期，第 114—127 页。

③ 朱泓：《黄河流域新石器时代居民体质特征的聚类分析》，《北方文物》1990 年第 4 期，第 14—18 页。曾雯、赵永生：《山东地区古代人群体质特征演变初探》，《东南文化》2013 年第 4 期，第 65—70 页。

④ 朱泓：《中原地区的古代种族》，吉林大学边疆考古研究中心编：《庆祝张忠培先生七十岁论文集》，科学出版社 2004 年版，第 549—557 页。

人种南亚、东亚类型人群均比较相似，且该类型人群与现代华南地区人群在形态特征上更为相似，都可以归为"古中原类型"[①]人群的范畴。从人体发育的角度来看，大汶口文化诸人群中普遍存在的人工拔牙行为、颅骨枕部变形、口颊含球等无疑会对人后天的容貌形态有所影响，尤其是变形程度不同的枕部改变一定会影响到颅长、颅宽、颅高甚至面部面宽的发育，但整体来看这些文化行为反映的社会文化属性不能干扰其与仰韶文化人群遗传性状上的共同特质以及体质因素上反映的共同祖先来源。综观诸位学者的论述来看，大家试图在黄河中下游地区区分出仰韶时代人群的差异，但这无疑是困难的，其相似度远远大于其可供分类的差异性，与其不断的尝试，不如抛开人类生物群分类的局限，更多着眼于在相似生物学特征背景下，不同生存环境等因素造就的人群不同文化传统的选择与适应的研究。

中国腹心地区仰韶时代除了仰韶文化和大汶口文化的人群外，近些年还报道了陕西临潼零口村新石器时代遗址、[②] 河南淅川下王岗遗址、[③] 河南濮阳西水坡遗址[④]和河北张家口阳原姜家梁遗址[⑤]等地的古代人群资料。

零口组材料出自陕西省临潼县（今西安临潼区）零口村遗址，其属于零口村文化，该文化晚于白家村文化而早于半坡文化，[⑥] 距今

① 朱泓：《建立具有自身特点的中国古人种学研究体系》，吉林大学社会科学研究处编：《我的学术思想》，吉林大学出版社 1996 年版，第 471—478 页。

② 陕西省考古研究所编著：《临潼零口村》，三秦出版社 2004 年版，第 420—437 页。

③ 张振标、陈德珍：《下王岗新石器时代居民的种族类型》，《史前研究》1984 年第 1 期，第 68—76 页。

④ 张敬雷：《西水坡遗址人骨的人类学研究》，河南省文物考古研究所、濮阳市文物保护管理所、南海森主编：《濮阳西水坡》，中州古籍出版社 2012 年版，第 718—759 页。

⑤ 李法军：《河北阳原姜家梁新石器时代人骨研究》，科学出版社 2008 年版，第 115、141 页。万诚、周慧、崔银秋、段然慧、李惟、朱泓：《河北阳原县姜家梁遗址新石器时代人骨 DNA 的研究》，《考古》2001 年第 7 期，第 74—81 页。

⑥ 陕西省考古研究所：《陕西临潼零口遗址第二期遗存发掘简报》，《考古与文物》1999 年第 6 期，第 3—14 页。陕西省考古研究所编著：《临潼零口村》（第四章第五节），三秦出版社 2004 年版，第 420—437 页。

约 7300～6600 年。① 通过对该组女性颅骨的观察研究可知其与现代亚洲蒙古人种颇为一致，且在与新石器时代古代组的比较中与宝鸡组、华县组和姜寨组等最为接近。②

下王岗组材料出自河南省淅川县的下王岗遗址。通过有关学者对下王岗遗址仰韶文化时期人骨的观察和研究可知，该组人群的基本体质特征为颅骨较宽较短且较高，中等面宽，面部较平直，眶型偏低，鼻较阔等。颅骨的形态特征无疑与蒙古人种最为一致，且与南亚类型较为相似，与黄河下游新石器组人群的体质特征也极为接近。③

西水坡组材料出自河南省濮阳市旧城西水坡遗址。通过对新石器时代人群的对比研究可知，其主体体质特征与现代亚洲蒙古人种东亚类型人群最为接近，同时也体现出一定的南亚类型人群的形态特点，与"古中原类型"人群颅面部形态特点最为契合。④ 参见图 3-8。

姜家梁组材料出自河北省张家口市阳原县东城镇西水地村东的姜家梁新石器时代遗址，时代上大致处于仰韶时代向龙山时代过渡的阶段。⑤ 姜家梁人群中以中颅型为主，少量长颅型和圆颅型、伴以高颅型和狭颅型、中等上面形态、中等偏阔的鼻型、偏低的眶型，相对较大的上面部扁平度等体质特征。姜家梁人群是一个"同种系多类型的复合体"，其应属于先秦时期的"古华北类型"。⑥

---

① 尹功明、黄景扬、罗萌权：《零口文化层的热释光年龄》，《考古与文物》2002 年第 1 期，第 91—93 页。周春茂：《关于零口村文化的年代问题》，《考古与文物》2002 年第 1 期，第 51—55 页。

② 陕西省考古研究所编著：《临潼零口村》（第四章第五节），三秦出版社 2004 年版，第 420—437 页。周春茂：《陕西临潼零口村文化墓葬女性颅骨观察与测量》，《人类学学报》2004 年增刊，第 47—52 页。

③ 张振标、陈德珍：《下王岗新石器时代居民的种族类型》，《史前研究》1984 年第 1 期，第 68—76 页。

④ 张敬雷：《西水坡遗址人骨的人类学研究》，河南省文物考古研究所、濮阳市文物保护管理所、南海森主编：《濮阳西水坡》第十一章第六部分，中州古籍出版社 2012 年版，第 718—759 页。

⑤ 段宏振：《河北考古的世纪回顾与思考》，《考古》2001 年第 2 期，第 1—12 页。

⑥ 李法军：《河北阳原姜家梁新石器时代人骨研究》，科学出版社 2008 年版，第 115、141 页。万诚、周慧、崔银秋、段然慧、李惟、朱泓：《河北阳原县姜家梁遗址新石器时代人骨 DNA 的研究》，《考古》2001 年第 7 期，第 74—81 页。

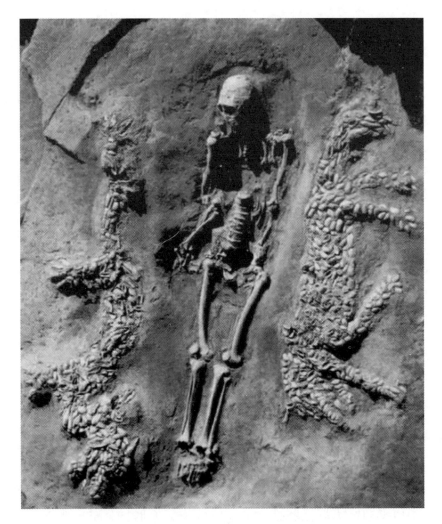

图 3-8　河南濮阳西水坡遗址 M45 墓主人及蚌塑龙

　　总结目前中国腹心地区仰韶时代各人群的体质特征，无论是仰韶文化分布核心区，诸如关中地区、外延可能到汉水流域的何家湾、河南西南部以及河南中部等，还是以海岱地区为中心的大汶口文化分布区，这些新石器时代人群都体现出蒙古人种的一般特征，且他们在颅型普遍高而偏狭、面部一般中等扁平、眶型偏低、低面以及阔鼻倾向等体质特征上体现出更多的一致性，与现代亚洲蒙古人种的东亚、南亚类型人群具有更多相似性。而在人群交界的郑州地区体现出人群交流的影响，[①] 逐步形成自身特色，[②] 产生出一些新的混合类型，[③] 但整体上体质特征是高度一致的，呈现出"古中原类型"人群颅面部常具有的一般形态。至此，中国腹心地区古代人群的演化发展奠定了"古中原类型"人群的基本遗传底色。

仰韶时代主体人群承袭了裴李岗时代贾湖人群既已呈现出的与现代亚洲蒙古人种相似的基本体质特征。从石固组、零口组等前仰韶时代人群一直延续到庙底沟文化、甚至更晚的秦王寨文化、大河村遗址第五期等早期龙山时代人群中，其体质特征基本没有变化。广饶付家、五村等更是从新石器时代一直延续到商周、春秋甚至汉代。只是在仰韶向龙山时代过渡阶段，在文化交流的核心区域出现。灵宝铸鼎原西坡、郑州西山、阳原姜家梁等少数几处体质特征上呈现一种"同种系多类型复合体"的人群。这些遗传性状反映出多人群复合于一处，且共同创造、使用、认同同一种文化传统的状态，少量社会上层已经开始通过大范围的交往改变人群基因构成。

总结目前中国腹心地区仰韶时代各人群的种系类型，无论是仰韶文化人群、大汶口文化人群还是活动于黄河中下游地区边缘丹江流域的下王岗遗址的古代人群，他们的体质特征与"古中原类型"人群表现出高度一致性，应当属于"古中原类型"人群范畴。可见，"古中原类型"人群无疑是这一地区的土著人群，分布也非常广泛。不过值得注意的是这一时期在中国腹心地区的北部边缘发现了一种区别于"古中原类型"体质特征的人群，即姜家梁新石器时代人群，他们更多地呈现出与内蒙古长城地带的"古华北类型"人群体质因

---

① 赵永生、肖雨妮、曾雯：《从人骨材料谈大汶口文化居民西迁》，《东南文化》2019 年第 5 期，第 47—52 页。

② 魏东、张桦、朱泓：《郑州西山遗址出土人类遗骸研究》，《中原文物》2015 年第 2 期，第 111—119 页。

③ 中国社会科学院考古研究所、河南省文物考古研究所编著：《灵宝西坡墓地》，文物出版社 2010 年版，第 123、281—282 页。

素的相似性。

有研究表明，仰韶文化中孕育了诸多华夏文明的核心基因，有学者指出仰韶文化在中原地区的发生、发展和繁荣壮大的过程也是华夏民族从"农业起源"到"城市革命"的早期文明化进程。从这点来说，蒙古人种"古中原类型"群体基因正是在这个阶段得到了有序传承和持续发展，并开启了不断交融的新起点。

第三节　龙山时代

当中国腹心地区历史缓缓在仰韶时代之后进入龙山时代，人们似乎渐渐远离蒙昧，而逐步走向人类的早期文明和早期国家阶段。现有考古证据表明，中国腹心地区龙山文化已进入铜石并用时代，尤其是二里头文化已进入青铜时代，河南地区的龙山文化晚期可能已是夏文化的早期遗存。该地龙山时代可分为早晚两个阶段。早段包括庙底沟二期文化、大河村五期文化、孟庄龙山早期文化等遗存；晚段包括王湾三期文化、后岗二期文化、造律台文化、陶寺文化、三里桥文化等遗存。龙山时代晚期，该地已经闪耀早期文明的光辉，早期国家酝酿形成，并逐步进入后世文献记载的夏纪年。

目前来看，对于龙山时代报道的古人群资料并不丰富，甚至还远不及仰韶时代的数量。这一时期中国腹心地区较有代表性的人类学资料主要有陕西神木寨峁、[1] 神木后阳湾、[2] 神木石峁祭祀坑、[3] 神木

---

[1] 方启：《陕西神木县寨峁遗址古人骨研究》，吉林大学边疆考古研究中心编：《边疆考古研究》第2辑，科学出版社2004年版，第316—336页。

[2] 陈靓、孙周勇、邵晶：《陕西神木石峁城址后阳湾地点出土人骨研究》，文化遗产研究与保护技术教育部重点实验室、西北大学文化遗产与考古学研究中心编著：《西部考古》第14辑，科学出版社2017年版，第263—273页。

[3] 陈靓、熊建雪、邵晶、孙周勇：《陕西神木石峁城址祭祀坑出土头骨研究》，《考古与文物》2016年第4期，第134—142页。

新华、① 神木木柱柱梁、② 靖边五庄果墚、③ 西安米家崖、④ 商洛过风楼、⑤ 旬邑下魏洛，⑥ 山西襄汾陶寺、⑦ 运城清凉寺，⑧ 河南陕县（今三门峡市陕州区）庙底沟、⑨ 渑池笃忠、⑩ 焦作徐堡，⑪ 山东诸城呈子（二期）、⑫ 兖州西吴寺、⑬ 临朐西朱封⑭及邹平丁公⑮等人群。详见表3。

寨峁组材料出自陕西省神木县（今神木市）店塔乡寨峁村南的寨峁遗址，发掘者将该遗址的文化堆积分为三期，其年代为距今约

————————

① 韩康信：《陕西神木新华古代墓地人骨的鉴定》，陕西省考古研究所编：《神木新华》附录，科学出版社2005年版，第331—354页。

② 陈靓、郭小宁、洪秀媛、王炜林：《陕西神木木柱柱梁新石器遗址人骨研究》，《考古与文物》2015年第5期，第118—123页。

③ 周金姓：《陕北靖边五庄果墚遗址龙山时代早期人骨及相关考古学问题的研究》，硕士学位论文，西北大学文化遗产学院，2012年，第25—58页。

④ 曹浩然、陈靓：《米家崖遗址出土人骨的鉴定报告》，陕西省考古研究院编著：《西安米家崖——新石器时代遗址2004~2006年考古发掘报告》附录一，科学出版社2012年版，第398—411页。

⑤ 邓普迎、陈靓：《陕西商南过风楼龙山文化M1人骨研究》，陕西省历史博物馆编：《陕西历史博物馆馆刊》第22辑，三秦出版社2015年版，第37—42页。

⑥ 陈靓：《旬邑下魏洛遗址出土人骨鉴定报告》，西北大学文化遗产与考古学研究中心、陕西省考古研究所编著：《旬邑下魏洛》附录二，科学出版社2006年版，第533—545页。

⑦ 李法军：《陶寺居民人类学类型的研究》，《文物春秋》2001年第4期，第8—16页。张雅军、何驽、张帆：《陶寺中晚期人骨的种系分析》，《人类学学报》2009年第4期，第363—371页。潘其风：《陶寺墓地出土人骨的观察研究》，中国社会科学院考古研究所、山西省临汾市文物局编著：《襄汾陶寺：1978—1985年考古发掘报告》附录一，科学出版社2015年版，第1166—1227页。

⑧ 陈靓：《人骨特征与病理分析》，山西省考古研究所、运城市文物工作站、芮城县旅游文物局编，薛新明主编：《清凉寺史前墓地》，文物出版社2016年版，第385—518页。

⑨ 韩康信、潘其风：《陕县庙底沟二期文化墓葬人骨的研究》，《考古学报》1979年第2期，第255—270页。

⑩ 孙蕾、武志江：《渑池笃忠遗址仰韶文化晚期人骨研究》，《华夏考古》2010年第3期，第100—109页。

⑪ 周亚威、刘明明、冯春燕、韩长松：《徐堡遗址龙山文化居民颅骨的形态学研究》，《人类学学报》2018年第1期，第18—28页。

⑫ 韩康信：《山东诸城呈子新石器时代人骨》，《考古》1990年第7期，第644—654页。

⑬ 朱泓：《兖州西吴寺龙山文化颅骨的人类学特征》，《考古》1990年第10期，第908—914页。

⑭ 中国社会科学院考古研究所、山东省文物考古研究院、山东临朐山旺古生物化石博物馆编著：《临朐西朱封——山东龙山文化墓葬的发掘与研究》，文物出版社2018年版，第405—407页。

⑮ ［日］中桥孝博、栾丰实：《丁公遗址出土的龙山文化人骨——头盖骨》，栾丰实、宫本一夫主编：《海岱地区早期农业和人类学研究》，科学出版社2008年版，第187—199页。

4800～4100年。① 该组人群的基本体质特征表现为正颅型、高颅型结合中颅型，狭额阔鼻、中等面部突度等特征，其应与蒙古人种一致，与现代亚洲蒙古人种南亚、东亚类型最为接近，与古代组中的瓦窑沟组人群最为接近。②

后阳湾组材料出自陕西省神木县（今神木市）石峁城址皇城台东北部的后阳湾地点，该地点应是石峁城址的内城居住区，石峁城址年代介于龙山时代晚期到夏代早期。通过对该组材料研究认为其种族特质上更接近现代亚洲蒙古人种东亚类型。③

石峁祭祀坑组材料为陕西省神木县（今神木市）石峁城址外城东门出土的头骨，时代大致在龙山时代晚期到夏代早期。研究表明，该组颅骨具有长颅、高颅、狭颅相结合的特点，面部表现出窄面、中眶、阔鼻、非常扁平的特征，与内蒙古长城沿线一带先秦时期土著人群有高度的一致性。其与寨峁组、后阳湾组关系密切，都可以划分到"古华北类型"人群范畴。④

新华组材料出自陕西省神木县（今神木市）大保当镇新华村西北约500米的新华墓地，其主要遗存时代大致属于夏纪年。通过对该组人群颅骨表型特征的研究可知其具备现代亚洲蒙古人种人群颅骨上常见的遗传性状。其与现代亚洲蒙古人种东亚类型形态特点最为相似，与黄河流域上马组也颇相近似。⑤

木柱柱梁组材料出自陕西省神木县（今神木市）大保当镇野鸡

---

① 陕西省考古研究所：《陕西神木县寨峁遗址发掘简报》，《考古与文物》2002年第3期，第3—18页。

② 方启：《陕西神木县寨峁遗址古人骨研究》，吉林大学边疆考古研究中心编：《边疆考古研究》第2辑，科学出版社2004年版，第316—336页。

③ 陈靓、孙周勇、邵晶：《陕西神木石峁城址后阳湾地点出土人骨研究》，文化遗产研究与保护技术教育部重点实验室、西北大学文化遗产与考古学研究中心编著：《西部考古》第14辑，科学出版社2017年版，第263—273页。

④ 陈靓、熊建雪、邵晶、孙周勇：《陕西神木石峁城址祭祀坑出土头骨研究》，《考古与文物》2016年第4期，第134—142页。

⑤ 韩康信：《陕西神木新华古代墓地人骨的鉴定》，陕西省考古研究所编：《神木新华》附录，科学出版社2005年版，第331—354页。

河村南木柱柱梁遗址。该遗址发现环壕、房址、灰坑、墓葬等遗迹，根据地层叠压、遗迹打破关系及器物特征、组合判定应为龙山文化晚期遗存。通过对墓葬出土人骨的研究可知，其颅骨主要遗传表型可以概括为中颅或接近中颅的长颅、高颅结合狭颅的颅形特点，中等面宽，中等偏低的眶型，中等的鼻型，中等的鼻根突度，水平方向上中等扁平上面部，矢状方向上较为扁平的面部，中等高宽的颧骨。他们的遗传表型特征与现代亚洲蒙古人种东亚类型最为相似，与古代的庙子沟组人群测量特征也比较接近。陈靓推测木柱柱梁人群的来源应该在河套地区寻找线索。[①]

五庄果墚组材料出自陕西省靖边县黄蒿界乡小界村西北的五庄果墚遗址，大致在靖边县城东北方向 30 公里处。通过对五庄果墚遗址龙山时代早期人骨进行体质人类学观察与测量可知，五庄果墚遗址古代人群在人种分类上与现代亚洲蒙古人种东亚类型颇相近似，与各近代组的华北组、华南组所代表的现代亚洲蒙古人种东亚类型最接近，与新石器时代古代组中的西夏侯组、柳湾合并组、尉迟寺组极为相似，其次是与姜家梁组相似。与青铜至铁器时代古代组中的梁带村组、神木新华组最为相似。依据出土人骨葬式等因素认为五庄果墚遗址 AH1 应为祭祀坑，其中掩埋的 22 例亡者可能为献祭的人牲。[②]

米家崖组材料出自陕西省西安市东郊十里铺米家崖遗址属于客省庄文化的灰坑中。经观察对比发现，米家崖组男性颅面形态不同于黄河中游地区的史前人群，而更接近黄河上游的柳湾组所代表的"古西北类型"人群。而米家崖女性则表现出长颅、高颅结合狭颅的颅形特点，并且在窄面、低眶、阔鼻等面部特征[③]上明显与"古中原类型"

---

① 陈靓、郭小宁、洪秀媛、王炜林：《陕西神木木柱柱梁新石器遗址人骨研究》，《考古与文物》2015 年第 5 期，第 118—123 页。

② 周金妵：《陕北靖边五庄果墚遗址龙山时代早期人骨及相关考古学问题的研究》，硕士学位论文，西北大学文化遗产学院，2012 年，第 25—58 页。

③ 曹浩然、陈靓：《米家崖遗址出土人骨的鉴定报告》，陕西省考古研究院编著：《西安米家崖——新石器时代遗址 2004～2006 年考古发掘报告》附录一，科学出版社 2012 年版，第 398—411 页。

人群一致。[①]

过风楼组材料出自陕西省商南县过风楼一号墓，时代属于龙山文化阶段。过风楼颅骨主要形态学特征表现为中颅、高颅结合狭颅型，中颌型的面角，阔鼻型、中眶型等特点，总体呈现的形态特征和测量值显示的表型性状表明其与蒙古人种一致，且与现代亚洲蒙古人种南亚类型体质特征最为相似。该组人群与古代组人群中的仰韶合并组、圩墩组最为相似，应划属先秦时期古代人群中的"古中原类型"人群。[②]

下魏洛组材料出自陕西省旬邑县赤道乡下魏洛遗址的灰坑、墓葬和房址中，下魏洛遗址遗存年代涉及仰韶晚期、龙山时期、周代以及汉代。通过对龙山时期出土女性人骨的研究可知其颅骨表型体现出来的简单的颅顶缝、扁平的鼻根部、圆形或椭圆形眶、不发达的鼻棘、发达的颧颌缘结节、不发育的犬齿窝等形态，体现出蒙古人种的常见特征。通过对比可知其颅形上与柳湾组最接近、而面部形态上与北吕组更为相似。下魏洛组应与"古中原类型"人群最为相似。[③]

陶寺组材料出自晋南襄汾县陶寺遗址，该遗址内涵所反映的文化面貌被认为是中原地区龙山文化的一个地域性类型，并定名为"陶寺类型"，[④] 该遗存年代跨度较大，上限可溯及距今约 4500～4400 年，下限距今约 3900 年前后，其晚期阶段已经进入夏纪年。[⑤] 据潘其风先生的初步研究，该组人群大体上表现为具有偏长的中颅型结合较高的颅高、

[①] 曹浩然、陈靓：《米家崖遗址出土人骨的鉴定报告》，陕西省考古研究院编著：《西安米家崖——新石器时代遗址 2004～2006 年考古发掘报告》附录一，科学出版社 2012 年版，第 398—411 页。

[②] 邓普迎、陈靓：《陕西商南过风楼龙山文化 M1 人骨研究》，陕西省历史博物馆编：《陕西历史博物馆馆刊》第 22 辑，三秦出版社 2015 年版，第 37—42 页。

[③] 陈靓：《旬邑下魏洛遗址出土人骨鉴定报告》，西北大学文化遗产与考古学研究中心、陕西省考古研究所编著：《旬邑下魏洛》附录二，科学出版社 2006 年版，第 533—545 页。

[④] 中国社会科学院考古研究所山西工作队、临汾地区文化局：《山西襄汾县陶寺遗址发掘简报》，《考古》1980 年第 1 期，第 18—31 页。

[⑤] 高天麟、张岱海、高炜：《龙山文化陶寺类型的年代与分期》，《史前研究》1984 年第 3 期，第 22—31 页。

中等面宽，且面宽绝对值较大，眶型和鼻型发育中等特征等，其体质特征与现代亚洲蒙古人种东亚类型接近的成分居多。[1] 李法军认为陶寺组人群的种族成分与现代亚洲蒙古人种东亚类型最为接近，并体现出某些与南亚类型相似的遗传因素。[2] 也有学者在研究了陶寺文化中晚期灰坑出土人骨后认为，其总体体质形态特征介于现代亚洲蒙古人种东亚类型与南亚类型之间，基本上与"古中原类型"近似。[3]

清凉寺组材料出自山西省运城市芮城县东北部寺里—坡头遗址的清凉寺史前墓地。通过对仰韶早期到龙山晚期墓葬中出土颅骨的形态观察和测量研究，可知清凉寺人群颅骨表现出中颅型、高颅型结合狭颅型的特点，面颅体现出中等偏狭的上面部、偏低的中眶型、中等以及偏阔的鼻型，中等偏低的鼻根突度以及中等偏小的面部突出程度，平颌以及中等偏大的上面部扁平度等面部形态特征。清凉寺人群与现代亚洲蒙古人种最为相似，且与东亚类型最相接近，也表现出与南亚类型一定的相似度。与邻近地区如豫西、晋南新石器时代人群较为接近，与青铜时代游邀组、上马组、瓦窑沟组、梁带村组等人群相似。[4]

庙底沟组材料出自河南省陕县（今三门峡市陕州区）庙底沟新石器时代遗址的庙底沟二期文化（参见图3-9）墓葬。该组头骨的测量特征显示出他们的体质特征应与现代亚洲蒙古人种的东亚类型有更多的相似性，在与古代组的对比中显示出与仰韶文化和大汶口文化各组人骨之间存在更为密切的关系。[5]

① 潘其风：《我国青铜时代居民人种类型的分布和演变趋势——兼论夏商周三族的起源》，庆祝苏秉琦考古五十五年论文集编辑组：《庆祝苏秉琦考古五十五年论文集》，文物出版社1989年版，第294—304页。
② 李法军：《陶寺居民人类学类型的研究》，《文物春秋》2001年第4期，第8—16页。
③ 李法军：《陶寺居民人类学类型的研究》，《文物春秋》2001年第4期，第8—16页。张雅军、何努、张帆：《陶寺中晚期人骨的种系分析》，《人类学学报》2009年第4期，第363—371页。潘其风：《陶寺墓地出土人骨的观察研究》，中国社会科学院考古研究所、山西省临汾市文物局编著：《襄汾陶寺：1978—1985年考古发掘报告》附录一，科学出版社2015年版，第1166—1227页。
④ 陈靓：《人骨特征与病理分析》，山西省考古研究所、运城市文物工作站、芮城县旅游文物局编，薛新明主编：《清凉寺史前墓地》，文物出版社2016年版，第385—518页。
⑤ 韩康信、潘其风：《陕县庙底沟二期文化墓葬人骨的研究》，《考古学报》1979年第2期，第255—270页。

图 3 - 9　庙底沟遗址彩陶曲腹盆①

　　笃忠组材料出自河南省渑池县天池镇的笃忠村的新石器时代遗址。② 通过对该遗址龙山早期人骨的研究，可知该组人群一般具有中颅型、高颅型结合狭颅型的颅形特点、中等上面部、偏低的眶和阔鼻等特征，与现代华南地区的人群有些近似，应属于先秦时期古代人种类型中的"古中原类型"。③④

　　徐堡组材料出自河南省焦作市温县武德镇徐堡村东部，是地处豫西北黄河与沁河冲积平原，分布于黄河北岸的一处典型龙山文化聚落遗址，距今约 4500～4000 年前后。通过对该遗址出土龙山文化时期颅骨的研究可知其形态学特征可以概括为中颅型、高颅型结合

　　① 梁法伟、赵清波、李世伟、曹艳朋、贾一凡、师东辉、高振龙、周润山：《中原与周边——中华文明的融合与发展》，2023 年 1 月 1 日，https://www.hnswwkgyjy.cn/NewsView.php? News_ ID＝1852，访问时间：2024 年 2 月 12 日。

　　② 中国科学院考古研究所洛阳发掘队：《河南渑池县考古调查》，《考古》1964 年第 9 期，第 431—434 页。

　　③ 孙蕾：《河南渑池笃忠遗址龙山文化早期人骨研究》，硕士学位论文，吉林大学文学院，2008 年，第 31 页。

　　④ 孙蕾、武志江：《渑池笃忠遗址仰韶文化晚期人骨研究》，《华夏考古》2010 年第 3 期，第 100—109 页。

狭颅型的颅形，中面型、阔鼻型、中眶型、鼻根点略有凹陷、鼻前棘不发育，犬齿窝欠发达，颅顶缝发育简单等。徐堡组应与现代亚洲蒙古人种一致，且与现代亚洲蒙古人种近代抚顺组较相似，与古代宝鸡组、庙子沟组、大甸子 I 组和游邀组较为接近。[①]

呈子二期组材料出自山东省诸城县（今诸城市）的呈子新石器时代墓地。[②] 通过对该地点呈子二期龙山文化时期头骨的观察和测量研究可知呈子二期组与该地点大汶口文化（呈子一期）的人群一样，与西夏侯、大汶口等其他地点的大汶口文化人群头骨之间的形态距离较小，应属于同一体质类型，且与现代亚洲蒙古人种的东亚类型也极为相似。[③]

西吴寺组材料出自山东省兖州县（今济宁市兖州区）的西吴寺遗址。[④] 该组标本体现出西吴寺龙山文化人群的人类学特征应与现代亚洲蒙古人种较为一致，且与现代亚洲蒙古人种东亚类型之间体现出更多的相似性，其主要颅面部形态特征与大汶口组最为接近。[⑤]

西朱封组材料出自山东省潍坊市临朐县城南约 5 公里弥河北岸台地上的西朱封遗址，是目前该地区发现的最高等级的龙山文化遗址之一。通过对遗址中龙山文化中期一号墓出土女性人骨的研究，可知其颅骨呈现出卵圆形颅，长颅、高颅结合中狭颅的特征，这些特征与山东地区史前人群的形态特征一致，应该与史前时期人群有密切的遗传联系。[⑥]

丁公组材料出自山东邹平丁公遗址，该遗址包含龙山文化时

---

① 周亚威、刘明明、冯春燕、韩长松：《徐堡遗址龙山文化居民颅骨的形态学研究》，《人类学学报》2018 年第 1 期，第 18—28 页。

② 昌潍地区文物管理组、诸城县博物馆：《山东诸城呈子遗址发掘报告》，《考古学报》1980年第 3 期，第 329—385 页。

③ 韩康信：《山东诸城呈子新石器时代人骨》，《考古》1990 年第 7 期，第 644—654 页。

④ 文化部文物局田野考古领队培训班：《兖州西吴寺遗址第一、二次发掘简报》，《文物》1986 年第 8 期，第 45—55 页。

⑤ 朱泓：《兖州西吴寺龙山文化颅骨的人类学特征》，《考古》1990 年第 10 期，第 908—914 页。

⑥ 中国社会科学院考古研究所、山东省文物考古研究院、山东临朐山旺古生物化石博物馆编著：《临朐西朱封——山东龙山文化墓葬的发掘与研究》，文物出版社 2018 年版，第 405—407 页。

期、岳石文化时期、周代、汉代的人类学材料。研究者认为，只根据少数颅骨的测量值来详细评论其地域和时代差别显然比较困难，但是丁公龙山时期颅骨和华北新石器时代以至于汉代人群都比较接近，与华南或大陆北部人群或者日本绳纹人相去较远则是很明确的。[①]

综合分析，上述龙山时代人群的体质特征在中颅型、高颅型结合狭颅型的颅形特点以及中等上面部、偏低的眶型和阔鼻等面部特征上与本地早已存在的"古中原类型"[②]人群的体质特征表现出更多的一致性和明显的承继关系，且在对比中也与现代亚洲蒙古人种的南亚和东亚类型最为接近。这表明在龙山时代的中国腹心地区各人群仍然继承了仰韶时代以来"古中原类型"人群的基因，在这片土地上繁衍生息。尤其是传统仰韶文化分布区、大汶口文化分布区等地区龙山时代后裔人群各自体现出承袭邻近地区先世人群体质特征的基本规律。龙山时代的陕西、河南各人群体现出与邻近地区仰韶文化人群体质特征相似的特点，而地理位置相对较远的山东等地诸如呈子二期人群体现出与大汶口文化人群一致的特征，体现出人群遗传体质因素的连续性。整体上看，龙山时代各人群仍然继承了仰韶时代以来"古中原类型"人群的基本基因结构和遗传谱系，在这片土地上繁衍生息。同时，伴随着距今约4200年左右梅加拉亚期气候干冷化趋势[③]的到来，区域内人群交流互动也日益频繁，[④]人群融合程度进一步增强。如神木新华遗

---

① ［日］中桥孝博、栾丰实：《丁公遗址出土的龙山文化人骨—头盖骨》，栾丰实、宫本一夫主编：《海岱地区早期农业和人类学研究》，科学出版社2008年版，第187—199页。

② 朱泓：《中原地区的古代种族》，吉林大学边疆考古研究中心编：《庆祝张忠培先生七十岁论文集》，科学出版社2004年版，第549—557页。

③ 汪芳、安黎哲、党安荣、韩建业、苗长虹：《黄河流域人地耦合与可持续人居环境》，《地理研究》2020年第8期，第1707—1724页。

④ 韩建业：《龙山时代的文化巨变和传说时代的部族战争》，《社会科学》2020年第1期，第152—163页。韩建业：《龙山时代的中原和北方——文明化进程比较》，《中原文化研究》2017年第3期，第81—84页。许永杰：《距今五千年前后文化迁徙现象初探》，《考古学报》2010年第2期，第133—170页。宋建忠：《良渚与陶寺——中国历史南北格局的滥觞》，《文物》2010年第1期，第44—48页。

存的独特性被认为与大汶口文化人群的迁徙流动及深刻影响有关，且新华遗存还显示出既往活动于更北地区的北亚人群有向黄河流域迁动的趋势。① 既往活动于长城沿线以北的"古华北类型"（庙子沟组）人群体质因素出现在以木柱柱梁②为代表的长城以南的陕北地区，可能暗示环境恶化背景下更具挑战性的生存条件迫使北部人群向南迁徙。同时，关中地区米家崖呈现出"古中原类型"与"古西北类型"人群混居的现象，③ 尤其是其中的男性更接近黄河上游的"古西北类型"人群，可能意味着男性面对恶化的环境首先做出了更具挑战性的选择，离开原本世居的西部甘青地区，内附到关中，并与当地女性通婚杂居，他们可能身份地位特殊、④ 可能生存压力更大、求生欲望更强。神木寨峁祭祀坑人群表现出更为接近南部地区人群的特点。总体来看，面对环境的变化，无论是内部迁徙流动，还是边域人群内附寻求发展，都进一步丰盈了既有基因库、加强了人群基因的交流与融合，尤其是源自更西更北地区新的体质因素的注入是这个时期最重要的基因变化。

第四节　小结与讨论

研究表明，龙山时代早期是中原地区文化与社会复杂化发展的调整阶段。这时大汶口文化强势影响中原地区，在豫东，晚期向西或可达沙颍河中游都可见到其文化因素，并形成大汶口文化尉迟寺类型；屈家岭—石家河文化向北拓展至南阳、信阳、驻马店等地。庙底沟二期文化、大河村五期文化和孟庄龙山早期文化

---

① 孙周勇：《新华文化述论》，《考古与文物》2005 年第 3 期，第 40—48 页。

② 陈靓、郭小宁、洪秀媛、王炜林：《陕西神木木柱柱梁新石器遗址人骨研究》，《考古与文物》2015 年第 5 期，第 118—123 页。

③ 曹浩然、陈靓：《米家崖遗址出土人骨的鉴定报告》，陕西省考古研究院编著：《西安米家崖——新石器时代遗址 2004～2006 年考古发掘报告》附录一，科学出版社 2012 年版，第 398—411 页。

④ 雷帅、陈靓、翟霖林：《西安鱼化寨史前婴幼儿乳齿的特征》，《人类学学报》2019 年第 4 期，第 208—225 页。

在形成和发展中，都在主要继承本地仰韶文化传统基础上，或多或少受到了周邻文化的影响。龙山时代晚期社会进程空前发展。此时农业、畜养业稳定发展，除了占主要地位的猪外，牛、羊也进入日常生活。聚落规模扩大，有规划的布局表明公共权力得到加强。不同等级的聚落爆发式增长，人口激增。城墙、壕沟以及大量箭镞等武器显示出人群冲突的加剧。"城邦林立"可能是龙山时代晚期城址群的一个显著特征。龙山时代晚期文化交流频繁，并不断受到周邻文化影响，造律台文化和后岗二期文化斜流袋足鬶、子母口陶器是受山东地区龙山文化影响的直接物证；三里桥文化高体单耳鬲、双耳深腹罐、罐形斝等在客省庄文化中找到同类器。通过不断的发展，到了夏代后期，二里头文化成为中国腹心地区强势迅猛崛起的新的"广域王权"国家形态，实力强劲，引领周边，影响空前。

综观中国腹心地区新石器时代的各人群体质因素，"古中原类型"人群无疑是这一地区的土著人群，历史久远，传承有序，分布遍及全区。演化发展到仰韶时代晚期，区域内人群交流开始逐步频繁，且分布扩展到传统分布区的北部边界以外的内蒙古庙子沟等地，多类型人群混合存在的"同种系多类型的复合体"人群出现在阳原姜家梁、铸鼎原西坡、郑州西山、荥阳汪沟等地，基因证据也表明大约在4800年前人群内部融合出现强化趋势。① 到龙山时期出现跨长距离的人群迁徙与流动，人群交融加强。同时受气候影响，在从仰韶到龙山时代的过渡阶段，在受气候干冷化影响明显的西、北部边缘地区出现了"古中原类型"人群与传统上活动于内蒙古长城地带的"古华北类型"人群和源自甘青地区的"古西北类型"相似的体质因素人群交错杂居的现象，陕北、关中地区成为北部人群南下、西部人群东进到中国腹心核心区域活

---

① Melinda A Yang, Xuechun Fan, Bo Sun, et al. , "Ancient DNA Indicates Human Population Shifts and Admixture in Northern and Southern China", *Science*, Vol. 369, No. 6501, 2020, pp. 282–288.

动最初、最优选择的场域。陶寺与石峁两个国家组织"双峰并峙"①
的格局可能与人群频繁互动、冲突、交流有关。此时，社会资源被
以大型聚落或城址（参见图3－10）为核心的区域性群体集中占据，
这些汇聚了先进技术、宗教思想和管理能力的群团拥有高于普通人
群的社会特权，引领可控区域社会的发展。不同文化、不同群团之间

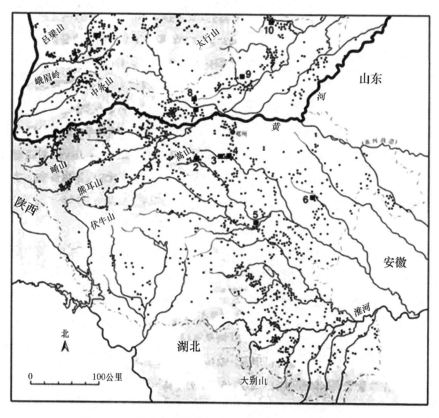

图3－10   河南、山西南部和山东西部龙山文化遗址②

（城址：1. 陶寺 2. 王城岗 3. 新砦 4. 古城寨 5. 郝家台 6. 平粮台

7. 徐堡 8. 西金城 9. 孟庄 10. 后冈 11. 景阳冈）

① 戴向明：《中国史前社会的阶段性变化及早期国家的形成》，《考古学报》2020 年第 3 期，
第 309—336 页。

② 刘莉、陈星灿：《中国考古学：旧石器时代晚期到早期青铜时代》，生活·读书·新知三
联书店 2017 年版，第 234 页。

频繁交流、激烈竞争、强烈碰撞使得龙山晚期人群的基因交流更为频繁，体质特征趋同性更强，并形成了数个超越血缘构成的文化复合体。此时，中国腹心地区人群心理认同上开始逐步模糊血亲群团的局限，甚至人群本体的生物学差异，开启了龙山时代—二里头文化时期中国腹心地区人群交流、向大范围的地理社群群团转变、与周边文化交流与融合新的历史起点，尤其是为夏文化的诞生与发展、早期国家的形成奠定了精神、社会、文化、物质和人群基础。新石器时代正是蒙古人种"古中原类型"群体基因有序传承、持续发展与不断交融的重要阶段。

第 四 章

青铜—早期铁器时代人群
及其演化、发展特征

    青铜—早期铁器时代大致相当于从古史记载当中的夏纪元开始，经历商、西周一直延续到秦统一之前的春秋战国时期。夏商周时期是以华夏族为中心的我国古代各族发展壮大并不断交流融合的一个高峰期。目前来看，这一阶段主要包含了中国腹心地区构成上古时期华夏族主要成员的夏人、商人和周人及其先世以及同时期生活于此地的部分周边人群。

    如何将考古出土的古代人骨所反映的人群对应文献记载中的"民族""种族""族属""族群""族群身份""人群"等概念是人类学、考古学、历史学、民族学等多学科普遍关注的问题。由于学者学科立场不同，在具体使用研究材料讨论这些概念进行跨学科研究时，需要将其转化为适应目标学科话语体系以及根据具体研究对象、场景和研究目的来进行区分的概念，在这样的转换过程中难免出现偏差、讹误。此外，还需要注意在古今学者的话语体系中对于"夏""商""周"这些概念表达，在不同的表述语境中还有"时代"、政治含义上的"疆域"以及"国家""族群""人群""考古学文化"等具体所指。下文中所指夏人、商人、周人等概念更多地表达中国腹心地区"夏""商""周"三个时期发现的古代人群，应当包括目前考古发现的夏族、商族和周族三个主要族群以及一些同时期周边地区的古代人群。

众所周知，黄河流域是华夏族的摇篮，而构成上古时期华夏族主要成员的三个重要来源——夏人、商人和周人及其先世也都生活在这片土地上。尤其是到了青铜时代，夏人、商人和周人开始在中国腹心地区这片富饶的土地上逐次登上历史的舞台，创造了举世闻名的三代文明。经过近些年考古工作者的不断努力，中国腹心地区青铜—早期铁器时代已经积累了较为丰富的人类学材料。目前来看，见诸报道的夏纪元范畴内的主要有陕西商洛东龙山，[①] 山西忻州游邀，[②] 河南禹州瓦店，[③] 开封尉氏新庄，[④] 山东章丘城子崖[⑤]等人群。商代主要有陕西紫阳马家营、[⑥] 铜川瓦窑沟（先周晚期）、[⑦] 长武碾子坡（先周），[⑧] 山西晋中太谷白燕、汾阳杏花村，[⑨] 河南荥阳薛村、[⑩] 武陟大司马、[⑪] 偃师商城、[⑫] 安

①　陈靓、邓普迎、何嘉宁：《东龙山遗址出土人骨的研究报告》，陕西省考古研究院、商洛市博物馆编：《商洛东龙山》附录一，科学出版社 2011 年版，第 286—311 页。

②　朱泓：《游邀遗址夏代居民的人类学特征》，吉林大学边疆考古研究中心、山西省考古研究所、忻州地区文物管理处、忻州考古队编：《忻州游邀考古》附录二，科学出版社 2004 年版，第 188—214 页。

③　朱泓、王明辉、方启：《河南禹州市瓦店新石器时代人骨研究》，《考古》2006 年第 4 期，第 87—94 页。

④　孙蕾、张小虎、朱泓：《河南尉氏新庄遗址二里头人骨种系初探》，《文物春秋》2017 年第 5 期，第 18—26 页。

⑤　赵永生、朱超、孙波：《章丘城子崖遗址 H393 出土人骨的鉴定与分析》，山东大学东方考古研究中心编：《东方考古》第 14 集，科学出版社 2017 年版，第 269—278 页。

⑥　韩康信、张君：《陕西紫阳县马家营石棺墓人骨的鉴定》，陕西省考古研究所、陕西省安康水电站库区考古队编：《陕南考古报告集》四，《马家营遗址》附录一，三秦出版社 1994 年版，第 347—357 页。

⑦　陈靓：《瓦窑沟青铜时代墓地颅骨的人类学特征》，《人类学学报》2000 年第 1 期，第 32—43 页。

⑧　潘其风：《碾子坡遗址墓葬出土人骨的研究》，中国社会科学院考古研究所编：《南邠州·碾子坡》附录三，世界图书出版公司北京公司 2007 年版，第 423—489 页。

⑨　朱泓：《游邀遗址夏代居民的人类学特征》，吉林大学边疆考古研究中心、山西省考古研究所、忻州地区文物管理处、忻州考古队编：《忻州游邀考古》附录二，科学出版社 2004 年版，第 188—214 页。

⑩　孙蕾、楚小龙、朱泓：《河南荥阳薛村遗址早商人骨种系研究》，《华夏考古》2013 年第 1 期，第 55—64 页。

⑪　潘其风：《河南武陟大司马遗址出土人骨》，《文物》1999 年第 11 期，第 72—77 页。

⑫　王明辉：《偃师商城出土人骨初步分析》，《中原文物》2023 年第 5 期，第 79—87 页。

阳殷墟（中小墓 B 组[①]、中小墓③组）、[②] 大司空组[③]以及祭祀坑多组[④]、焦作聂村、[⑤] 山东邹县南关，[⑥] 河北蔚县（夏家店下层文化）、[⑦] 藁城台西等人群；[⑧] 周代包括陕西清涧李家崖、[⑨] 凤翔西村、[⑩] 扶风北吕、[⑪] 长武碾子坡（东周）、[⑫] 西安少陵原、[⑬] 宜川虫坪塬、[⑭] 澄城刘家洼、[⑮] 凤翔孙家南头、[⑯]

---

① 原海兵：《殷墟中小墓人骨的综合研究》，博士学位论文，吉林大学文学院，2010 年，第 207—210 页。

② 韩康信、潘其风：《安阳殷墟中小墓人骨的研究》，中国社会科学院历史研究所、中国社会科学院考古研究所编：《安阳殷墟头骨研究》，文物出版社 1985 年版，第 50—81 页。朱泓：《中国东北地区的古代种族》，《文物季刊》1998 年第 1 期，第 54—64 页。

③ 原海兵、王明辉、朱泓：《安阳大司空出土人骨鉴定报告》，中国社会科学院考古研究所编著：《安阳大司空——2004 年发掘报告》附录二，文物出版社 2014 年版，第 609—645 页。曾雯、李佳伟、岳洪彬、王明辉、周慧、朱泓：《2004 年殷墟大司空遗址出土人骨线粒体 DNA 研究报告》，《华夏考古》2018 年第 2 期，第 100—105 页。

④ 其应当属于殷墟地区商代存在的短期外来人口，具体来源应当与殷墟以西的"羌"人等有关，尚需进一步考察。

⑤ 孙蕾、冯春艳、韩涛、杨树刚：《河南焦作聂村商代晚期墓地人骨研究》，《华夏考古》2020 年第 1 期，第 123—128 页。

⑥ 朱泓：《邹县、兖州商周时期墓葬人骨的研究报告》，《华夏考古》1990 年第 4 期，第 30—39 页。

⑦ 张家口考古队：《蔚县夏家店下层文化颅骨的人种学研究》，《北方文物》1987 年第 1 期，第 2—11 页。赵欣、葛斌文、张全超、蔡大伟、周慧、朱泓：《从分子生物学角度看河北蔚县三关墓地古代居民的遗传结构》，《文物春秋》2009 年第 1 期，第 3—8、33 页。

⑧ 汪洋：《藁城台西商代居民的人种学研究》，《文物春秋》1996 年第 4 期，第 13—21 页。

⑨ 韩康信、张君：《李家崖墓葬出土人骨鉴定报告》，陕西省考古研究院编著：《李家崖》附录六，文物出版社 2013 年版，第 362—374 页。

⑩ 韩伟、吴镇烽、马振智、焦南峰：《凤翔南指挥西村周墓人骨的测量与观察》，《考古与文物》1985 年第 3 期，第 55—84 页。焦南峰：《凤翔南指挥西村周墓人骨的初步研究》，《考古与文物》1985 年第 3 期，第 85—103 页。

⑪ 黄象洪：《北吕村周人遗骸研究》，宝鸡市周原博物馆、罗西章编：《北吕周人墓地》附录，西北大学出版社 1995 年版，第 178—212 页。

⑫ 潘其风：《碾子坡遗址墓葬出土人骨的研究》，中国社会科学院考古研究所编：《南邠州·碾子坡》附录三，世界图书出版公司北京公司 2007 年版，第 423—489 页。

⑬ 陈靓：《少陵原西周墓地人骨鉴定报告》，陕西省考古研究院编著：《少陵原西周墓地》附录一，科学出版社 2008 年版，第 766—790 页。

⑭ 陈靓、丁岩、熊建雪、李彦峰：《陕西宜川县虫坪塬遗址墓葬出土人骨研究》，《考古与文物》2018 年第 2 期，第 118—128 页。

⑮ 雷帅：《陕西澄城刘家洼遗址出土人骨研究》，硕士学位论文，西北大学文化遗产学院，2020 年，第 165—196 页。

⑯ 陈靓、田亚岐：《陕西凤翔孙家南头秦墓人骨的种系研究》，文化遗产研究与保护技术教育部重点实验室、西北大学文化遗产与考古学研究中心编著：《西部考古》第 3 辑，陕西出版集团、三秦出版社 2008 年版，第 164—173 页。

临潼零口（战国中期）、① 宝鸡建河、② 旬邑孙家、③ 韩城梁带村、④ 黄陵寨头河、⑤ 西安马腾空、⑥ 咸阳蒲家寨、⑦ 宝鸡郭家崖、⑧ 山西浮山桥北、⑨ 曲沃天马—曲村、⑩ 翼城大河口、⑪ 绛县横水、⑫ 绛县雎村、⑬ 长子西南呈、⑭ 榆次聂店、⑮ 侯马上马、⑯ 乡宁内阳垣（春秋时期）、⑰ 侯

---

① 周春茂：《零口战国墓颅骨的人类学特征》，《人类学学报》2002 年第 3 期，第 199—208 页。蔡大伟、赵欣、陈靓、周慧、朱泓：《陕西临潼零口遗址 M21 墓主的古 DNA 研究》，吉林大学边疆考古研究中心编：《边疆考古研究》第 15 辑，科学出版社 2014 年版，第 307—313 页。

② 陈靓：《宝鸡建河村墓地人骨的鉴定报告》，陕西省考古研究所编著：《宝鸡建河墓地》，陕西科学技术出版社 2006 年版，第 194—223 页。

③ 赵东月、豆海锋、刘斌：《陕西旬邑孙家遗址战国时期居民体质特征研究》，《北方文物》2022 年第 5 期，第 70—78 页。

④ 陈靓、邓普迎：《梁带村墓地出土人骨鉴定报告》，陕西省考古研究院编：《梁带村芮国墓地——2007 年度发掘报告》附录一，文物出版社 2010 年版，第 231—245 页。郑兰爽：《韩城梁带村芮国墓地出土人骨研究》，硕士学位论文，西北大学文化遗产学院，2012 年，第 10—26 页。

⑤ 陈靓：《人骨综合研究》，陕西省考古研究院编：《寨头河——陕西黄陵战国戎人墓地考古发掘报告》，上海古籍出版社 2018 年版，第 179—273 页。

⑥ 王一如：《陕西西安马腾空遗址东周时期墓葬出土人骨研究》，博士学位论文，吉林大学考古学院，2019 年，第 203—204 页。

⑦ 韩如月：《陕西咸阳蒲家寨墓地出土人骨研究》，硕士学位论文，西北大学文化遗产学院，2022 年，第 52—65 页。

⑧ 赵东月、李钊、田亚岐、王颢、穆艾嘉、景雅琴、李翰隆：《宝鸡郭家崖秦国墓地（北区）出土人骨研究》，文化遗产研究与保护技术教育部重点实验室、西北大学文化遗产与考古学研究中心编著：《西部考古》第 15 辑，陕西出版集团、三秦出版社 2020 年版，第 164—173 页。

⑨ 贾莹：《山西浮山桥北及乡宁内阳垣先秦时期人骨研究》，文物出版社 2010 年版，第 138 页。

⑩ 潘其风：《天马—曲村遗址西周墓地出土人骨的研究报告》，北京大学考古学系商周组、山西省考古研究所、邹衡编：《天马—曲村（1980—1989）》附录一，科学出版社 2000 年版，第 1138—1152 页。

⑪ 郭林：《翼城大河口墓地出土人骨的初步研究（2009—2011）》，硕士学位论文，吉林大学文学院，2015 年，第 52—53 页。韩涛：《山西翼城大河口墓地出土人骨研究》，博士学位论文，吉林大学考古学院，2019 年，第 229—230 页。

⑫ 王伟：《山西绛县横水西周墓地人骨研究》，硕士学位论文，吉林大学文学院，2012 年，95—96 页。

⑬ 赵惠杰：《山西绛县雎村墓地人骨研究》，硕士学位论文，吉林大学考古学院，2018 年，第 53—54 页。

⑭ 李钊：《山西长子县西南呈西周墓地人骨研究》，硕士学位论文，吉林大学文学院，2017 年，第 56 页。

⑮ 侯侃：《山西榆次高校园区先秦墓葬人骨研究》，博士学位论文，吉林大学文学院，2017 年，第 67、236、320—324 页。

⑯ 潘其风：《上马墓地出土人骨的初步研究》，山西省考古研究所编：《上马墓地》附录一，文物出版社 1994 年版，第 398—483 页。

⑰ 贾莹：《山西浮山桥北及乡宁内阳垣先秦时期人骨研究》，文物出版社 2010 年版，第 129 页。

马乔村（战国中晚期）、① 襄汾陶寺北、② 榆次小南庄③等，河南焦作南平皋、④ 淇县宋庄、⑤ 郑州天利、⑥ 新郑双楼、⑦ 荥阳官庄、⑧ 荥阳小胡村、⑨ 商丘潘庙（春秋战国时期）、⑩ 安阳杨河固、⑪ 信阳城阳城址，⑫ 山东滕州前掌大、⑬ 临淄后李官（周代）、⑭ 兖州西吴寺、⑮ 新泰周家庄，⑯ 河北张家口白庙（春秋时期）⑰ 等人群。详见表4。

---

① 潘其风：《侯马乔村墓地出土人骨的人类学研究》，山西省考古研究所编：《侯马乔村墓地（1959—1996）》附录四，科学出版社2004年版，第1218—1299页。

② 满星妤：《山西襄汾陶寺北墓地出土人骨研究》，硕士学位论文，吉林大学考古学院，2020年，第74页。

③ 侯侃：《山西榆次高校园区先秦墓葬人骨研究》，博士学位论文，吉林大学文学院，2017年，第236页。

④ 孙蕾、杨树刚：《焦作温县南平皋遗址东周人骨研究》，《中原文物》2016年第2期，第113—119页。

⑤ 孙蕾、高振龙、周立刚、韩朝会：《淇县宋庄东周墓殉人颅骨的形态学》，《人类学学报》2020年第3期，第420—434页。

⑥ 孙蕾：《新郑天利食品厂两周墓地墓葬人骨研究》，河南省文物考古研究院编：《新郑天利两周墓地》附录一，上海古籍出版社2018年版，第358—486页。

⑦ 孙蕾：《新郑双楼东周墓葬人骨研究》，河南省文物考古研究院编著：《新郑双楼东周墓地》附录一，大象出版社2016年版，第445—549页。

⑧ 周亚威、刘明明、陈朝云、韩国河：《河南荥阳官庄遗址东周人骨研究》，《华夏考古》2018年第3期，第97—106页。陶大卫、张国文、周亚威、陈朝云、韩国河：《生物考古所见两周时期官庄聚落的人群与社会》，《人类学学报》2019年第3期，第320—327页。

⑨ 孙蕾、梁法伟：《河南荥阳小胡村墓地晚商至战国人骨研究》，《黄河 黄土 黄种人》2018年第4期，第31—36页。

⑩ 张君：《河南商丘潘庙古代人骨种系研究》，中国社会科学院考古研究所编：《考古求知集——96考古研究所中青年学术讨论会文集》，中国社会科学出版社1997年版，第486—498页。

⑪ 王一如、申明清、孔德铭、朱泓、孙蕾：《河南安阳杨河固遗址东周墓葬出土人骨研究》，《江汉考古》2018年第6期，第110—117页。

⑫ 孙蕾：《信阳城阳城址八号墓颅骨形态学分析》，《华夏考古》2020年第5期，第52—59页。

⑬ 王明辉：《前掌大墓地人骨研究报告》，中国社会科学院考古研究所编：《滕州前掌大墓地》，文物出版社2005年版，第674—727页。

⑭ 张雅军：《山东临淄后李官周代墓葬人骨研究》，山东省文物考古研究所、土井浜遗址·人类学博物馆编：《探索渡来系弥生人大陆区域的源流》，日本山口县：アリフク印刷株式会社2000年版，第164—197页。

⑮ 朱泓：《邹县、兖州商周时期墓葬人骨的研究报告》，《华夏考古》1990年第4期，第30—39页。

⑯ 张全超、朱泓：《人骨鉴定》，山东省文物考古研究所、新泰市博物馆编著：《新泰周家庄东周墓地》，文物出版社2014年版，第558—566页。

⑰ 易振华：《河北宣化白庙墓地青铜时代居民的人种学研究》，《北方文物》1998年第4期，第8—17页。

第一节　夏代

夏纪元范畴的人群主要有陕西商洛东龙山、山西忻州游邀、河南禹州瓦店和开封尉氏新庄、山东章丘城子崖5组材料。

东龙山组材料出自陕西省商洛市商州区的东龙山遗址，该遗址遗存年代跨度涉及仰韶文化、龙山文化、夏、商和周代。通过对该遗址以夏代墓葬及灰坑出土人骨为主的研究可知，其颅骨主要形态特征表现为中颅、高颅、狭颅相结合的颅形，狭额、狭面、偏阔的中鼻型结合偏低的中眶型，中等面部扁平度、平颌型以及明显的齿槽突颌等面部形态。其形态特征体现出与现代亚洲蒙古人种相近的基本特点，且与其东亚类型最为相似，在鼻型、眶型上比较接近南亚类型。通过比较，其与近代华南组、华北组较为相似，与古代陶寺组、仰韶合并组最为相似。[①]

游邀组材料出自山西省忻州市游邀遗址，共包括古代成年人颅骨25例，其中男性14例，女性11例，时代大约相当于文献记载的夏朝时期。该组人群一般具有中颅型、高颅型和狭颅型相结合的颅形特点，中等偏阔的面宽绝对值和中等的上面高度，偏低的中眶型和偏阔的中鼻型，较为扁平而垂直的面形和中等程度的齿槽突颌性质。朱泓认为该组人群的种系成分与现代亚洲蒙古人种的东亚类型最为接近，其颅骨上所表现出来的某些近似低眶和阔鼻倾向特征与现代亚洲蒙古人种南亚类型相似，可能属于某种时代性的特征。而颅骨组中的某些个体所具有的颇为扁平的面形和平颌性状不能完全排除受到与现代亚洲蒙古人种北亚类型体质特征相似人群基因影响的可能。在对比中，该组颅骨与近代华北组和古代的白燕夏商合并

---

　①　陈靓、邓普迎、何嘉宁：《东龙山遗址出土人骨的研究报告》，陕西省考古研究院、商洛市博物馆编：《商洛东龙山》附录一，科学出版社2011年版，第286—311页。

组、陶寺组接近。①

瓦店组人类学资料出土于河南省禹州市火龙乡瓦店村东北的瓦店遗址。该遗址发现于1979年颍河两岸考古调查中，属河南地区龙山文化晚期遗存（参见图4-1）。1997年4~5月，为配合"夏商周断代工程"，早期夏文化研究专题组对该遗址进行了钻探和发掘。在该遗址的土坑竖穴墓、瓮棺、灰坑和祭祀坑等不同性质的遗迹单位中出土了一批古人骨标本。经朱泓等研究，瓦店组颅骨所代表的瓦店新石器时代人群的基本种系特征方面与现代东亚人种显示出更多的一致性。在与古代对比组的比较中，与瓦店人群"最相近似的是庙底沟二期文化新石器时代人群、殷墟中小墓I组所代表的商代自由民以及瓦窑沟先周时期人群，而藁城台西商代人群与瓦店组的关系最为疏远"。②该组材料是目前已知最可能与夏人有关的人类学资料，其应归属于先秦时期古代人种类型的"古中原类型"人群。③

新庄组材料主要出自河南省开封市尉氏县门楼任乡新庄村东北的新庄遗址，是一处以二里头文化遗存为主的遗址，还涉及汉代以及明清等时期的文化遗存。通过对二里头时期灰坑出土的两例成年颅骨人类学的研究可知，其与现代亚洲蒙古人种近代颅骨组的华北组、朝鲜组和华南组在颅骨表型形态上最为接近，与我国先秦二里头文化时期中原地区土著人群"古中原类型"相似，同时不能排除受到"古华北类型"人群和"古西北类型"人群不同程度影响的可能性。④

————————

　　①　朱泓：《游邀遗址夏代居民的人类学特征》，吉林大学边疆考古研究中心、山西省考古研究所、忻州地区文物管理处、忻州考古队编：《忻州游邀考古》附录二，科学出版社2004年版，第188—214页。

　　②　朱泓、王明辉、方启：《河南禹州市瓦店新石器时代人骨研究》，《考古》2006年第4期，第87—94页。

　　③　朱泓、王明辉、方启：《河南禹州市瓦店新石器时代人骨研究》，《考古》2006年第4期，第87—94页。朱泓：《中原地区的古代种族》，吉林大学边疆考古研究中心编：《庆祝张忠培先生七十岁论文集》，科学出版社2004年版，第549—557页。

　　④　孙蕾、张小虎、朱泓：《河南尉氏新庄遗址二里头人骨种系初探》，《文物春秋》2017年第5期，第18—26页。

城子崖组材料出自山东省济南市章丘区龙山街道龙山村东北，巨野河东岸、胶济铁路北侧的城子崖遗址。通过对 2014 年清理的岳石文化灰坑（H393R1）人骨的研究可知，其颅骨体现出圆颅型、高颅型结合中颅型的颅部形态，狭额型、偏低的眶型特征并结合中鼻型、中颌型、较大面部扁平度等面部形态。该人群基本颅面形态体现出接近山东地区新石器时代居民体质特征的表现，不过又有其自身个体发育的特点，如较宽的颅型及较大的面部扁平度。[1]

以上 5 组材料体现出的人群表型特征，体现了夏代以来中国腹心地区人群承继龙山时代古代人群的体质基因。此时，二里头文化骤然崛起，成为满天星斗之后汇聚文明的璀璨新星，其皓月当空的明亮遮蔽了周边文明的光辉。这不仅是文化的繁盛带来的，更是基于龙山时代人群的大规模整合，中国腹心地区洛阳盆地周边人群的汇聚而成为其文化碰撞、文明产生与进一步发展的人群基础。国家这种地缘、政治、文化集中表征的文明体绝不是单纯血缘社会可以发展而来的，其必然是叠加地缘整合、血缘交流、血亲结合、文化碰撞而渐趋集中，随之产生的。

图 4-1　河南禹州瓦店遗址出土陶觚（IT3H12:11）

---

[1]　赵永生、朱超、孙波：《章丘城子崖遗址 H393 出土人骨的鉴定与分析》，山东大学东方考古研究中心编：《东方考古》第 10 集，科学出版社 2017 年版，第 269—278 页。

第二节　商代

　　商代主要有陕西紫阳马家营、铜川瓦窑沟、长武碾子坡（先周），山西晋中白燕、汾阳杏花村，河南荥阳薛村、焦作大司马、偃师商城、安阳殷墟（中小墓 B 组、中小墓③组、大司空组及祭祀坑多组）、焦作聂村和荥阳小胡村，山东邹县南关，河北蔚县、藁城台西共计 14 个遗址点的材料。

　　马家营组材料出自陕西省安康紫阳县境内的马家营遗址的夏商时期石棺墓。该组人群无疑表现出强烈的与蒙古人种相似的特点，且与现代亚洲蒙古人种北亚类型和东亚类型人群的头骨具有很强的一致性。[①]

　　瓦窑沟组材料出自陕西省铜川市的瓦窑沟青铜时代墓地，是1991 年陕西省考古研究所为配合基本建设抢救发掘所得，墓葬的年代约在先周晚期。该组脑颅的基本特征表现为中颅、高颅结合狭颅型。面部形态表现为中等的面型，中鼻型、偏低的中眶型、中颌型及中等的齿槽突颌，中等略大的上面部扁平度。它在体质类型上接近于现代亚洲蒙古人种的东亚类型，同时也显示出某种与南亚类型接近的倾向。这批头骨在具有特别高的颅高、偏高的上面和较狭的面宽及不阔的鼻型等特征上，应该更趋近东亚类型的综合特征。在16 个古代对比组中，瓦窑沟组也与殷墟中小墓②组关系密切，并且还接近火烧沟组、上马组、陶寺组等黄河流域青铜时代各组。[②]

　　碾子坡先周组材料出自陕西省长武县碾子坡遗址，该墓葬遗存

[①]　韩康信、张君：《陕西紫阳县马家营石棺墓人骨的鉴定》，陕西省考古研究所、陕西省安康水电站库区考古队编：《陕南考古报告集》四，《马家营遗址》附录一，三秦出版社 1994 年版，第 347—357 页。

[②]　陈靓：《瓦窑沟青铜时代墓地颅骨的人类学特征》，《人类学学报》2000 年第 1 期，第32—43 页。

包含有先周、西周和东周等不同时期墓葬出土的人骨。通过有关学者对碾子坡先周时期颅骨组的观察研究，认为碾子坡先周组颅骨在体质特征上显示出与现代亚洲蒙古人种东亚类型相似的性状。[①]

白燕夏商合并组包括了出土于山西省晋中市太谷白燕遗址夏代、早商和晚商三个阶段的人类学材料。其基本种系特征与现代亚洲蒙古人种的南亚、东亚类型比较接近，而在接近程度上，似乎又与南亚类型人群显得更为密切一些。[②]

杏花村组材料出自山西省汾阳市的杏花村遗址，在该地点发现了一例残破的商代男性颅骨。通过该组颅骨的观察、测量可知其表型性状与现代亚洲蒙古人种颇相一致，颅形表现出中颅型、正颅型结合中颅型以及狭额的体质特征。[③]

薛村早商组材料出自河南省荥阳市王村乡薛村北的薛村遗址。该遗址出土了大量二里头文化晚期到二里岗文化时期的遗迹，有灰坑、祭祀坑、窖穴、水井、陶窑、房址、墓葬等。根据墓葬和灰坑中出土早商文化时期人骨（六例头骨，其中男性一例、女性五例）的形态观察与测量研究，可知其形态学特征显示出中颅型、高颅型结合狭颅型，中额型和狭额型并存，偏阔中鼻型和阔鼻型及中面型的全面指数、中上面型的上面指数，以中眶型为主，并有突颌型齿槽面角、平颌型中面角和中颌型总面角。薛村早商组特征与古代对比组中瓦窑沟组、游邀组和碾子坡先周组等最为接近，其应与我国先秦时期中原地区常见的"古中原类型"人群有较为接近的形态学关系。其应与现代亚洲蒙古人种东亚类型最为相似，同时也表现出

① 潘其风：《碾子坡遗址墓葬出土人骨的研究》，中国社会科学院考古研究所编：《南邠州·碾子坡》附录三，世界图书出版公司北京公司 2007 年版，第 423—489 页。

② 转引自朱泓：《游邀遗址夏代居民的人类学特征》，吉林大学边疆考古研究中心、山西省考古研究所、忻州地区文物管理处、忻州考古队编：《忻州游邀考古》附录二，科学出版社 2004 年版，第 188—214 页。

③ 朱泓：《杏花村遗址古代人骨研究》，国家文物局、山西省考古研究所、吉林大学考古学系编：《晋中考古》附录一，文物出版社 1999 年版，第 207—214 页。

某些与南亚类型接近的倾向。①

大司马组材料出自河南省焦作市武陟县的大司马遗址，时代约在夏商之际。该组颅骨显示出的体质特征明显与蒙古人种性质一致，而其中等偏窄的颅型、较高的颅高、中等上面部、中等面部突度、阔鼻倾向等一系列体质特征的组合与东亚类型②最为接近。③

偃师商城组材料出自河南省洛阳市偃师区，是一处二里岗文化（商代早期）时期的遗址，也被认为是商代早期都城。通过对偃师商城遗址商代早期人骨资料的研究，可知其主要体质特征包括：卵圆形颅，多中等颅长宽指数，少量个体属圆颅型；颅高较高，颅宽中等；中等面宽和中等上面部扁平度，眶型较低和低面、阔鼻等。形态学分析表明，偃师商城古代人群体质特征主体属于"古中原类型"，类似人群曾广泛分布在新石器时代的中国腹心地区，包括仰韶文化、大汶口文化、庙底沟二期文化、龙山文化、陶寺文化等，他们应该是中原先秦两汉时期原住民的先世人群，代表了当时中原地区古代人群的主要体质特征。同时，也不排除商代早期有少量来自其他古代人群迁入或基因混杂的影响的可能。④

殷墟中小墓 B 组材料出自河南省安阳市殷墟遗址的中小墓地，时代为晚商时期。该组材料不仅包括了中小墓②组的标本，还包括了新出土的大司空和刘家庄两地的材料。该组颅骨材料的形态学特征大体可概括为偏长的中颅型，高颅型结合狭颅型，中等上面型，阔鼻、偏低的中眶型，中等偏大的上面部扁平度等特征，应与蒙古人种一致，且与现代亚洲蒙古人种东亚类型在颅面特征上具有较多的一致性。其体质类型当划属在先秦时期古代人群人种类型的"古中原类型"群团内。⑤

① 孙蕾、楚小龙、朱泓：《河南荥阳薛村遗址早商人骨种系研究》，《华夏考古》2013 年第 1 期，第 55—64 页。

② 原文为"东亚（远东）蒙古人种的华北类型"。

③ 潘其风：《河南武陟大司马遗址出土人骨》，《文物》1999 年第 11 期，第 72—77 页。

④ 王明辉：《偃师商城出土人骨初步分析》，《中原文物》2023 年第 5 期，第 79—87 页。

⑤ 原海兵：《殷墟中小墓人骨的综合研究》，博士学位论文，吉林大学文学院，2010 年，第 207—210 页。

殷墟中小墓③组材料出自河南省安阳市殷墟遗址的中小墓地，时代为晚商时期。这批颅骨区别于中小墓②组的约八例形态特征不同的头骨，[①] 他们一般比较粗壮、颅高偏低、面部高、极宽、扁平、颧骨大而突出，鼻根偏高，垂直颅面指数较大，显示出某种类似于现代亚洲蒙古人种东亚类型和北亚类型相混合的性状，同先秦时期广泛分布于我国东北地区和华北北部的"古东北类型"人群颇相近似。[②]

大司空组材料出自河南省安阳市大司空村的晚商时期墓地。其主要体质特征与本地区新石器时代以来的主体人群一致，应属于"古中原类型"人群范畴。[③]

整体上看，殷墟中小墓（含殷墟中小墓 B 组、殷墟中小墓③组和大司空组）商代人群的基本体质特征可以概括为：偏长的中颅型，高颅型结合狭颅型，偏狭的中额型，中型枕骨大孔，中上面型，阔鼻型，偏低的中眶型，阔腭型，较平的面突程度，突颌短颌、长狭下颌，中等偏大的上面部扁平度等。在比较中进一步表明其应与蒙古人种属于同一类型，且与现代亚洲蒙古人种东亚类型人群在颅面形态上具有较多的相似性。与近代组中的抚顺组、华北组和华南组关系较为密切，而与蒙古组和通古斯组的关系较为疏远。

聂村组材料出自河南省焦作市城乡一体化示范区阳庙镇聂村东北部约 500 米处大沙河河道内的聂村商文化遗址。通过对该遗址商代晚期墓葬出土人骨的研究可知，其人类学特征主要体现为中颅型、正颅型结合中颅型，中额型、正颌型结合总面角体现的中颌

---

① 韩康信、潘其风：《安阳殷墟中小墓人骨的研究》，中国社会科学院历史研究所、中国社会科学院考古研究所编：《安阳殷墟头骨研究》，文物出版社 1985 年版，第 50—81 页。

② 韩康信、潘其风：《安阳殷墟中小墓人骨的研究》，中国社会科学院历史研究所、中国社会科学院考古研究所编：《安阳殷墟头骨研究》，文物出版社 1985 年版，第 50—81 页。朱泓：《中国东北地区的古代种族》，《文物季刊》1998 年第 1 期，第 54—64 页。

③ 原海兵、王明辉、朱泓：《安阳大司空出土人骨鉴定报告》，中国社会科学院考古研究所编著：《安阳大司空——2004 年发掘报告》附录二，文物出版社 2014 年版，第 609—645 页。曾雯、李佳伟、岳洪彬、王明辉、周慧、朱泓：《2004 年殷墟大司空遗址出土人骨线粒体 DNA 研究报告》，《华夏考古》2018 年第 2 期，第 100—105 页。

型等颅面部特征（参见图4－2）。其与先秦时期古代"古中原类型"的殷墟中小墓②组最近似。聂村遗址商代人群颅骨形态特征表现出与现代亚洲蒙古人种最为相似的特征。①

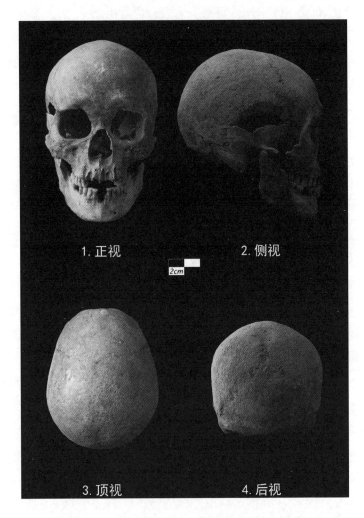

图4－2　河南焦作聂村 M19 男性颅骨（孙蕾供图）

① 孙蕾、冯春艳、韩涛、杨树刚：《河南焦作聂村商代晚期墓地人骨研究》，《华夏考古》2020 年第 1 期，第 123—128 页。

小胡村晚商组材料出自河南省荥阳市广武镇小胡村东北。该墓地主体为晚商时期墓葬群，年代大致相当于殷墟三期、四期，个别年代可早到殷墟二期晚段。该墓地墓葬形制、葬俗、族徽等方面体现出较强一致性，应为晚商时代"舌"氏家族墓地，[①] 墓主多为中小型贵族。其成员大都随葬兵器，他们可能控制相当数量的军事力量，或许为戍守王畿之外的外服职官。通过对该组人群颅骨的研究可知，小胡村晚商组与后李官村组、瓦窑沟组和殷墟中小墓②组最为接近，其次是姜家梁组。小胡村晚商组多体现"古中原类型"体质特征，与"古东北类型"的平洋全组等在颅骨形态上差异较大，似乎表明小胡村晚商"舌"族作为掌管军事力量的晚商中小贵族，族源可能是中原地区土著的"古中原类型"人群，而与殷墟当时既已存在的"古东北类型"差异较大。[②]

邹县组材料出自山东省邹县的南关遗址，是 1984 年到 1986 年间，由国家文物局第一、二、三期考古领队培训班学员以及吉林大学考古专业的部分师生在发掘中获得的，时代属于商代。朱泓认为该组标本的主要颅面部形态特征上可能比较接近现代亚洲蒙古人种的东亚类型，但是由鼻指数反映的阔鼻倾向却与东亚类型存在较大差异，在比较中该组标本与殷墟中小墓Ⅱ组的体质特征最为接近。[③]

蔚县合并组材料出自河北省蔚县的三关遗址和前堡遗址，两地文化类型均为夏家店下层文化，但年代略有先后，分为早晚两期。研究者认为这些人骨虽出土地不同，但颅骨在体质上并无明显差异，基本属于同一体质类型，应合并为一组来进行研究。蔚县合并组显示出明显与蒙古人种相似的特征，并且与现代亚洲蒙古人种的东亚类型存在更多的一致性，在古代组对比中与安阳殷墟中小墓①组最

① 汤威：《郑州出土舌铭铜器考》，《中国国家博物馆馆刊》2011 年第 10 期，第 33—43 页。
② 孙蕾、梁法伟：《河南荥阳小胡村墓地晚商至战国人骨研究》，《黄河 黄土 黄种人》2018 年第 4 期，第 31—36 页。
③ 朱泓：《邹县、兖州商周时期墓葬人骨的研究报告》，《华夏考古》1990 年第 4 期，第 30—39 页。

为接近。①

　　台西组材料出自河北省石家庄市藁城台西遗址，是 1973 年至 1974 年间由河北省文物管理处负责发掘获得的，遗址年代分为四期，其下限不晚于晚商早期，② 已有学者指出，该遗址可能为商北的方国所在。③ 该组材料最早由潘其风先生报道，④ 后经汪洋引用潘其风报道的数据进行研究后，认为台西组商代人群的颅面部形态可归纳为中颅、高颅、面部中等略高，中鼻低眶阔额、中等的上面部扁平度。在比较中，该组人群的基本体质特征与现代亚洲蒙古人种的东亚类型最为相似，但其中可能混入了少数北亚类型人群的体质因素。在与古代组的比较中，台西组与殷墟中小墓③组和本溪组最为接近。⑤

　　通过以上 14 组材料可以看出，在商代，中国腹心地区人群很好地在人群表型特征上体现出夏代以来人群基因在商代各人群的传承。同时，偃师商城多元化的人群汇聚也不仅是类似铸鼎原西坡社会上层的人群交往，很可能已经在偃师商城中下层人群中开始逐步汇聚各地区不同文化背景的人群。至少在商代晚期，受北方游牧文化人群或游战人群影响，安阳地区吸引来更大范围的异文化群团。这些群团掌握着马术、青铜等那个时代最为先进的技术，他们可能因特殊技能占有较之同时代人更多的社会财富和优势地位，在安阳等中心聚落定居繁衍，与当地社会群团共享商文化传统。他们可能是生物学上的"异类"，但文化上是如此的相似，以至于只能通过青铜兵器、马术等文化因素才能区别他们。以至于商陨落之后，作为殷遗

---

① 张家口考古队：《蔚县夏家店下层文化颅骨的人种学研究》，《北方文物》1987 年第 1 期，第 2—11 页。赵欣、葛斌文、张全超、蔡大伟、周慧、朱泓：《从分子生物学角度看河北蔚县三关墓地古代居民的遗传结构》，《文物春秋》2009 年第 1 期，第 3—8、33 页。

② 河北省文物研究所编著：《藁城台西商代遗址》，文物出版社 1985 年版。河北省文物管理处台西考古队：《河北藁城台西村商代遗址发掘简报》，《文物》1979 年第 6 期，第 33—43 页。

③ 郑绍宗：《河北考古发现研究与展望》，《文物春秋》1992 年 S1 期，第 1—21 页。

④ 潘其风：《我国青铜时代居民人种类型的分布和演变趋势——兼论夏商周三族的起源》，庆祝苏秉琦考古五十五年论文集编辑组：《庆祝苏秉琦考古五十五年论文集》，文物出版社 1989 年版，第 294—304 页。

⑤ 汪洋：《藁城台西商代居民的人种学研究》，《文物春秋》1996 年第 4 期，第 13—21 页。

民的他们再也不能回归，只能在后续的前掌大西周时代人群基因中继续传承。

第三节　周代

　　周代主要包括陕西清涧李家崖、凤翔西村、扶风北吕、长武碾子坡、西安少陵原、宜川虫坪塬、澄城刘家洼、凤翔孙家南头、西安零口、宝鸡建河、旬邑孙家、韩城梁带村、黄陵寨头河、西安马腾空、咸阳蒲家寨、宝鸡郭家崖，山西浮山桥北、曲沃曲村、翼城大河口、绛县横水、绛县雎村、长子西南呈、榆次聂店、侯马上马、乡宁内阳垣、侯马乔村、襄汾陶寺北、榆次小南庄，河南焦作南平皋、淇县宋庄、郑州天利、新郑双楼、荥阳官庄、荥阳小胡村、商丘潘庙、安阳杨河固、信阳城阳城址，山东滕州前掌大、临淄后李官、兖州西吴寺、新泰周家庄，河北张家口白庙等 42 组人群。

　　李家崖组材料出自陕西省清涧县李家崖村西的李家崖商周时期遗址。据研究其所属的李家崖文化有浓厚的商周文化因素，但自身风格显著并占主要成分，是与商、周文化有密切关系的一支古文化。有学者认为其可能是文献中记载的鬼方先民遗存。通过对该地发现的人骨研究可知其表现出的中颅、高颅结合狭颅颅形特点与趋狭的中面型、中眶、趋阔的中鼻型、较低平的鼻骨突度以及大的面部扁平度等面部形态，显示出与黄河流域青铜时代人群相似的诸多共性特征，与华北地区古代东亚类型也比较接近。[①]

　　西村组材料出自陕西省凤翔县（今宝鸡市凤翔区）南指挥公社西村的周代墓地，是陕西省雍城考古队在 1979～1980 年对该墓地的发掘

---

　　① 韩康信、张君：《李家崖墓葬出土人骨鉴定报告》，陕西省考古研究院编著：《李家崖》附录六，文物出版社 2013 年版，第 362—374 页。

中获得的。① 这批墓葬全部为竖穴式长方形土坑结构，头向多朝北方，均有单棺或有单椁，单人仰身直肢，面部一般向上，墓中有熟土二层台，大部分随葬有陶鬲、陶罐、铜戈等器物，墓葬保存较好。据墓葬形制和随葬器物组合将墓葬群分为先周中期、先周晚期、西周初期和西周中期四个阶段。② 有学者在研究后认为周村组人群颅骨具有狭而较高的中颅型、较窄的前额及面部，中眶、阔鼻、狭而近中的上面型、中颌及较大的上面部扁平度，与现代亚洲蒙古人种东亚类型最为相似。③ 潘其风等研究后认为西村周组主要颅面形态与现代东亚类型和南亚类型较为接近，与黄河上游甘青地区的火烧沟文化人群有较为密切的关系，或许反映出周人的种系渊源。④ 朱泓认为无论从测量性状，还是从非测量性状上来看，其应归属于"古中原类型"。⑤

北吕组材料出自陕西省扶风县北吕村周代墓地。通过研究可知其颅骨表现出来的形态特点与华南组相当一致，与青铜时代西村周组和殷墟中小墓组最为相似。⑥

碾子坡组材料出自陕西省长武县碾子坡遗址，该墓葬遗存包含有先周、西周和东周等不同时期墓葬出土的人骨。通过有关学者对碾子坡东周时期颅骨组的观察研究，认为碾子坡东周组的颅骨在体质特征上显示出具有现代亚洲蒙古人种东亚类型的性状。⑦

少陵原组材料出自陕西省西安市南郊长安区东南约 5 公里杜曲

---

① 雍城考古队、韩伟、吴镇烽：《凤翔南指挥西村周墓的发掘》，《考古与文物》1982 年第 4 期，第 15—38 页。

② 韩伟、吴镇烽、马振智、焦南峰：《凤翔南指挥西村周墓人骨的测量与观察》，《考古与文物》1985 年第 3 期，第 55—84 页。

③ 焦南峰：《凤翔南指挥西村周墓人骨的初步研究》，《考古与文物》1985 年第 3 期，第 85—103 页。

④ 潘其风、朱泓：《先秦时期我国居民种族类型的地理分布》，宿白：《苏秉琦与当代中国考古学》，科学出版社 2001 年版，第 525—535 页。

⑤ 朱泓：《中原地区的古代种族》，吉林大学边疆考古研究中心编：《庆祝张忠培先生七十岁论文集》，科学出版社 2004 年版，第 549—557 页。

⑥ 黄象洪：《北吕村周人遗骸研究》，宝鸡市周原博物馆、罗西章编：《北吕周人墓地》附录，西北大学出版社 1995 年版，第 178—212 页。

⑦ 潘其风：《碾子坡遗址墓葬出土人骨的研究》，中国社会科学院考古研究所编：《南邠州·碾子坡》附录三，世界图书出版公司北京公司 2007 年版，第 423—489 页。

镇东杨万村的少陵原上，是一处以西周时期遗存为主的墓地。通过研究可知，少陵原西周人群颅骨体现出略长的中颅、高颅结合狭颅，中等偏狭的面宽、低眶、阔鼻，中等程度的上面部扁平度，高而宽的颧骨、简单的颅顶缝、不发育的犬齿窝和鼻根区凹陷，不发育的鼻骨突度以及鼻前棘等与现代亚洲蒙古人种相似的特征。其女性表型特征与陕西、山西等地先秦时期"古中原类型"人群最为相似。[1]

虫坪塬组材料出自陕西省宜川县丹州镇虫坪塬村两周之际到春秋早期墓葬群。通过研究可知其人群颅骨形态与现代亚洲蒙古人种东亚类型最为接近，与古代组中以晋文化为代表的乔村组、曲村组最为相似。[2]

刘家洼组材料出自陕西省澄城县王庄镇下辖刘家洼自然村西北的刘家洼遗址。刘家洼遗址被认为是春秋早中期芮国的一处都邑性遗址，其相较梁带村芮国遗址包含的文化因素更为复杂。通过对刘家洼遗址东Ⅰ区墓地人骨的研究可知黄河中游"古中原类型"土著人群对刘家洼组人群基因贡献率最大。尽管刘家洼人群与同时期相关地域内的周人、秦人及晋中南人群都存在不同程度的交流与互动，但人群体质特征上的共性显示其主要来源都应当是继承了新石器时代以来黄河中游土著人群的结果。"古华北类型"人群基因对刘家洼人群也有较大贡献，可能主要源于戎狄及北方长城地带人群的交流与融合。刘家洼人群表现出的偏阔面型，可能是受到北方游牧人群基因影响的结果。[3]

孙家南头组材料出自陕西省凤翔县城西南约15公里的孙家南头村春秋时期的秦墓中。通过对其出土秦人颅骨的研究，可知其基本种系特征可归入"古中原类型"人群范畴，但与典型"古中原类型"人群

① 陈靓：《少陵原西周墓地人骨鉴定报告》，陕西省考古研究院编著：《少陵原西周墓地》附录一，科学出版社2008年版，第766—790页。
② 陈靓、丁岩、熊建雪、李彦峰：《陕西宜川县虫坪塬遗址墓葬出土人骨研究》，《考古与文物》2018年第2期，第118—128页。
③ 雷帅：《陕西澄城刘家洼遗址出土人骨研究》，硕士学位论文，西北大学文化遗产学院，2020年，第165—196页。

相较，该批秦人上面部偏高，颧宽绝对值偏大，这些特征可能受到了来自甘青地区"古西北类型"人群体质特征因素的影响。[①]

零口战国组材料出自陕西省西安市临潼区零口村北侧的零口遗址。通过对该遗址战国中期秦墓出土的秦人人骨的研究，可知其种族特征与现代亚洲蒙古人种东亚类型最为相似，其基本体质特征与近代华北组、新石器时代的宝鸡组和关中合并组、上马组以及殷墟中小墓②组最为接近，应属于先秦时期古代人种类型的"古中原类型"。[②]

建河组材料出自陕西省宝鸡市陈仓区建河墓地。经研究其人群颅骨遗传表型主要体现出与"古中原类型"人群相似的特点。建河组与东阳组、磨沟齐家组和寨头河组形态关系最近。有研究表明，宝鸡新石器时代居民与甘青地区人群存在一定联系。从建河人群体现出的兼具"古中原类型"与"古西北类型"人群相似的特点可知其人群交流还是以地理位置邻近为主要选择。[③]

孙家组材料出自陕西省咸阳市旬邑县张洪镇孙家村东南孙家遗址，是文献记载中的古豳之地。孙家遗存主要年代为商代晚期和战国时期，战国时期遗存主要为秦文化遗存。通过对孙家战国墓葬出土人骨的研究可知其表现出与现代亚洲蒙古人种相似的特点，男性（M1）较大的颅长、面宽和上面高值与东北亚类型最为相似，男性（M3）与南亚类型有最多的相似性。两者整体颅面形态一致性较强，都体现出中颅、高颅结合狭颅的颅形，中等偏狭上面部、中等偏大上面部扁平度和较高的眶形。鼻宽有所差异（M1为中鼻型，M3为阔鼻型）。孙家组农人与"古中原类型"的秦人最为相似。其较大

① 陈靓、田亚岐：《陕西凤翔孙家南头秦墓人骨的种系研究》，文化遗产研究与保护技术教育部重点实验室、西北大学文化遗产与考古学研究中心编著：《西部考古》第3辑，陕西出版集团、三秦出版社2008年版，第164—173页。

② 周春茂：《零口战国墓颅骨的人类学特征》，《人类学学报》2002年第3期，第199—208页。蔡大伟、赵欣、陈靓、周慧、朱泓：《陕西临潼零口遗址M21墓主的古DNA研究》，吉林大学边疆考古研究中心编：《边疆考古研究》第15辑，科学出版社2014年版，第307—313页。

③ 陈靓：《宝鸡建河村墓地人骨的鉴定报告》，陕西省考古研究所编著：《宝鸡建河墓地》，陕西科学技术出版社2006年版，第194—223页。

的上面高和高的眶形，除了个体变异可能外，不排除受到"古西北类型"人群的影响。[①]

梁带村组材料出自陕西省韩城市梁带村的西周至春秋时期芮国墓地。通过对该组古代人群颅面部形态特征的观察和测量研究可知，梁带村芮国人群以中颅、高颅结合狭颅型为主，偏大的上面部扁平度、较高的面型，多中眶，鼻根凹浅平，阔鼻倾向，以及突颌和中颌为主的面部形态，体现出的遗传特征除了延续当地先民基因特征外，与同时期晋中南各人群也有一定的相似性，不排除其可能受来自北方戎狄人群影响的可能。[②]

寨头河组材料出自陕西省黄陵县的寨头河墓地，其被认为是战国时期"戎人"的遗存。经研究，其颅骨表型体现出中—短颅型、高颅型伴以狭颅型的颅形特点，狭上面型、中眶型、阔鼻型的面形特点。[③]

马腾空组材料出自陕西省西安市马腾空遗址。通过对墓葬出土东周时期人类颅骨的形态学研究可知，男性人群同种系程度更高，而女性则应是具有一定混杂程度的异种系人群。该组人群与现代亚洲蒙古人种东亚类型最为相似，其次为南亚类型。其面部扁平度较大的特征与北亚类型最为相似，其与现代华北组、华南组均表现出较密切的形态学相似度。马腾空遗址东周时期人群与"古中原类型"和"古华北类型"均表现出一定的相似度，具有二者混合的颅面部形态特征。[④]

蒲家寨组材料出自陕西咸阳的蒲家寨墓地。该墓地曾有意进行过规划，主要为战国时期遗存。据颅骨形态学研究，表明蒲家寨古

---

① 赵东月、豆海锋、刘斌：《陕西旬邑孙家遗址战国时期居民体质特征研究》，《北方文物》2022 年第 5 期，第 70—78 页。

② 陈靓、邓普迎：《梁带村墓地出土人骨鉴定报告》，陕西省考古研究院编：《梁带村芮国墓地——2007 年度发掘报告》附录一，文物出版社 2010 年版，第 231—245 页。

③ 陈靓：《人骨综合研究》，陕西省考古研究院编：《寨头河——陕西黄陵战国戎人墓地考古发掘报告》，上海古籍出版社 2018 年版，第 179—273 页。

④ 王一如：《陕西西安马腾空遗址东周时期墓葬出土人骨研究》，博士学位论文，吉林大学考古学院，2019 年，第 203—204 页。

代人群与青铜—早期铁器时代等先秦时期"古中原类型"人群关系最为密切，与"古华北类型"人群也有一定的亲缘关系，而与"古蒙古高原类型"人群最为疏远。[①]

郭家崖组材料出自陕西省宝鸡市渭滨区高新大道以南，西宝南线以北的郭家崖墓地（北区）。通过对战国时期人骨的研究可知其颅面形态与现代亚洲蒙古人种颇为一致。[②]

桥北组材料出自山西省浮山县北王乡桥北村西的西咀里和南疙瘩的桥北墓地，该地点出土的陶鬲包括典型的商式鬲和土著陶鬲两种，代表了殷墟文化的一个地方类型。[③] 桥北组材料包括了商代晚期、西周早期、春秋中期和春秋晚期的材料。经研究，该组头骨虽然年代跨度较大，但是在高颅、狭颅以及面部突度等性状方面表现出一致性的特点，其应与现代亚洲蒙古人种属于同一种族类型，且总体特征接近现代亚洲蒙古人种的东亚类型，但在偏低的面部、较阔的鼻型等方面与南亚类型接近。[④]

曲村组材料出自山西省曲沃县的天马—曲村西周时期墓地。通过对该组人群颅骨的测量分析可知这些人群的基本体质特征为中、长颅型伴以高颅型和狭颅型，中等上面部、眶型偏低、偏阔的鼻型以及中等的面部突出程度和较为扁平的上面部等特征，这些特征显示出该人群具有现代亚洲蒙古人种东亚类型的性状，且与近代华北组较为接近，并与古代组中的陶寺组形态学相似度最高。[⑤]

---

① 韩如月：《陕西咸阳蒲家寨墓地出土人骨研究》，硕士学位论文，西北大学文化遗产学院，2022 年，第52—65 页。

② 赵东月、李钊、田亚岐、王颢、穆艾嘉、景雅琴、李翰隆：《宝鸡郭家崖秦国墓地（北区）出土人骨研究》，文化遗产研究与保护技术教育部重点实验室、西北大学文化遗产与考古学研究中心编著：《西部考古》第 15 辑，陕西出版集团、三秦出版社 2020 年版，第 164—173 页。

③ 田建文：《天上掉下晋文化》（上），《文物世界》2004 年第 2 期，第 53—60 页。

④ 贾莹：《山西浮山桥北及乡宁内阳垣先秦时期人骨研究》，文物出版社 2010 年版，第 138 页。

⑤ 潘其风：《天马—曲村遗址西周墓地出土人骨的研究报告》，北京大学考古学系商周组、山西省考古研究所、邹衡编：《天马—曲村（1980—1989）》附录一，科学出版社 2000 年版，第 1138—1152 页。

大河口组材料出自山西省翼城县城以东约 6 公里处的大河口村以北浍河支流形成的三角洲台地上的西周墓地。其被认为是西周"霸国"国君及其核心国人的墓地。对大河口墓葬群人群颅骨的形态学研究表明，男、女两性基本属同一体质类型。大河口墓地人群与现代亚洲蒙古人种东亚类型最为相似。聚类分析结果显示晋南地区及关中东部地区人群的体质特征较为接近，可同样划属在先秦时期"古中原类型"人群范畴内。大河口霸国人群与邻近绛县横水墓地倗国人群有最近的亲缘关系。[①] 大河口墓地不同墓向人群之间体质差异较小，且晋南地区先秦时期不同人群之间体质特征上几乎是一致的，绝大多数群体不能用区域人种类型加以区分。[②]

横水组材料出自山西省运城市绛县横水镇横北村北部的横水墓地，是一处从西周早期贯穿至春秋初年的（倗国）人群高等级墓地。[③] 通过对横水墓地考古学背景上东向、西向墓葬群两组人群体质特征的研究显示两者体质特征近似，均表现为中颅、高颅结合狭颅型，偏阔的鼻型以及偏低的眶型特征，中等偏阔的面宽结合中等的上面部扁平度。均与现代亚洲蒙古人种的东亚类型最为接近，与先秦时期的"古中原类型"人群最为相似。[④]

睢村组材料出自山西省运城市绛县卫庄镇睢村北约 500 米台塬上的睢村墓地，该墓地以西周时期遗存为主。通过对该组西周时期人群的研究认为其颅骨形态特征主要表现为以中颅、长颅型为主，

① 郭林：《翼城大河口墓地出土人骨的初步研究（2009—2011）》，硕士学位论文，吉林大学文学院，2015 年，第 52—53 页。

② 韩涛：《山西翼城大河口墓地出土人骨研究》，博士学位论文，吉林大学考古学院，2019 年，第 229—230 页。

③ 吉琨璋、宋建忠、田建文：《山西横水西周墓地研究三题》，《文物》2006 年第 8 期，第 45—49 页。田伟：《试论绛县横水、翼城大河口墓地的性质》，《中国国家博物馆馆刊》2012 年第 5 期，第 6—11 页。山西省考古研究所、运城市文物工作站、绛县文化局：《山西绛县横水西周墓地》，《考古》2006 年第 7 期，第 16—21 页。

④ 王伟：《山西绛县横水西周墓地人骨研究》，硕士学位论文，吉林大学文学院，2012 年，95—96 页。

伴以高颅、狭颅为主的颅骨形态，且以狭额型为主，鼻型偏阔、偏低的眼眶、阔腭型为主，以中颌、平颌为主的面部形态。雎村组与现代亚洲蒙古人种东亚类型呈现出较多的一致性，但所具有的阔腭、阔鼻、低眶等特征与南亚类型人群有一定的相似性。雎村组古代人群与近代抚顺组、华北组较为相似，与殷墟中小墓 B 组、横水组、瓦窑沟组、湾李组、乔村合并组等中原地区土著人群相似度极高。雎村组在地缘上、文化上与绛县横水墓地人群最为相似，体质上都与"古中原类型"最为相似。[①]

　　西南呈组材料出自山西省长子县西南呈村的西周中晚期墓地，该墓地可能为一个未知姬姓封国的贵族墓地。通过对该组 11 例颅骨（男性八例，女性三例）的形态学研究表明，其种系成分单一，通常表现出简单的颅顶缝、发育较弱的眉弓、较浅的鼻根凹、不发达的犬齿窝、较大的上面部扁平度等蒙古人种的特点。在对比中与现代亚洲蒙古人种东亚类型最为相似，与近代华南组、华北组也很相似。其主要颅面部特征体现出的中颅型、高颅型结合狭颅型颅形特点，狭额、中眶、阔鼻、阔腭、狭面、中等上面部扁平度等特征与我国先秦时期中原地区的古代人群最为相似，同时在中眶、狭面两项特征上与西北地区人群也较接近。与古代横水组、瓦窑沟组、大河口等组古人最为接近。[②]

　　聂店组材料出自山西榆次高校园区考古项目中的聂店周代墓地（山西传媒学院墓地）。通过对周代人群进行颅骨非测量性状和测量性状分析，可知聂店组可能是异种系的。其应与现代亚洲蒙古人种一致，且与东亚类型最为相似，其次是南亚类型，在面部扁平度较大且阔面的特征上与北亚类型相似。聂店组与邻近的小南庄组都比较接近"古中原类型"和"古华北类型"，应体现了三晋地区两周

　　① 赵惠杰：《山西绛县雎村墓地人骨研究》，硕士学位论文，吉林大学考古学院，2018 年，第 53—54 页。
　　② 李钊：《山西长子县西南呈西周墓地人骨研究》，硕士学位论文，吉林大学文学院，2017 年，第 56 页。

时期晋文化和宗周文化、戎狄和华夏族交融的现象。①

上马组材料出自山西省侯马市南约 1 公里的上马村，该墓地共分五期九段，墓葬年代上起西周晚期甚至更早，下至春秋战国之际。② 经研究，上马组颅骨反映出是一组同种系的群体，其体质类型主要与现代亚洲蒙古人种东亚类型最为接近，但也含有某些北亚类型和南亚类型人群相似的因素。上马墓地的主体人群与生活在同一地区的前期人群在体质上存在延续的关系，但可能已融合了某些来自北方地区人群以及少量南方移民的遗传基因。③

内阳垣组材料出自山西省乡宁县昌宁镇内阳垣村南的内阳垣墓地，墓地中包括了夏代以及春秋时期的墓葬遗存，夏代遗存被认为可能与"戎"人文化有关，④ 而春秋时期遗存多体现出晋文化系统或是仿晋文化中心地区文化因素的特点，但又蕴含明显的地方特色。⑤ 通过对内阳垣组春秋时期人骨的研究，可知其体质特征基本表现为中颅型、高颅型结合中颅型的颅形特点，还有中鼻中眶、中等上面部等特征，与现代亚洲蒙古人种体质特征一致，且主体特征与现代亚洲蒙古人种东亚类型最为相似，但在扁平的上面部等特征上似乎与北亚类型较为密切，在种系类型上可归属于"古华北类型"。⑥

乔村组材料出自山西省侯马市的乔村墓地，时代大致在战国中晚期。研究者根据分期的早晚将这批人骨材料分为战国中期的乔村 A 组和战国晚期的乔村 B 组。通过对乔村两组人群体质性状的

① 侯侃：《山西榆次高校园区先秦墓葬人骨研究》，博士学位论文，吉林大学文学院，2017年，第320—324页。

② 山西省考古研究所编著：《上马墓地》，文物出版社1994年版，第175页。

③ 潘其风：《上马墓地出土人骨的初步研究》，山西省考古研究所编：《上马墓地》附录一，文物出版社1994年版，第398—483页。

④ 许文胜、张红娟、李林：《乡宁县内阳垣清理一批夏、春秋时期墓葬》，《文物世界》2004年第1期，第3—5页。

⑤ 田建文：《天上掉下晋文化》（上），《文物世界》2004年第2期，第53—60页。

⑥ 贾莹：《山西浮山桥北及乡宁内阳垣先秦时期人骨研究》，文物出版社2010年版，第129页。

分析，可知两组均表现出具有中颅型结合高颅型和狭颅型、中等鼻型、中眶型和中上面型等特征，与现代亚洲蒙古人种的东亚类型最为接近，并与上古时期生活在华北地区的"古华北类型"相似。[①]

陶寺北组材料出自山西省临汾市襄汾县东北约 7 公里处的陶寺村北部。通过对该墓地春秋早期和少数春秋晚期墓葬出土人骨形态学的研究可知，陶寺北人群颅骨形态特征可概括为：中颅、高颅结合狭颅的颅形，狭额、中鼻偏阔、中眶偏低、阔腭、中上面型、正颌型和较大的上面部扁平度等面部形态。女性人群仅额型中等偏狭、鼻型更阔区别于男性外，其他特征与男性一致。陶寺北人群与上马组、大河口组和乔村合并组等相似度都很高。陶寺北人群应可划分在"古中原类型"人群范畴，但受到"古华北类型"人群一定的影响。[②]

小南庄组材料出自山西省晋中市榆次区乌金山镇小南庄村东（山西高校新校区山西中医学院校园内）。通过对该墓地战国时期人群颅骨的研究可知其男性体质特征较为一致，而女性变异程度较大，其整体体质特征与"古中原类型"较为相似。[③]

南平皋组材料出自河南焦作市温县南平皋东周墓葬群。通过对七例颅骨进行体质人类学形态观察与测量研究，可知南平皋东周女性在种族特征上与现代亚洲蒙古人种东亚类型、南亚类型颇为相似，与属于先秦时期"古中原类型"各组人群也颇为相似，同时不排除受到"古华北类型"人群等其他人群基因注入的影响。[④]

① 潘其风：《侯马乔村墓地出土人骨的人类学研究》，山西省考古研究所编：《侯马乔村墓地（1959—1996）》附录四，科学出版社 2004 年版，第 1218—1299 页。
② 满星好：《山西襄汾陶寺北墓地出土人骨研究》，硕士学位论文，吉林大学考古学院，2020 年，第 74 页。
③ 侯侃：《山西榆次高校园区先秦墓葬人骨研究》，博士学位论文，吉林大学文学院，2017 年，第 236 页。
④ 孙蕾、杨树刚：《焦作温县南平皋遗址东周人骨研究》，《中原文物》2016 年第 2 期，第 113—119 页。

宋庄组材料出自河南省鹤壁市淇县宋庄东周墓地。通过对该墓地七例女性人殉颅骨的形态学研究可知，其与仰韶文化宝鸡组、大汶口组、龙山文化呈子组均体现出明显的相似性，与青铜时代毛饮合并 B 组、西村周组和双楼组也较为接近。孙蕾认为淇县宋庄女性人殉与东周时期豫北和晋地传统人群存在一定体质特征差别，而与周人畿内、郑韩故城及其以西以北地区的中原文化人群有更为接近的亲缘关系。[①]

天利组材料出自河南省新郑市梨河镇韩城路东段北、郜楼村南的天利两周墓地。通过对该墓地两周时期墓葬人骨的研究可知，其颅骨表型主要体现出中颅型、高颅型结合狭颅型的颅部形态，伴以高眶、中额型、中鼻、中等面部突度、狭上面型、正颌型以及中等偏平的上面部等面部形态。其与现代亚洲蒙古人种东亚类型最为相似，与近代组的现代北方汉族以及古代先秦时期对比组的西夏侯、呈子二期等"古中原类型"人群最为相似。[②]

双楼组材料出自河南省新郑市梨河镇双楼村东，炎黄大道西南侧的东周时期双楼墓地。通过对该组人群的观察与测量可知，其颅骨表型主要体现出中颅型、高颅形结合狭颅型，并伴有狭额型、正颌型、中等垂直路面指数、中上面型、偏阔的中鼻型、中眶型、阔腭型，中等偏大的鼻颧角反映出较为扁平的上面部形态等特点，其与现代亚洲蒙古人种东亚类型最为相似，且表现出南亚类型一定的特征。与近代华北组、先秦时期"古中原类型"的游邀组以及汉以后的陕西澄城良辅组和唐代西安紫薇组较为相似。[③]

官庄组材料出自郑州西北郊两周时期的一处大型环壕聚落遗址。通过对荥阳官庄遗址 6 例东周时期颅骨形态学研究可知，其基

① 孙蕾、高振龙、周立刚、韩朝会：《淇县宋庄东周墓殉人颅骨的形态学》，《人类学学报》2020 年第 3 期，第 420—434 页。

② 孙蕾：《新郑天利食品厂两周墓地墓葬人骨研究》，河南省文物考古研究院编：《新郑天利两周墓地》附录一，上海古籍出版社 2018 年版，第 358—486 页。

③ 孙蕾：《新郑双楼东周墓葬人骨研究》，河南省文物考古研究院编著：《新郑双楼东周墓地》附录一，大象出版社 2016 年版，第 445—549 页。

本形态特征可概括为高颅型、中颅型结合狭颅型，偏狭的上面型和鼻型，较垂直的面型以及中等的眶型和面部扁平度。其与现代亚洲蒙古人种东亚类型最为相似，与古代组的上马组、乔村合并组和殷墟中小墓Ⅱ组最为相似。①

　　小胡村战国组材料出自河南省荥阳市广武镇小胡村东北。该墓地主体年代大致相当于殷墟三期、四期，个别年代可早到殷墟二期晚段的晚商时期。同时该墓地还出土了西周墓葬两座、战国墓葬 62 座及宋、清等时期墓葬 102 座。通过对战国时期人群的研究可知，小胡村战国组与姜家梁组和瓦窑沟组最为接近，其次是殷墟中小墓②组和后李官组。小胡村晚商组和战国组均与"古蒙古高原类型"人群疏远。相对于小胡村晚商组，战国组颅骨更多地表现出北方或西北方古代人群基因的影响。②

　　商丘潘庙战国组材料是由中国社会科学院考古研究所和美国哈佛大学彼德堡博物馆联合对河南省商丘县（今商丘市）高辛乡的潘庙遗址发掘所得的。遗址时代为春秋战国时期，共包括保存较好的颅骨 8 例，其中男性 7 例，女性 1 例。张君在对该组颅骨材料研究后认为该组人群的主要颅面部形态表现为：颅形以长椭圆形和卵圆形为主，中长颅型结合高颅型和狭颅型为主要特点，中鼻型、中眶型、面部较狭窄，上面部扁平度较大，面部矢状方向上主要表现为中颌和平颌型等特点，形态特征与现代亚洲蒙古人种的东亚类型最为接近。③

　　杨河固组材料出自河南省安阳市文峰区高庄乡杨河固村。通过对墓葬群中东周时期颅骨的观察研究可知，该组人群具备现代亚

　　① 周亚威、刘明明、陈朝云、韩国河：《河南荥阳官庄遗址东周人骨研究》，《华夏考古》2018 年第 3 期，第 97—106 页。陶大卫、张国文、周亚威、陈朝云、韩国河：《生物考古所见两周时期官庄聚落的人群与社会》，《人类学学报》2019 年第 3 期，第 230—327 页。

　　② 孙蕾、梁法伟：《河南荥阳小胡村墓地晚商至战国人骨研究》，《黄河 黄土 黄种人》2018 年第 4 期，第 31—36 页。

　　③ 张君：《河南商丘潘庙古代人骨种系研究》，中国社会科学院考古研究所编：《考古求知集——96 考古研究所中青年学术讨论会文集》，中国社会科学出版社 1997 年版，第 486—498 页。

洲蒙古人种的普遍特征，与现代亚洲蒙古人种的东亚类型最为相似，与古代上马组、乔村合并组、曲村组很相似，与将军沟组、西村周组、潘庙组也较接近，而与朱开沟组、毛庆沟组相对较远。杨河固组东周时期人群应与先秦时期中原地区的"古中原类型"人群最为相似，不排除其可能受到"古华北类型"人群基因的影响。[1]

信阳城阳城址组材料出自河南省信阳市城阳城址八号墓，是一座楚国贵族墓。通过对该组男性墓主的研究可知（参见图4-3），其颅骨形态特征与殷墟中小墓②组、上马组最相似，与殷墟中小墓③组、台西组、柳湾合并组及李家山组也有较多相似性。与长江以北地区发现的楚系战国贵族墓葬颅骨形态特征相比较，其与曾侯乙墓组、包山楚墓组均体现出颇为相似的形态学特征，而与望山楚墓组、九店楚墓组和左冢楚墓组相差则较大。[2]

前掌大组材料出自山东省滕州市官桥镇前掌大村，是一处大型的商周时期墓葬群。研究者将该组颅骨分为A、B两组，A组体质特征体现出以现代亚洲蒙古人种东亚类型为主要表型的遗传因素，同时在部分性状上表现出南亚类型的特点，这些特征是一种祖先遗传特征，他们应该是当地的土著人群，属于先秦时期古代人种类型的"古中原类型"。B组体质特征以与现代亚洲蒙古人种北亚类型相似为主的体质特征，他们与台西组、殷墟中小墓③组属于同一体质类型，应当属于"古东北类型"。[3]

后李官组材料出自山东省临淄地区后李官村的周代墓葬。通过对后李官周代人骨的研究可知其基本体质特征为中颅型、高颅型结合中、狭颅型，中或阔鼻型、中眶、面部扁平度大等特征，表现出

① 王一如、申明清、孔德铭、朱泓、孙蕾：《河南安阳杨河固遗址东周墓葬出土人骨研究》，《江汉考古》2018年第6期，第110—117页。

② 孙蕾：《信阳城阳城址八号墓颅骨形态学分析》，《华夏考古》2020年第5期，第52—59页。

③ 王明辉：《前掌大墓地人骨研究报告》，中国社会科学院考古研究所编：《滕州前掌大墓地》，文物出版社2005年版，第674—727页。

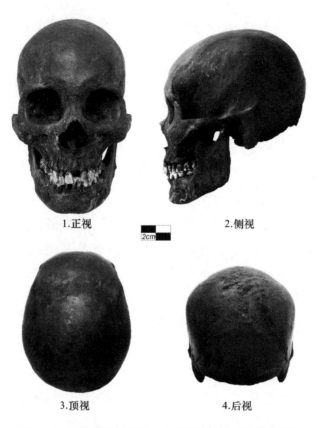

1.正视　　2.侧视

3.顶视　　4.后视

图 4-3　河南信阳城阳城址 M8 男性颅骨（孙蕾供图）

蒙古人种共有的特征，且与现代亚洲蒙古人种的东亚类型最为接近。①

兖州西吴寺周代组材料出自山东省兖州县（今济宁市兖州区）的西吴寺遗址。通过对该遗址出土的周代人骨的研究，可知该组标本与现代亚洲蒙古人种种族特性一致，且与东亚类型的相关性最大，在与古代组的对比中与殷墟中小墓组最为接近。②

① 张雅军：《山东临淄后李官周代墓葬人骨研究》，山东省文物考古研究所、土井浜遗址·人类学博物馆编：《探索渡来系弥生人大陆区域的源流》，日本山口县：アリフク印刷株式会社 2000 年版，第 164—197 页。
② 朱泓：《邹县、兖州商周时期墓葬人骨的研究报告》，《华夏考古》1990 年第 4 期，第 30—39 页。

周家庄组材料出自山东省新泰市青云街道办事处周家庄村南，时代在春秋晚期早段至战国中晚期，根据墓葬结构、随葬品组合及其特征以及葬俗等文化因素分析可知其明显属于齐文化遗存，并且可能与军事人员相关。经过对颅骨的综合分析可知，其中颅型、高颅型结合狭颅型，偏低的眶型和中等偏阔的鼻型等特征与"古中原类型"人群最为相似。[①]

白庙组材料出自河北省张家口市宣化区的白庙墓地，年代约相当于春秋时期。研究者将该组颅骨分为白庙Ⅰ组和白庙Ⅱ组两组，两组均与蒙古人种体质特征一致，白庙Ⅰ组为高颅窄面型，属较典型的与现代亚洲蒙古人种东亚类型相似的特征，在个别性状上体现出与北亚类型相似的遗传因素；而白庙Ⅱ组在体质特征上最接近现代亚洲蒙古人种北亚类型。总体上看，白庙墓地青铜时代人群的体质特征与东亚类型最为接近，其次为北亚类型。[②]

通过对周代42组材料的分析可知，此时的中国腹心地区人群构成更加复杂多元。一方面以周人为核心汇聚，承继了自仰韶文化以来的关中地区人群基因，并且随着人口增加，"古中原类型"成为绝对的人群基因主体。同时，因政权迭代，中国腹心地区中下层人群的基因又开始汇聚"古东北类型"人群的遗传成分，他们成为周代最为核心的人群基因因素之一。还有因地缘因素，靠近关中西部、北部、东北部的"羌人""戎人""狄人"不断内附，参与周代政治活动、经济往来和文化交流，进一步促进了人群的整合。华夏民族此时已不仅是以洛阳盆地为中心的，以国家形式体现的周人"华夏"，而是汇聚了仰韶文化、龙山文化、夏人、殷人、周人、戎人、狄人、羌人等多群团基因共同创造的多元一体的"新华夏"。

---

① 张全超、朱泓：《人骨鉴定》，山东省文物考古研究所、新泰市博物馆编著：《新泰周家庄东周墓地》，文物出版社2014年版，第558—566页。

② 易振华：《河北宣化白庙墓地青铜时代居民的人种学研究》，《北方文物》1998年第4期，第8—17页。

第四节　小结与讨论

通过对青铜—早期铁器时代各人群颅骨形态表型特征的总结分析，可见这一阶段该地区仍然以"古中原类型"体质特征人群为主体，分布遍及中国腹心各地区，应当说该时段各人群很好地继承了当地新石器时代以来土著人群原有的主体基因谱系。同时，该阶段一些具备新的体质因素的人群不断出现。如以高颅阔面为主要特征的"古东北类型"人群在藁城台西、安阳殷墟、滕州前掌大、宣化白庙、韩城梁带村先后出现。以类似北亚类型人群的体质因素在忻州游邀、安康马家营、长武碾子坡、侯马上马、乡宁内阳垣、榆次聂店和侯马乔村各人群中先后出现。尤其以晋南地区运城盆地附近最为集中，其中聂店、内阳垣、乔村，甚至中原腹地的西安马腾空、郑州小胡村战国人群中更是明确有与"古华北类型"一致的遗传表现，显示出这时中国腹心地区核心区域的西缘边界甚至中心区域出现了明显的人群复杂化现象。

这时人群与文化表现出多样化的特点，最常见的一种是以"古中原类型"体质特征为主导的人群与目前可区分的各种考古学文化现象共存，很难通过文化的差异将其分开。如绛县横水人群体质特征一致，但却在亡故后的墓葬墓向选择上表现出明显丧葬文化认同的差异；[1] 新郑双楼也是同一生物学体质特征表现的人群共同聚集在一起，但物质文化上明显呈现出郑、韩文化差异；[2] 最为典型的应当是所谓"夏族""商族""周族"及其先世，[3] 如果从人群与文化遗

---

① 王伟：《山西绛县横水西周墓地人骨研究》，硕士学位论文，吉林大学文学院，2012年，第95—96页。

② 孙蕾：《新郑双楼东周墓葬人骨研究》，河南省文物考古研究院编著：《新郑双楼东周墓地》附录一，大象出版社2016年版，第445—549页。

③ 韩康信：《中国夏、商、周时期人骨种族特征之研究》，中国社会科学院考古研究所编：《新世纪的中国考古学——王仲殊先生八十华诞纪念论文集》，科学出版社2005年版，第925—951页。

存共存人骨的表型来看，试图区分他们共同"古中原类型"基因表型之外的特征是极其困难的。另一种是在类似的文化因素中存在两种甚或两种以上不同体质特征的人群共享同一文化因素的文化认同现象，即不同体质特征的人群共享或共同创造了特征鲜明的考古学文化。如尉氏新庄人群以"古中原类型"人群为主体，而"古华北类型""古西北类型"体质因素均存在于该遗存中。[①]陕西米家崖和山西榆次小南庄[②]均体现出同一文化表征下，男、女两性体质特征明显差异反映的人群联姻融合模式，也许正是通过这种跨越广域面积区域的类似"婚姻"的形式将生物学差异相对较大的人群联系在一起。殷墟可能是最为典型的一个。殷墟中小墓绝大多数的中下层人群是本地土著的"古中原类型"，少量社会群团组成的上层与来自北方的"古东北类型"人群关联的可能性较大，还有来源可能与扩张征伐有关的"祭祀坑"人群，这些特殊案例需要特别注意。

赵东月认为青铜—早期铁器时代的人群互动模式可以区分为"扩张""吸纳"和"影响"三种形式。[③]通过人群流动的扩张模式，这时"古中原类型"人群向北已经抵达内蒙古乌兰察布等地，开始了参与青铜时代全球化的过程，[④]向南已经到江苏常州（圩墩遗址[⑤]）。在中原地区主要文明因素的强力感召下，周边的"古西北类型""古华北类型""古东北类型"等人群不断地被吸纳、融入中原文明体系，华夏文明更加包容，心理认同上开始逐步模糊"非我族

---

① 孙蕾、张小虎、朱泓：《河南尉氏新庄遗址二里头人骨种系初探》，《文物春秋》2017年第5期，第18—26页。"古中原类型"为主体，"古华北类型""古西北类型"因素均存在。

② 侯侃：《山西榆次高校园区先秦墓葬人骨研究》，博士学位论文，吉林大学文学院，2017年，第236页。

③ 赵东月：《汉民族的起源与形成——体质人类学的新视角》，博士学位论文，吉林大学文学院，2016年，第99—102页。

④ 张弛：《龙山—二里头——中国史前文化格局的改变与青铜时代全球化的形成》，《文物》2017年第6期，第50—59页。

⑤ 魏东：《圩墩遗址新石器时代居民的人种学研究》，《文物春秋》2000年第5期，第11—17页。

类，其心必异"① 的生物学差异。同时，这一阶段"古中原类型"人群因其包容吸纳的能力和对周边地区的强大影响，尤其是在南北两个方向的交融地带产生了（影响模式下）大规模的人群融合，且呈现出犬牙交错的人群融合状态（如内蒙古中南部地区②）。人群的体质特征也发生了明显变化，此时的"古中原类型""古西北类型"和"古华北类型"人群相较新石器时代，其与现代汉族体质特征更为接近。其中广泛分布于腹心地区以西的"古西北类型"人群颅宽增加，颅高也增大，颅形有变短、变宽、变高的趋势，而面角则变小，鼻颧角增大等特点反映出面部突出程度减弱，上面部呈现扁平化趋势，而鼻型还有逐步变阔的倾向。其变短、宽的颅型以及增大的上面部扁平度被认为极可能是受到类似现代亚洲蒙古人种北亚类型人群体质基因因素注入的影响，而逐步变阔的鼻型则应该是受到了"古中原类型"人群向西扩张影响的结果。广泛分布于长城沿线的"古华北类型"人群颅高有逐步变低趋势，颅型也变宽，面宽略微变窄，面角逐步增大，鼻颧角增大，眶型变得更高，鼻型变得更宽。这些颅面特征中变低变宽的颅型以及逐步增大的上面部扁平度反映的扁平的上面部形态应该是受到具有北亚体质因素人群影响的结果，其可能与东周时期北方游牧文化带人群南下之后的逐步融合和推动有关。而变阔的鼻型可能正是"古中原类型"人群北上扩张导致的结果。此时，中原土著的"古中原类型"人群颅型逐步变长，面型变高窄，眶型变得更高，有的组别人群鼻型变化差异度增加，这很可能正是受到来自"古西北类型"和"古华北类型"人群基因注入的影响。③

　　总体来看，青铜—早期铁器时代人群的互动频次增加，人群基

---

① 杨伯峻编著：《春秋左传注》，中华书局 2016 年版，第 894 页。左丘明：《左传·成公四年》，中华书局 2012 年版，第 910—915 页。

② 典型的人群交融区域，学界普遍认为可能与一系列的气候变化和人群从南北两个方向向内迁徙、流动有关。

③ 赵东月：《汉民族的起源与形成——体质人类学的新视角》，博士学位论文，吉林大学文学院，2016 年，第 99—102 页。

因和文化构成呈现出纷繁复杂的局面。通过中国腹心地区以土著"古中原类型"人群为核心的扩张、吸纳以及影响人群相互之间的交流融合已经在体质特征上呈现出一种模糊化、同一化的趋势，思想文化认同上"非我族类"已经开始淡化生物性的差异，也使得针对时代越晚的人群体质特征的观察分析、分类研究愈发变得困难、模糊与复杂。随着商周王朝的兴起、内部整合与扩张，海岱地区东夷以及戎、狄等群体逐步被融合进华夏文明整体之中，折射出更为复杂的人群构成、文化交流及互动场景。三代青铜文明尽管受到了"世界体系"下欧亚腹地主要来自于技术和物质层面（包括牛、羊、马、小麦、大麦以及金属冶炼技术的引进和传播）的强烈影响，中国核心区文明主体的实质内涵延续的仍然是自身传统（如城址和宫殿建筑样式与格局，权贵墓葬的葬仪和以血亲为基础的埋葬制度，青铜礼器和玉器等体现的礼制及精神信仰，祖先崇拜与祭祀礼仪，与血缘组织密切相关的小农经济和家族政治）。① "古中原类型"人群的超强连续性正是支撑中国早期区域文明整合，中原文明、华夏文明连续发展的根本因素，这种体质特征的趋同性变化以及趋势可能正是华夏人群主体基因构成积淀的过程，是建构中国早期文明底色的过程。青铜—早期铁器时代"古中原类型"人群的频繁互动是华夏人群主体基因构成积淀的重要阶段，也是秦汉以后北方汉族历史形成过程中人群主体基因形成的最重要肇始阶段。

应该说，青铜—早期铁器时代是"古中原类型"人群频繁互动、交流以及基因交融的重要阶段。同时，也是家族血亲关系逐步拓展，与地缘社群不断交融的重要时期。该阶段华夏民族主体人群基因构成不断积淀、逐步形成。

---

① 戴向明：《中国史前社会的阶段性变化及早期国家的形成》，《考古学报》2020 年第 3 期，第 309—336 页。

第 五 章
铁器时代人群及其演化、发展

　　铁器时代东亚大陆最令人瞩目的历史事件莫过于秦始皇一统六合，建立历史上第一个统一的多民族国家。秦在由封国到帝国的孕育、发展、壮大过程中逐步积累了与周边人群交流的政治力量、管理经验、经济基础、人才储备等统一天下所需的各种要素。但其在发展过程中以"古中原类型"人群为核心凝聚的人类学共识和同一的人群遗传基础显然对其统一六国奠定了深厚的思想基础并起到积极的推动作用。其后的汉唐盛世及其间的魏晋南北朝、之后宋辽金元的人群互动以及对中原地区传统核心价值的认同可能早就在夏商周时期奠定的文化向心力和人群优势中占据了上风，[①] 并一直主导了历史进程。

　　目前来看，东周以后铁器时代涉及的古人骨资料主要有秦代的陕西西安临潼新丰、[②] 西安山任窑[③]等人群；汉代的主要有陕西

---

　　① 刘庆柱：《中华文明五千年不断裂特点的考古学阐释》，《中国社会科学》2019 年第 12 期，第 4—27 页。

　　② 邓普迎：《陕西临潼新丰秦墓人骨研究》，《文博》2016 年第 5 期，第 24—29 页。朱文晶、邵金陵、陈靓、补蔚萍：《西安市临潼区出土 2200 年前人颅颌面骨形态的研究》，《实用口腔医学杂志》2012 年第 2 期，第 227—230 页。

　　③ 熊建雪、陈靓、张郭微：《秦人平民与劳工阶层体质差异研究——以关中地区出土人骨为例》，《西安文理学院学报》（社会科学版）2016 年第 2 期，第 30—35 页。张君：《秦始皇帝陵区山任窑址出土人骨的研究》，秦始皇兵马俑博物馆编：《秦始皇帝陵园考古报告（2001—2003）》，文物出版社 2007 年版，第 340—395 页。

西安白鹿原、[①] 临潼湾李、[②] 澄城良辅、[③] 华县东阳、[④] 神木大保当,[⑤] 山西岢岚窑子坡、[⑥] 柳林高红、[⑦] 屯留余吾、[⑧] 侯马虒祁、[⑨] 榆次猫儿岭,[⑩] 河南南阳百里奚、[⑪] 郑州薛村,[⑫] 山东滕州、兖州（鲁中南组）、[⑬] 临淄（两醇、乙烯）、[⑭] 广饶五村、[⑮] 济宁潘庙[⑯],河

① 高强：《绕 M17 人骨的性别与年龄的鉴定》，陕西省考古研究所编著：《白鹿原汉墓》附录一，三秦出版社 2003 年版，第 271—274 页。

② 高小伟：《临潼湾李墓地 2009—2010 年出土战国至秦代墓葬人骨研究》，硕士学位论文，西北大学文化遗产学院，2012 年，第 56 页。

③ 韩巍：《陕西澄城良辅墓地汉代人骨研究》，硕士学位论文，吉林大学文学院，2006 年，第 58—59 页。

④ 何嘉宁：《陕西华县东阳墓地 2001 年出土周、秦、汉人骨鉴定及研究》，陕西省考古研究所编：《华县东阳》，科学出版社 2006 年版，第 438—461 页。

⑤ 韩康信、张君：《陕西神木大保当汉墓人骨鉴定报告》，陕西省考古研究所、榆林市文物管理委员会办公室编：《神木大保当——汉代城址与墓葬考古报告》，科学出版社 2001 年版，第 132—159 页。王昉：《陕西神木大保当汉代墓葬人骨再分析》，硕士学位论文，吉林大学文学院，2014 年，第 10—36 页。

⑥ 原海兵、王晓毅、朱泓：《山西省岢岚县窑子坡遗址战国至汉代颅骨的人类学研究》，吉林大学边疆考古研究中心编：《边疆考古研究》第 11 辑，科学出版社 2012 年版，第 439—461 页。

⑦ 梁宁宁：《山西柳林高红墓地人骨研究》，硕士学位论文，吉林大学文学院，2017 年，第 69—70 页。

⑧ 陈靓：《余吾墓地出土人骨的研究》，山西省考古研究所编著：《屯留余吾墓地》附录一，山西出版传媒集团、三晋出版社 2012 年版，第 356—397 页。

⑨ 王路思：《侯马公路货运枢纽中心虒祁墓地人骨研究》，硕士学位论文，吉林大学文学院，2014 年，第 40 页。

⑩ 景雅琴：《榆次猫儿岭秦至汉初墓葬出土人骨的体质类型分析》，硕士学位论文，西北大学文化遗产学院，2018 年，第 81—83 页。

⑪ 孙蕾、翟京襄、李彦桢：《南阳百里奚墓地西汉早期棺椁彩绘墓主人》，《黄河 黄土 黄种人》2020 年第 6 期，第 35—40 页。

⑫ 河南省文物局编著：《荥阳薛村遗址人骨研究报告》，科学出版社 2015 年版，第 182 页。

⑬ 尚虹、韩康信、王守功：《山东鲁中南地区周—汉代人骨研究》，《人类学学报》2002 年第 1 期，第 1—13 页。

⑭ 韩康信：《山东临淄周—汉代人骨体质特征研究与西日本弥生时代人骨之比较》，山东省文物考古研究所、土井浜遗址·人类学博物馆：《探索渡来系弥生人大陆区域的源流》，日本山口县：アリフク印刷株式会社 2000 年版，第 112—163 页。韩康信、尚虹：《山东临淄周—汉代人骨种族属性的讨论》，《人类学学报》2001 年第 4 期，第 282—287 页。韩康信、［日］松下孝幸：《山东临淄地区周—汉代人骨体质特征研究及与西日本弥生时代人骨比较概报》，《考古》1997 年第 4 期，第 32—42 页。

⑮ 韩康信、常兴照：《广饶古墓地出土人类学材料的观察与研究》，张学海、山东省文物考古研究所编：《海岱考古》第 1 辑，山东大学出版社 1989 年版，第 390—403 页。尚虹：《山东广饶新石器时代人骨及其与中国早全新世人类之间关系的研究》，博士学位论文，中国科学院研究生院，2002 年，第 31—57 页。

⑯ 朱泓：《山东济宁潘庙汉代墓葬人骨研究》，《人类学学报》1990 年第 3 期，第 260—264 页。

北内丘张夺①等人群；魏晋南北朝时期的有陕西西安安伽墓、② 靖边统万城，③ 山西大同金港园、④ 水泊寺、⑤ 雁北师院、⑥ 御府、⑦ 星港城、⑧ 金茂园、东信广场、御昌佳园、华宇广场、大同二中南校区、红旗村及七里村⑨等人群；唐代陕西的西安紫薇、⑩ 西北大学新校区，⑪ 河南郑州薛村、⑫ 南阳下寨⑬等人群；五代宋辽金时期的山西东龙观，⑭

① 张旭、魏东、朱泓：《河北邢台张夺墓地出土人骨鉴定报告》，南水北调中线干线工程建设管理局、河北省南水北调工程建设领导小组办公室、河北省文物局编著：《内丘张夺发掘报告》附录一，科学出版社 2011 年版，第 497—501 页。

② 韩康信：《北周安伽墓人骨鉴定》，陕西省考古研究所编：《西安北周安伽墓》，文物出版社 2003 年版，第 92—102 页。

③ 赵东月、吕正、邢福来、苗轶飞、陈靓：《统万城遗址出土人骨颅面测量性状》，《人类学学报》2022 年第 5 期，第 816—825 页。

④ 樊欣、侯晓刚、李树云、周亚威：《山西大同金港园墓地北魏颅骨特征》，《解剖学杂志》2020 年第 4 期，第 327—335 页。

⑤ 李鹏程：《山西省大同市水泊寺廉租房墓地人骨研究》，硕士学位论文，辽宁大学历史文化与旅游学院，2018 年，第 57—59 页。

⑥ 韩康信、古顺芳、赵亚春：《大同雁北师院北魏墓群人骨鉴定》，大同市考古研究所、刘俊喜编著：《大同雁北师院北魏墓群》附录二，文物出版社 2008 年版，第 205—223 页。

⑦ 李佳欣：《山西大同御府墓地北魏时期人骨研究》，硕士学位论文，吉林大学考古学院，2021 年，第 47—76 页。

⑧ 周亚威、周雪艳、侯晓刚：《北魏平城时期星港城遗址的人种类型》，《北方民族大学学报》2021 年第 1 期，第 112—117 页。

⑨ 张振标、宁立新：《大同北魏时期墓葬人骨的种族特征》，《文物季刊》1995 年第 3 期，第 21—33 页。韩巍：《山西大同北魏时期居民的种系类型分析》，吉林大学边疆考古研究中心编：《边疆考古研究》第 4 辑，科学出版社 2006 年版，第 270—280 页。张振标：《人骨的种族特征》，山西大学历史文化学院、山西省考古研究所、大同市博物馆编：《大同南郊北魏墓群》，科学出版社 2006 年版，第 563—578 页。

⑩ 陈靓：《西安紫薇田园都市唐墓人骨种系初探》，《考古与文物》2008 年第 5 期，第 95—105 页。

⑪ 陈靓：《西北大学新校区唐墓出土人骨的人种学研究》，文化遗产研究与保护技术教育部重点实验室、西北大学文化遗产与考古学研究中心编著：《西部考古》第 2 辑，三秦出版社 2007 年版，第 211—217 页。

⑫ 河南省文物局编著：《荥阳薛村遗址人骨研究报告》，科学出版社 2015 年版，第 182 页。

⑬ 孙蕾、朱树政、陈松涛：《淅川下寨遗址东晋至明清墓葬人骨研究》，河南省文物局编著：《淅川下寨遗址——东晋至明清墓葬发掘报告》附录二，科学出版社 2016 年版，第 178—239 页。

⑭ 陈靓：《汾阳东龙观宋金墓地出土人骨的鉴定报告》，山西省考古研究所、汾阳市文物旅游局、汾阳市博物馆编著：《汾阳东龙观宋金壁画墓》附录一，文物出版社 2012 年版，第 253—291 页。

河南郑州薛村、① 南阳下寨②等人群；元代的河南南阳卢寨③和河北徐水西黑山等人群；④ 明代荥阳周懿王墓及祔葬墓人群；⑤ 清代山西榆次高新、⑥ 屯留余吾、临汾西赵、⑦ 翼城老君沟，⑧ 河南郑州郑韩故城、⑨ 南阳下寨⑩等人群。详见表5。

第一节　秦汉时期

秦代主要有陕西临潼新丰、西安山任窑两份人群的资料。

新丰组材料出自陕西省西安市临潼区新丰街道屈家村东南战国时期的秦文化墓葬。通过对战国中晚期至秦末时期人群颅骨的研究可知，该人群与现代亚洲蒙古人种东亚类型较为接近，与南亚类型表现出一定的相似度，与近现代的华北组最为相似，与先秦时期陶寺组、乔村

---

①　孙蕾、朱泓、楚小龙、樊温泉：《郑州地区汉唐宋墓葬人骨种系研究——以荥阳薛村遗址和新郑多处遗址为例》，《华夏考古》2015年第3期，第105—115页。

②　孙蕾、朱树政、陈松涛：《淅川下寨遗址东晋至明清墓葬人骨研究》，河南省文物局编著：《淅川下寨遗址——东晋至明清墓葬发掘报告》附录二，科学出版社2016年版，第178—239页。

③　孙蕾、王巍、曾庆硕、李彦桢：《南阳卢寨元末壁画墓M1的墓主人夫妇体质状况研究》，《黄河 黄土 黄种人》2019年第10期，第34—39页。

④　王明辉：《河北徐水西黑山金元时期墓地出土人骨研究》，南水北调中线干线工程建设管理局、河北省南水北调工程建设委员会办公室、河北省文物局编：《徐水西黑山——金元时期墓地发掘报告》，文物出版社2007年版，第380—415页。

⑤　孙蕾、孙凯：《明代周懿王墓及祔葬墓人骨研究》，《华夏考古》2019年第2期，第33—38页。

⑥　侯侃：《山西榆次高校新校区明清墓葬人骨研究》，硕士学位论文，吉林大学文学院，2013年，第26—58页。朱泓、侯侃、王晓毅：《从生物考古学角度看山西榆次明清时期平民的两性差异》，《吉林大学社会科学学报》2017年第4期，第117—124页。

⑦　韩涛、孙志超、张群、张全超：《山西临汾西赵遗址出土人骨研究》，山西省考古研究所、临汾市文物旅游局编著：《临汾西赵——隋唐金元明清墓葬》，科学出版社2017年版，第157—162页。

⑧　郭林、王伟、张全超：《老君沟墓地出土人骨的人种学研究》，山西省考古研究院、临汾市文化和旅游局、翼城县文化和旅游局编著：《苇沟——北寿城遗址考古报告（2011～2014）》，科学出版社2023年版，第697—721页。

⑨　周亚威、王一鸣、樊温泉、沈小芳：《郑韩故城北城门遗址清代居民颅骨的形态学分析》，《天津师范大学学报》（自然科学版）2019年第4期，第76—80页。

⑩　孙蕾、朱树政、陈松涛：《淅川下寨遗址东晋至明清墓葬人骨研究》，河南省文物局编著：《淅川下寨遗址——东晋至明清墓葬发掘报告》附录二，科学出版社2016年版，第178—239页。

A组以及瓦窑沟组等"古中原类型"人群表现出形态上的一致性。[①]

秦陵山任窑组人群资料出自陕西省西安市临潼区秦始皇陵兵马俑博物馆附近的山任村。出土背景显示他们极有可能是来自多个地区因修建始皇陵工程而死去的劳动者。该组颅骨具有中等偏长的卵圆形颅，颅骨较高，颧骨比较宽大，中高眶和高面形态。该组颅骨在体质特征上更多类似现代亚洲蒙古人种东亚类型，但个别颅骨在某些鼻、面部形态上似乎受到了欧洲人种的影响。[②]

汉代主要有陕西西安白鹿原、临潼湾李、澄城良辅、华县东阳、神木大保当，山西岢岚窑子坡、柳林高红、屯留余吾、侯马虒祁、榆次猫儿岭，河南南阳百里奚、郑州薛村，山东滕州、兖州（鲁中南组）、临淄（两醇、乙烯）、广饶五村、济宁潘庙以及河北内丘张夺等18处人群的资料。

白鹿原组人骨材料出自陕西省西安市东郊的白鹿原北坡，研究的人骨材料出自M17，其年代相当于汉代昭、宣帝时期。[③] 经鉴定，这批颅骨的形态特征显示出蒙古人种常见的体质特征。[④]

湾李组材料出自陕西省西安市临潼区新丰镇湾李村南部湾李墓地。通过对该墓地出土战国到汉初秦人颅骨的研究可知其与先秦时期"古中原类型"人群有更多的相似性。[⑤]

良辅组材料出自陕西省澄城县刘家洼乡良辅村西北的良辅墓

---

① 邓普迎：《陕西临潼新丰秦墓人骨研究》，《文博》2016年第5期，第24—29页。邓普迎：《陕西临潼新丰镇秦文化墓葬人骨研究》，硕士学位论文，西北大学文化遗产学院，2010年，第16—29页。陈靓、邓普迎：《临潼新丰秦墓人骨鉴定研究》，陕西省考古研究所编：《临潼新丰——战国秦汉墓葬考古发掘报告》，科学出版社2015年版，第1927—1957页。

② 熊建雪、陈靓、张郭微：《秦人平民与劳工阶层体质差异研究——以关中地区出土人骨为例》，《西安文理学院学报》（社会科学版）2016年第2期，第30—35页。张君：《秦始皇帝陵区山任窑址出土人骨的研究》，秦始皇兵马俑博物馆编：《秦始皇帝陵园考古报告（2001—2003）》，文物出版社2007年版，第340—395页。

③ 陕西省考古研究所编著：《白鹿原汉墓》，三秦出版社2003年版，第228页。

④ 高强：《绕M17人骨的性别与年龄的鉴定》，陕西省考古研究所编著：《白鹿原汉墓》附录一，三秦出版社2003年版，第271—274页。

⑤ 高小伟：《临潼湾李墓地2009—2010年出土战国至秦代墓葬人骨研究》，硕士学位论文，西北大学文化遗产学院，2012年，第56页。

地，据出土陶器分析，这些墓葬可能为汉代时期居住于这一带的少数民族某个部落的公共墓地。该组人群多具有长颅型和圆颅型、高颅型结合中颅型和狭颅型的颅部特征，以及上面部较阔、中眶中鼻、上面部扁平度不很大等特点。其应与现代亚洲蒙古人种属于同一种族类型，且与其中的东亚类型最为接近，并且不排除个别有与南亚类型相接近的个体。与古代组中的殷墟中小墓②组最为接近，其应与先秦时期古代人群人种类型的"古中原类型"表现出较强的一致性，并且不能排除来自黄河上游甘青地区"古西北类型"基因影响的可能。①

东阳组人骨材料出自陕西省华县东阳地区。东阳墓群时代跨度较大，周、秦、汉时代墓葬均有。东阳组颅骨在颅、面形态以及角度、指数上都更接近于现代亚洲蒙古人种的东亚类型，与东亚类型的差异主要体现在眶指数和鼻根指数上。其次与南亚类型也有一定的联系。②

大保当组材料出自陕西省榆林市的神木大保当汉代墓地，墓葬为砖室墓，出土有与游牧生活相关的汉画像石，据研究这些墓葬多为家族葬墓。研究显示该组颅骨所具有的综合特征大致可归纳为短颅、正颅、中等或近阔颅型和狭额型相结合，面部形态为中或近狭的上面型、中眶型、中鼻型、短腭型、平颌型、上齿槽中颌型等特征。这样的颅、面类型似与东亚类型有较明显的偏离，与周围地区现代与古代种族居群关系的分析表明神木组与北亚类型有较明显的接近关系。③ 王昉通过重新审视大保当组材料认为大保当遗存是一处以汉文化为主伴以少数匈奴文化特征的汉代遗存。其人种类型反映

① 韩巍：《陕西澄城良辅墓地汉代人骨研究》，硕士学位论文，吉林大学文学院，2006 年，第 58—59 页。

② 何嘉宁：《陕西华县东阳墓地 2001 年出土周、秦、汉人骨鉴定及研究》，陕西省考古研究所编：《华县东阳》，科学出版社 2006 年版，第 438—461 页。

③ 韩康信、张君：《陕西神木大保当汉墓人骨鉴定报告》，陕西省考古研究所、榆林市文物管理委员会办公室编：《神木大保当——汉代城址与墓葬考古报告》，科学出版社 2001 年版，第 132—159 页。

出了某些东亚和北亚混血后的性状特点，但区别于匈奴民族本体，其是以东亚类型为主的，具有以先秦时期"古中原类型"人群表型为主要特征的古代人群。[①]

窑子坡组材料出自山西省岢岚县岚漪镇窑子坡村南的窑子坡遗址。[②] 通过对该遗址发掘的战国至汉代时期人骨进行的初步研究可知，窑子坡组人群颅骨的主要特征可以概括为：圆颅型、高颅型结合狭颅型，面部较高，较宽并具有较为扁平的上面部形态。以及狭额，中鼻，中眶、正颌、阔腭、平颌、短颌、长狭下颌等特点。其与现代亚洲蒙古人种属同一类型，且基本体质特征与北亚、东亚类型较接近，综合分析后我们认为窑子坡组先民主要体质特征应划属为"古华北类型"，其中可能包含了来自"古蒙古高原类型"人群体质因素的影响。[③]

高红组材料出自山西省吕梁市柳林县高红村南的高红墓地。通过对该墓地战国到汉代人群颅骨的研究可知其与时空范围较近的以乔村合并组、上马组、零口组和湾李组为代表的"古中原类型"人群最为相似。[④]

余吾组材料出自山西省长治市屯留区余吾镇的西邓村。通过对该墓地战国到汉代人群颅骨形态特征的初步研究可知，其不仅表现出与现代亚洲蒙古人种最为一致的基本体质特征，而且其汉代人群与东亚类型和北亚类型均有不同程度的相似性。[⑤]

虒祁组材料出自山西省侯马市西南高村乡虒祁村侯马公路货运枢纽中心的虒祁遗址。通过对虒祁墓地战国到西汉初年墓葬出土人骨的综合研究可知虒祁墓地古代人群与仰韶合并组、庙底沟组为代

① 王昉：《陕西神木大保当汉代墓葬人骨再分析》，硕士学位论文，吉林大学文学院，2014年，第10—39页。

② 张润英、张喜斌：《岢岚县窑子坡遗址的发掘》，《文物世界》2010年第3期，第11—13页。

③ 原海兵、王晓毅、朱泓：《山西省岢岚窑子坡遗址战国至汉代颅骨的人类学研究》，吉林大学边疆考古研究中心编：《边疆考古研究》第11辑，科学出版社2012年版，第439—461页。

④ 梁宁宁：《山西柳林高红墓地人骨研究》，硕士学位论文，吉林大学文学院，2017年，第69—70页。

⑤ 陈靓：《余吾墓地出土人骨的研究》，山西省考古研究所编著：《屯留余吾墓地》附录一，山西出版传媒集团、三晋出版社2012年版，第356—397页。

表的"古中原类型"人群关系最为相似。族属上可能与秦人有关，极有可能是被秦国迁到侯马的秦人。[1]

猫儿岭组材料出自山西省晋中市榆次旧城东北的猫儿岭古墓群，该地自春秋战国至明清时期一直作为公共墓地使用。通过对该墓群老年养护院地点秦至西汉初年墓地出土人骨的研究可知，墓葬方位选择（大多为南北向，少数为东西向）存在葬俗的差异。而根据颅骨形态差异可将该组人群分为三个类型。第一种为东亚类型，同时含有一定北亚、南亚类型体质因素，与先秦时期"古中原类型"人群最为相似，与三晋文化土著人群颅骨组更接近，在人群中占大多数；第二种体质特征上与北亚类型最为相似，但偏高的颅型应受到东亚类型的影响，其与先秦时期"古蒙古高原类型"人群最为相似；第三种则与新疆地区欧罗巴人种的"中亚两河类型"有更多可以比拟的相似性。根据墓葬形制和随葬器物分析，该墓地主体文化因素较为一致，未发生明显文化替代，但人群基因的差异显示出存在不同人种以及不同类型个体混居融合的现象。[2]

百里奚组材料出自河南省南阳市百里奚路中段的一处西汉早期汉墓群。该墓群大部分为西汉时期土坑墓。其中，M10、M12 相邻，均为有"甲"字形长斜坡墓道的竖穴土坑墓，应为共用同一墓冢的夫妻异穴合葬墓。M12 有棺椁和大量随葬品，木椁周围包裹青膏泥，M12 四神图漆棺是目前国内同类遗存发现中最早的一例。从墓葬形制、随葬器物及彩绘漆棺等情况推断，M12 墓主为封秩千石以上的地方官吏。经过研究，M12 男性墓主的颅骨形态表现为圆颅型、高颅型结合中颅型的特点，颅面部粗壮，额部倾斜，眉间突度明显，眉弓粗壮，梨状孔下缘呈锐型，鼻棘明显发育，表现出齿槽面角的突颌型、中上面型、中鼻型和中眶型等特点（参见图 5－1）。与现

---

① 王路思：《侯马公路货运枢纽中心虒祁墓地人骨研究》，硕士学位论文，吉林大学文学院，2014 年，第 40 页。

② 景雅琴：《榆次猫儿岭秦至汉初墓葬出土人骨的体质类型分析》，硕士学位论文，西北大学文化遗产学院，2018 年，第 81—83 页。

代亚洲蒙古人种北亚类型、东北亚类型更为接近。与汉代以后各古代组比较，百里奚组显示出混合特征，与郑州汉代组和昭苏组相对较近。该组人群应以中原汉族基因为主，可能存在一定的基因混血。[①]

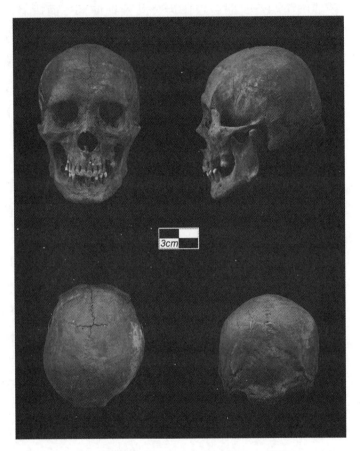

图 5 - 1　河南南阳百里奚 M12 男性颅骨（孙蕾供图）

　　郑州薛村汉代组材料为河南省荥阳市王村乡薛村村北的薛村遗址以及新郑市城市基本建设中发现的汉代人骨。该组颅骨形态特征显示出明显与现代亚洲蒙古人种相似的性状，且与先秦时期"古中

―――――――――

① 孙蕾、翟京襄、李彦桢：《南阳百里奚墓地西汉早期棺椁彩绘墓主人》，《黄河 黄土 黄种人》2020 年第 6 期，第 35—40 页。

原类型"人群表现出明显的一致性，而且与中原和现代北方汉族体质特征形态学性状最为相似。[①]

分布于山东省滕州、兖州的鲁中南组材料出自东康留东周遗址、滕州东小宫汉代遗址和兖州徐家营汉代遗址。通过对该批颅骨测量特征的分析表明鲁中南周—汉代人与鲁北地区同时代人相似，均与现代亚洲蒙古人种东亚类型或南亚类型相接近，且与黄河中下游地区的古代类群比较接近，其中鲁中南组与历史时期组的亲缘关系较之新石器时代组更密切。[②]

临淄组材料出自山东省临淄地区的两醇春秋时期遗址和乙烯汉代遗址。通过对这些人骨的研究表明其基本体质特征为中颅、高颅结合狭颅型的颅形，中面、中眶、中鼻以及中等面部扁平度等特征，其骨骼形态学特征在种族人类学上与现代亚洲蒙古人种的东亚类型更为相似。[③]

五村组材料出自山东省广饶县的五村遗址，在五村墓地不仅发现了大量大汶口文化晚期的墓葬，还发现了商周、春秋至汉代的墓葬。通过研究五村墓地的周代—汉代人群头骨发现他们的体质虽与同地区的大汶口新石器时代人群之间有二三千年的时间间隔，但两者在体质形态学上是基本延续的，且在某些细节特征上趋近现代华北地区类型。[④]

济宁潘庙组材料为山东省济宁市郊潘庙遗址出土的汉代人骨。通

① 河南省文物局编著：《荥阳薛村遗址人骨研究报告》，科学出版社 2015 年版，第 182 页。

② 尚虹、韩康信、王守功：《山东鲁中南地区周—汉代人骨研究》，《人类学学报》2002 年第 1 期，第 1—13 页。

③ 韩康信：《山东临淄周—汉代人骨体质特征研究与西日本弥生时代人骨之比较》，山东省文物考古研究所、土井浜遗址·人类学博物馆：《探索渡来系弥生人大陆区域的源流》，日本山口县：アリフク印刷株式会社 2000 年版，第 112—163 页。韩康信、尚虹：《山东临淄周—汉代人骨种族属性的讨论》，《人类学学报》2001 年第 4 期，第 282—287 页。韩康信、［日］松下孝幸：《山东临淄地区周—汉代人骨体质特征研究及与西日本弥生时代人骨比较概报》，《考古》1997 年第 4 期，第 32—42 页。

④ 韩康信、常兴照：《广饶古墓地出土人类学材料的观察与研究》，张学海、山东省文物考古研究所编：《海岱考古》第 1 辑，山东大学出版社 1989 年版，第 390—403 页。尚虹：《山东广饶新石器时代人骨及其与中国早全新世人类之间关系的研究》，博士学位论文，中国科学院研究生院，2002 年，第 31—57 页。

过对颅骨测量性状和非测量性状的分析表明，潘庙汉代人群在主要体质特征上具有与现代亚洲蒙古人种一致的形态表型，且与东亚类型最为相似，在个别体质因素方面体现出与南亚类型接近的特点。该组与古代对比组中的大汶口组、西夏侯等组表现出较近的亲缘关系。[①]

张夺组材料出自河北省邢台市内丘县张夺村墓地，是一处以埋葬战国、汉代时期平民为主的墓葬区。通过研究可知这批人颅骨普遍具有中颅型、高颅型及狭颅型相结合的颅形，同时伴有狭上面型、高眶型、阔鼻型以及正颌型等特征，[②] 这些特征与先秦时期的"古中原类型"等人群均较接近。这批个体埋葬时多例个体采用屈肢葬俗，具有秦文化特征与当地文化特色相结合的特点。[③]

通过对秦汉时期中国腹心地区 20 份古代人群骨骼材料的梳理可知，这时尽管秦国祚短暂，但秦始皇帝"一统六合"的政治实践实现了政治、军事上的一统，建立中国历史上第一个统一的多民族的中央集权国家，正式从王国时代进入帝国时代。在"车同轨""书同文"的政治同化措施进一步促进下，人群流动频次超过了以往历史任何一个阶段，也更加促进了人群基因的进一步融合。此时，"古中原类型"人群分布已遍及秦国北部版图，长江流域也在不断地受到影响和渗透。目前来看，在秦帝国北部边界周围，在秦人、赵人等推动下，"古中原类型"人群因征战等原因已经分布在了内蒙古和林格尔土城子[④]等地。湖北云梦郑家湖秦人墓葬的大量发现[⑤]也表明以秦人为代表的"古中

---

① 朱泓：《山东济宁潘庙汉代墓葬人骨研究》，《人类学学报》1990 年第 3 期，第 260—264 页。

② 张旭、魏东、朱泓：《河北邢台张夺墓地出土人骨鉴定报告》，南水北调中线干线工程建设管理局、河北省南水北调工程建设领导小组办公室、河北省文物局编：《内丘张夺发掘报告》附录一，科学出版社 2011 年版，第 497—501 页。

③ 张欣：《内丘张夺遗址墓地研究初探》，南水北调中线干线工程建设管理局、河北省南水北调工程建设领导小组办公室、河北省文物局编：《内丘张夺发掘报告》附录二，科学出版社 2011 年版，第 502—504 页。

④ 顾玉才：《内蒙古和林格尔县土城子遗址战国时期人骨研究》，科学出版社 2010 年版，第 113 页。

⑤ 湖北省文物考古研究院、云梦县博物馆：《湖北云梦县郑家湖墓地 2021 年发掘简报》，《考古》2022 年第 2 期，第 3—21 页。

原类型"人群随着统一进程的推进实现了对长江流域长期稳定的占据。中国腹心地区及其周边区域虽受秦文化的影响，但各地文化面貌仍主要保留了自身文化传统。中原地区秦墓葬俗呈现多样化特征，如三门峡地区紧邻秦文化核心区，表现出与关中地区强烈的一致性，其秦代墓葬多采用洞室墓，流行屈肢葬俗，随葬蒜头壶等器物。而在三晋文化区内丘张夺遗址则体现出明显的秦文化与土著文化融合的现象，其秦墓多采用洞室墓，流行屈肢葬式，随葬罐、釜、盆、甑、蒜头壶等陶器。在邻近楚文化中心的南阳、驻马店等地区，秦墓多表现出墓坑填土使用五花土、白膏泥，墓中设置边厢，随葬一定数量高足楚式鼎及平底盒等深受楚文化因素影响的特征。此时，秦汉时期的大一统表现出的是中央集权集团对文化认同的强烈渴望，并努力追求文化的一致性。尽管以秦人为代表的"古中原类型"人群不断拓展其活动范围，但在文化层面不得不采用逐步接受、相互渗透的方式来适应区域差异度较大的异域文化。应该说，以"古中原类型"为代表的秦、汉上层统治集团不仅在追求文化的一统，也在试图通过人群迁徙与流动实现文化一统和基因一统。也正是这样的政治机缘助推"古中原类型"人群爆发出旺盛的生命力，随着帝国时代的开始而勃发。南进、西拓等一系列措施，使得秦统一六国进程中秦军兵锋所指之地就是人群基因扩散之处，郡县制实行之地就是"古中原类型"人群扩散之地。汉代，"古中原类型"人群随着"楚汉之争""七国之乱"实现了内部重新调试，定居群团更加稳固。尤其是汉武帝时期，"徙东瓯民于江淮间"，伐东越，定南越、置九郡，张骞出使西域、通西南夷，御击匈奴等一系列重大政治事件更是凝聚了中国腹心地区"古中原类型"人群的思想认同、文化认同、政治认同和体质基因认同。应该说，秦汉时期"古中原类型"人群不断在中国腹心地区传承、交融，巩固血脉联系，奠定了"多元一体"的多民族统一国家形成、发展的基本人群底色，为汉文化的最终形成、繁荣、盛传奠定了人群基因基础，为中华民族共同体的形成奠定了人群体质基础。

第二节　魏晋南北朝时期

　　魏晋南北朝时期主要有陕西西安安伽墓、靖边统万城，山西大同（包含金港园、水泊寺、雁北师院、御府、星港城、金茂园、东信广场、御昌佳园、华宇广场、大同二中南校区、红旗村及七里村等地点）等人群材料。

　　安伽墓组材料出自陕西省西安市北郊大明宫乡坑底寨村北周时期的安伽墓，是一座粟特人贵族墓葬，墓主人安伽其祖先应系中亚昭武九姓安国人。安伽颅骨显示的种族特征常见于欧亚或高加索人种，与我国新疆境内昭苏地区发现的古代短颅型高加索人种相似。[①] 参见图 5 – 2。

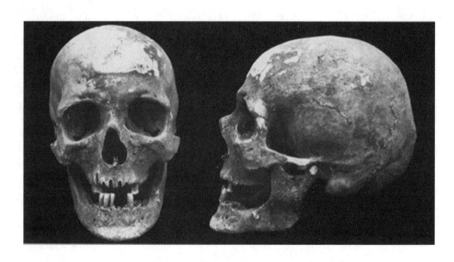

图 5 – 2　陕西西安安伽墓主头骨

（左：正面观；右：左侧面观）

---

　　① 韩康信：《北周安伽墓人骨鉴定》，陕西省考古研究所编：《西安北周安伽墓》，文物出版社 2003 年版，第 92—102 页。

统万城组材料出自陕西省靖边县统万城遗址，该遗址是十六国时期大夏国都城所在，曾历经北魏、西魏、北周、隋、唐、五代、北宋七朝计 575 年。通过对统万城遗址出土人骨颅面形态进行研究可知，其颅骨表现出与现代亚洲蒙古人种表型最为相似的特征，形态上既存在承袭既往古人类的特点，又表现出多种人群融合的特点，还有少数个体表现出欧罗巴人种的性状。统万城人群颅面特征的多态性与融合性体现出农牧交错带上古代人群演化的复杂性，这可能与统万城历史上频繁的人群往来相关，欧罗巴人种因素很可能来自粟特人的影响。男女两性人群主体基因构成可能有不同的来源。[①]

金港园组材料出自山西省大同市平城区金港园墓地。通过对该墓地北魏时期颅骨的研究可知，其形态学特征主要体现出简单颅顶缝、中等犬齿窝、鼻根处凹陷不明显、宽阔而扁平的面型、颧骨上颌骨下缘转角欠圆钝等，无疑与现代亚洲蒙古人种表现出最为一致的特征。金港园北魏组与邻近地区的水泊寺组、大同北魏组以及虒祁组最为相似，而与北亚类型各组差异较大。其应当是大同地区历史久远的原住民的后裔。[②]

水泊寺组材料出自山西省大同市御东水泊寺村西的水泊寺廉租房北魏时期墓地。通过对北魏时期人群颅骨的观察、分析可知水泊寺组人群都与现代亚洲蒙古人种一致，其表现出的中等偏短的颅长，相对较宽的颅宽，较高的颅高，面形中等偏狭，以斜眶形、中眶形为主，中鼻形，整体较扁平的面部等颅面形态。颅骨形态表现出与现代亚洲蒙古人种东亚类型最为相似的性状，又显示出一定的现代亚洲蒙古人种东北亚类型人群的特征，与大同北魏组各人群有较高

① 赵东月、吕正、邢福来、苗轶飞、陈靓：《统万城遗址出土人骨颅面测量性状》，《人类学学报》2022 年第 5 期，第 816—825 页。薛正宗：《唐代粟特人的东迁及其社会生活》，《新疆大学学报》（哲学社会科学版）1997 年第 4 期，第 62—66 页。

② 樊欣、侯晓刚、李树云、周亚威：《山西大同金港园墓地北魏颅骨特征》，《解剖学杂志》2020 年第 4 期，第 327—335 页。樊欣：《山西大同金港园墓地人骨研究》，硕士学位论文，郑州大学历史文化学院，2020 年，第 65—94 页。

相似度。①

雁北师院组材料出自山西省大同市南郊区水泊寺乡曹夫楼村的北魏时期墓地。该组人群体质形态上较为接近现代亚洲蒙古人种的北亚类型人群，但同时也有很多性状与东亚类型保持一致性。②

御府组材料出自大同市政府建设保障性住房时发现的御府墓地。通过对御府墓地北魏时期人群非测量性状和测量性状的研究可知，御府北魏人群与现代亚洲蒙古人种东亚类型最为相似，与东北亚类型也有较多相似特征。与古代人群，尤其是先秦时期的"古中原类型"人群最为相似，而与鲜卑人群差别较为明显。③

星港城组材料出自大同市区东面的御河东岸，今御东区鸿雁路与南环东路交汇的星港城墓群。通过对该墓地北魏时期男性颅、面形态的研究来看，其表型主要表现为中颅型、正颅型相结合的特点，狭额型，面宽偏狭，中等上面高，偏低中眶型和狭鼻型，伴有较为中等的面部扁平度。星港城组男性人群颅形上与"古中原类型"人群常见的偏长的中颅型以及高而狭的颅型，阔鼻倾向等存在明显差异，与古代组属拓跋鲜卑的南杨家营子组和扎赉诺尔组差别也较大，而且星港城组人群较之前述两组与"古中原类型"人群有更为紧密的亲缘关系，星港城组人群与东亚类型也较相似。研究认为星港城人群虽沿袭了北魏鲜卑人的文化特征，但在人种成分上表现出更多中原汉族文化的特点，体现了北魏平城时期民族融合的特点。④

金茂园组材料出自山西省大同市的金茂园墓地。经研究，墓地使用年代大致在北魏平城时期。通过对其人骨材料的研究可知该组

---

① 李鹏程：《山西省大同市水泊寺廉租房墓地人骨研究》，硕士学位论文，辽宁大学历史文化与旅游学院，2018年，第57—59页。

② 韩康信、古顺芳、赵亚春：《大同雁北师院北魏墓群人骨鉴定》，大同市考古研究所、刘俊喜编：《大同雁北师院北魏墓群》附录二，文物出版社2008年版，第205—223页。

③ 李佳欣：《山西大同御府墓地北魏时期人骨研究》，硕士学位论文，吉林大学考古学院，2021年，第47—76页。

④ 周亚威、周雪艳、侯晓刚：《北魏平城时期星港城遗址的人种类型》，《北方民族大学学报》2021年第1期，第112—117页。

人群属同种系，应与蒙古人种属于同一类型。金茂园组颅骨数据显示其与大同更早的土著人群接近，而这些土著人群人种类型与中原地区各古代组接近，体现出与现代亚洲蒙古人种东亚类型最为相似的特征。其中少量个体变异应是受到了鲜卑人群影响的结果，体现出此时大同地区是多民族融合的重要场域。①

东信广场组材料出自山西大同东信广场墓地。通过对北魏平城时期颅骨的研究表明，东信广场组古代人群的颅骨形态与现代亚洲蒙古人种东亚类型及东北亚类型最为相似，且呈现出与常乐组、大同南郊组相混合的特征，体质类型复杂、多样。尽管其体质特征主要体现出与"古中原类型"人群相似的特点，但无法排除受到鲜卑等其他人群影响的可能。另外，在 4 例个体的颅面部形态上体现出明显欧罗巴人种因素，这些个体很可能与来自中亚或西亚地区的商贸活动（商人）有关。②

御昌佳园组材料出自山西省大同市御东新区恒安街北侧，鸿雁路西侧的御昌佳园墓地，这批墓葬经鉴别应属于北魏中期。通过对该组人群颅骨形态学的研究可知其与现代亚洲蒙古人种的东亚类型最为相似，体质类型上呈现出非单一性的人种因素，表现为以先秦时期的"古中原类型"人群体质因素占主体，混有少量鲜卑等其他人群的因素。③

华宇广场组材料出自山西省大同市魏都大道东侧，云波路北侧，南环路南侧的华宇广场墓地。通过对北魏时期人群颅骨的研究可知，在形态表型特征上，无论是非测量性性状，还是测量性特征都显示出与蒙古人种高度一致的表现。但该人群种系类型成分较为复杂，

---

① 王煜：《山西大同金茂园墓地人骨研究》，硕士学位论文，郑州大学历史文化学院，2021 年，第 56—82 页。

② 李鹏珍：《山西大同东信广场北魏墓地人骨研究》，博士学位论文，吉林大学考古学院，2021 年，第 107—138 页。

③ 阮孙子凤：《山西大同御昌佳园墓地北魏时期人骨研究》，硕士学位论文，吉林大学考古学院，2022 年，第 67—96 页。古顺芳、侯晓刚、吕晓晶、靖晓亭、侯亮亮：《山西大同御东新区御昌佳园北魏墓 M113 发掘简报》，《考古与文物》2021 年第 4 期，第 39—51 页。

可能存在与诸多人群混血的情况，总体上与现代亚洲蒙古人种的东亚类型及东北亚类型最为相似。其与鲜卑各组之间存在明显差异，而与常乐组、大同组、陶家寨组等"古中原类型"人群呈现出更多的同源性。①

大同二中南校区组材料出自山西省大同市御东恒源路东侧，北临星港城，南临御龙庭的二中南校区墓地。在颅骨形态研究中，通过对成年个体颅骨测量性状和非测量性状进行测量和观察，根据基本颅面部形态特征将北魏时期人群分为三组，第Ⅰ组和Ⅱ组比较接近蒙古人种，第Ⅲ组接近欧罗巴人种。该组为多种系混合群体。其中，该人群与现代亚洲蒙古人种东亚类型、东北亚类型和北亚类型相似的遗传表型特征占主体。仅四例个体面部形态上有明显欧罗巴人种体质因素，其身份很可能与来自中亚或西亚地区的传教僧人有关。②

红旗村及七里村等大同组北魏人群材料出自山西省大同市城南的红旗村至七里村一带的北魏时期古墓葬群，其大致为公元5世纪北魏王朝建都平城（今大同）期间的文化遗存。③ 这批材料最早由张振标等研究，④ 后来又有学者研究后认为该组颅骨与现代亚洲蒙古人种属同一类型，且与东亚类型最为接近，此外还与古代组中的殷墟中小墓②组最为接近，该地区人群的主体体质类型应属于"古中原类型"，但不排除可能受到过鲜卑人群影响的可能。⑤

---

① 崔贺勋：《山西大同华宇墓地北魏时期人骨研究（2019年度）》，硕士学位论文，吉林大学考古学院，2021年，第52—85页。
② 徐楠：《大同二中南校区墓地出土人骨研究》，硕士学位论文，山西大学考古文博学院，2023年，第42—64页。
③ 山西大学历史文化学院、山西省考古研究所、大同市博物馆编著：《大同南郊北魏墓群》，科学出版社2005年版，第563—578页。
④ 张振标：《人骨的种族特征》，山西大学历史文化学院、山西省考古研究所、大同市博物馆编：《大同南郊北魏墓群》，科学出版社2006年版，第563—578页。张振标、宁立新：《大同北魏时期墓葬人骨的种族特征》，《文物季刊》1995年第3期，第21—33页。
⑤ 韩巍：《山西大同北魏时期居民的种系类型分析》，吉林大学边疆考古研究中心编：《边疆考古研究》第4辑，科学出版社2006年版，第270—280页。

通过对中国腹心地区魏晋南北朝时期十几份考古材料的梳理可知，其主体体现的仍然是"古中原类型"人群基因的传承。但不容忽视的是诸如陕西西安安伽墓、靖边统万城、大同北魏群团等人群中明显存在源自更远西方地区欧罗巴人种群团基因注入的影响。而山西大同地区集中发现的，包含金港园、水泊寺、雁北师院、御府、星港城、金茂园、东信广场、御昌佳园、华宇广场、大同二中南校区、红旗村及七里村等地点在内的北魏人群，在传承本地汉文化、土著人群基因的同时，不断受到来自北魏上层拓跋集团文化和基因的双重影响。北魏拓跋集团主动的汉化过程应当是其上层统治群团清楚地意识到自身文化的局限与汉地文化的先进、优越之间存在巨大差异，其自身人群规模的弱小也使其在长期的人群互动中主动选择"汉化"，人群基因主动地逐步融入以"古中原类型"人群为核心的基因池。同时，也不能忽视鲜卑集团核心"古蒙古高原类型"人群基因对中国腹心地区核心人群基因池贡献的有机营养，也不能忽视更为遥远的西部方向欧罗巴人种群团在中国腹心地区的活动和其可能的基因贡献。研究表明，魏晋南北朝时期政权分裂和战乱长达四个世纪，大规模的民族迁徙、流动带来人群的基因交流与融合，少数政治群团内附中原，还有大量异域欧罗巴人种群团或通过贸易方式经过丝绸之路内迁归附中原，或通过政治角色供职中国腹心地区政权上层。总之，此时中国腹心地区汉地文化传统与内迁、内附的众多族群发生了基因、文化的更为广泛的交流、碰撞和融合，尤其是北魏拓跋氏带来的鲜卑文化深深地影响了汉地文化传统，如墓道设天井，墓葬绘壁画，注重随葬陶俑，盛行篆刻墓志，流行石棺石椁等。还有佛教的盛行、播散与繁荣发展更使中国腹心地区中华民族的发展进入全面融合新阶段。这一时期不同群团、异域文化在中国腹心地区不断交流、碰撞与融合，中外文化的频繁互动，更加开放包容的文化环境，更强的人群包容性为辉煌的唐文明奠定了人群生物和社会文化基础。

第三节　唐宋金时期

　　唐代主要有陕西西安紫薇、西北大学新校区，河南郑州薛村、南阳下寨等人群材料。

　　紫薇组材料出自陕西省西安市南郊长安区郭杜镇北的"紫薇田园都市"唐代墓葬群[①]。通过对该地出土的唐代人骨的研究可知其体质的形态学特征大致为中颅、高颅结合偏狭的颅型，较平直的额部、略阔的鼻型、偏低的眶型及中等偏小的面部扁平度等特征，与现代亚洲蒙古人种属同一体质类型，且与现代亚洲蒙古人种南亚、东亚类型最为接近。其主体体质因素与先秦时期古代人种类型的"古中原类型"最为接近，同时还存在其他类型人群影响的可能。[②]

　　西北大学新校区唐墓组材料出自陕西省西安市长安区郭杜镇的西北大学新校区。通过研究可知其主体体质特征应与现代亚洲蒙古人种最为相似，但也不同程度地反映出南亚、东亚、北亚和东北亚类型甚或欧罗巴人种的体质因素，该人群最为直接的表现是与紫薇组等中原地区主体人群最为相似。[③]

　　郑州薛村唐代组材料为河南省荥阳市王村乡薛村以北的薛村遗址以及在新郑市城市基本建设中发现的多个地点出土的唐代人骨。该组颅骨形态特征显示出明显与现代亚洲蒙古人种相似的特点，与先秦时期"古中原类型"人群表现出很大相似性，而且与现代北方

---

　　① 陕西省考古研究所：《西安紫薇田园都市工地唐墓清理简报》，《考古与文物》2006年第1期，第17—24页。

　　② 陈靓：《西安紫薇田园都市唐墓人骨种系初探》，《考古与文物》2008年第5期，第95—105页。

　　③ 陈靓：《西北大学新校区唐墓出土人骨的人类学研究》，文化遗产研究与保护技术教育部重点实验室、西北大学文化遗产与考古学研究中心编著：《西部考古》第2辑，三秦出版社2007年版，第211—217页。

汉族体质特征形态学特征最为相似。[①]

　　下寨组材料出自河南省南阳市淅川县滔河乡下寨村北的下寨遗址。通过对东晋至南朝、隋唐时期颅骨的研究可知，该地东晋至南朝以及隋唐时期人群多为中颅型、高颅型结合狭颅型等，与"古中原类型"人群最为接近。[②]

　　五代宋辽金时期的主要有山西汾阳东龙观，河南荥阳薛村、南阳下寨等人群。

　　东龙观组材料出自山西省汾阳市东龙观南区、东龙观北区、西龙观、团城北区和团城南区共计 5 个墓地，尤其以东龙观墓地北宋晚期到金代墓葬最为典型。通过对该组人群颅面形态的研究可知其与"古中原类型"各组人群有更多的相似性。[③]

　　郑州薛村宋代组材料为河南省荥阳市王村乡薛村以北的薛村遗址以及在新郑市城市基本建设中发现的多个地点出土的宋代人骨。该组颅骨形态特征显示出明显与现代亚洲蒙古人种相似的特点，与古代人群相比较显示出更多偏离"古中原类型"人群体质特征的趋势，且相对于郑州汉、唐组显示出更为混合的体质性状。[④]

　　下寨组材料出自河南省南阳市淅川县滔河乡下寨村北的下寨遗址。通过对宋金时期颅骨的研究可知，该组相较东晋至南朝、隋唐时期人群颅骨多呈现出中颅型、高颅型结合狭颅型等特点，宋金时期人群出现短颅化、圆颅化倾向。[⑤]

---

　　① 孙蕾、朱泓、楚小龙、樊温泉：《郑州地区汉唐宋墓葬人骨种系研究——以荥阳薛村遗址和新郑多处遗址为例》，《华夏考古》2015 年第 3 期，第 105—115 页。

　　② 孙蕾、朱树政、陈松涛：《淅川下寨遗址东晋至明清墓葬人骨研究》，河南省文物局编著：《淅川下寨遗址——东晋至明清墓葬发掘报告》附录二，科学出版社 2016 年版，第 178—239 页。

　　③ 陈靓：《汾阳东龙观宋金墓地出土人骨的鉴定报告》，山西省考古研究所、汾阳市文物旅游局、汾阳市博物馆编著：《汾阳东龙观宋金壁画墓》附录一，文物出版社 2012 年版，第 253—291 页。

　　④ 孙蕾、朱泓、楚小龙、樊温泉：《郑州地区汉唐宋墓葬人骨种系研究——以荥阳薛村遗址和新郑多处遗址为例》，《华夏考古》2015 年第 3 期，第 105—115 页。

　　⑤ 孙蕾、朱树政、陈松涛：《淅川下寨遗址东晋至明清墓葬人骨研究》，河南省文物局编著：《淅川下寨遗址——东晋至明清墓葬发掘报告》附录二，科学出版社 2016 年版，第 178—239 页。

目前，唐宋金时期发表的人类学资料不多。整体上看，这些人群在持续传承"古中原类型"人群基因的同时，人群发展不断受到周边族群的影响，持续接受来自北方、西方等地群团基因影响的频次和比重也逐步增大。如孙蕾通过对比汉、唐、宋古代人群的体质特征，认为发展到宋代时，中国腹心地区古代人群中基本可判定为与青铜—早期铁器时代"古西北类型"为主体基因表型相似的人群，叠加混合"古中原类型"基因表型的古代人群与现代北方汉族基因结构关系密切，二者应是构成现代北方汉族形成的重要基因来源。即宋代时，以"古中原类型"为基本基因构成的现代汉族（北方汉族）体质特征等基因结构已基本形成。宋代长江以北人群（原"古中原类型""古华北类型"和"古西北类型"）对北方汉族和南方汉族的最终形成均贡献了最初的基因原动力，并逐步奠定了近代以来汉族人群的生物遗传底色。唐宋时期是我国专制帝制时代发展的又一高峰。隋唐大运河的开通，以洛阳为全国交通中心，商贸活动的繁盛为中古时代及以后历史的发展发挥了极为重要的作用。洛阳龙门石窟等社会上层的宗教实践不仅反映外来人群对汉地文化的影响，更反映出中原王朝统治者较之以往对统治版图更为强烈的思想认同和统治追求。社会商品经济在新的历史阶段高速发展，为人群的进一步融合、融汇奠定了更为巩固的经济基础。应该说，在社会发展到极为繁盛的宋代，经过之前历次人群"大迁徙"，或因战乱，或因商贸，或因巨量工程等因素带来了广域人群大规模的融合，以"古中原类型"为主体基因表现的汉族在宋代既已初步形成。总体而言，中国腹心地区从秦汉到唐宋时期不仅是古代封建国家的核心文化区，也是"古中原类型"人群主要活动，并广泛地与周边群团碰撞、交流，基因逐步交融的地区，更是"多元一体"的中华民族共同体形成、发展与繁荣不断传承、积淀的重要区域。

第四节　元明清时期

元代的主要有河南南阳卢寨和河北徐水西黑山等材料。

卢寨组材料出自河南省南阳市桐柏县平氏镇雷庄村卢寨组西北农田边的元末壁画墓 M1，根据壁画人物形象、衣饰、家居环境等判断此墓年代为元代末年。壁画题材反映墓主人生活富足，墓主人可能是富商或地主。通过对墓主人种系来源研究可知其男性颅骨具有中颅型、高颅型和狭颅型的颅形特点，并具有狭额型、狭鼻型和高眶型等面部特征（参见图 5 - 3）。其表型与近代汉族颅骨最相似，其中可能含有东北亚人种的少量基因。①

西黑山组材料出自河北省徐水县（今保定市徐水区）大王店镇西黑山村西的金元时期平民墓地。通过分析可知该组人群以东亚类型体质特征为主体，同时在部分颅面特征上带有明显与现代亚洲蒙古人种北亚、南亚类型相似的体质因素。②

明代主要有荥阳周懿王及祔葬墓等人群材料。

周懿王墓及祔葬墓组材料出自明代的周懿王和王妃王氏的合葬墓（M70）及祔葬墓，墓主人或为夫人或为宫人。因各墓被盗，人骨被扰动，故合并研究。通过观察和测量研究可知周懿王夫人（M102）卵圆形的颅骨具有圆颅型，高颅型结合中颅型的特点，眶形为中眶型，并有锐形梨状孔下缘、抛物线形腭形和稍显的枕外隆突等。在颅形和眼眶形态上与近代华南人群中的广西壮族组

---

① 孙蕾、王巍、曾庆硕、李彦桢：《南阳卢寨元末壁画墓 M1 的墓主人夫妇体质状况研究》，《黄河 黄土 黄种人》2019 年第 10 期，第 34—39 页。

② 王明辉：《河北徐水西黑山金元时期墓地出土人骨研究》，南水北调中线干线工程建设管理局、河北省南水北调工程建设委员会办公室、河北省文物局编：《徐水西黑山——金元时期墓地发掘报告》，文物出版社 2007 年版，第 380—415 页。

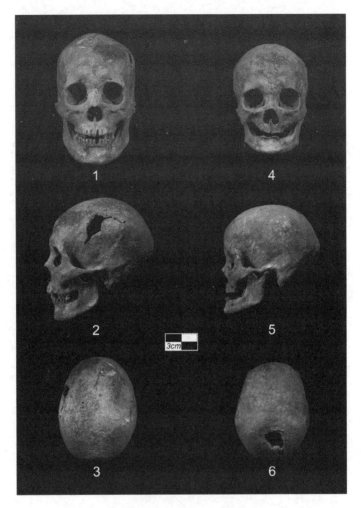

图5-3　河南南阳卢寨元末壁画墓 M1 出土颅骨

(左：男性；右：女性)

最接近，与华北地区代表北方汉族的抚顺组和华北组相差较大。[①]

　　清代的主要有山西榆次高新、屯留余吾、临汾西赵、翼城老君沟，河南郑州郑韩故城、南阳下寨等人群。

---

　　① 孙蕾、孙凯：《明代周懿王墓及祔葬墓人骨研究》，《华夏考古》2019 年第 2 期，第 33—38 页。

榆次高新组材料出自山西省晋中市榆次区鸣谦镇。通过对该发掘区明清墓葬群出土人骨的研究可知该组人群种系纯度较低，明显不属于同一种系人群。其主体人群及体质特征与现代亚洲蒙古人种最为接近，而鼻根指数、齿槽面角过大等特征与尼格罗人种最为相似，而过小的面宽值游离在欧罗巴人种和尼格罗人种变异范围之间。该组与现代亚洲蒙古人种的东北亚类型和东亚类型存在较多相似，与北亚、南亚类型差异较显著。其与现代亚洲蒙古人种近代组的华北组、爱斯基摩东南组、华南组较为接近。其与现代大部分对比组差异都比较明显，唯独与乌鲁木齐汉族组比较接近。①

余吾明清组材料出自山西省长治市屯留区余吾镇的西邓村。通过对该墓地明清人群颅骨形态特征的初步研究可知，其不仅表现出与现代亚洲蒙古人种最为一致的基本体质特征，而且与东亚类型、"古中原类型"各古代组人群也体现出最为相似的特点。②

西赵隋唐金明清组材料出自山西省临汾市尧都区尧庙镇西赵村以西的西赵墓葬群，遗存年代涉及夏、东周、汉、唐、元、明、清等多个历史阶段。通过对该遗址出土保存较好的隋唐金明清时期人类颅骨的形态观察与研究可知，其主要形态表型特征体现出简单的颅顶缝、不发育的犬齿窝及鼻根凹、宽阔而扁平的面形、欠圆钝的颧骨上颌骨下缘转折，以及长颅型、高颅型结合狭颅型的形态特点，所鉴定隋唐金明清时期人群骨骼形态特征延续性很强，都与现代亚洲蒙古人种东亚类型最为相似。③

老君沟组材料出自山西省临汾市翼城县"苇沟—北寿城"遗址

---

① 侯侃：《山西榆次高校新校区明清墓葬人骨研究》，硕士学位论文，吉林大学文学院，2013 年，第 26—58 页。朱泓、侯侃、王晓毅：《从生物考古学角度看山西榆次明清时期平民的两性差异》，《吉林大学社会科学学报》2017 年第 4 期，第 117—124 页。

② 陈靓：《余吾墓地出土人骨的研究》，山西省考古研究所编著：《屯留余吾墓地》附录一，山西出版传媒集团、三晋出版社 2012 年版，第 356—397 页。

③ 韩涛、孙志超、张群、张全超：《山西临汾西赵遗址出土人骨研究》，山西省考古研究所、临汾市文物旅游局编著：《临汾西赵——隋唐金元明清墓葬》，科学出版社 2017 年版，第 157—162 页。

区唐霸大道工程涉及的老君沟墓地。通过对该墓葬群金元、明清时期人类颅骨的观察、研究可知其主要体质特征赓续绵延，均表现出中颅型、高颅型结合偏阔的狭颅型的颅形特点，且多为卵圆形，颅顶缝结构较简单；而眶部中等，多呈方形，鼻部中等偏阔，梨状孔多为心形，鼻前棘较发达，阔腭型，面宽中等，面高中等，垂直方向突出不明显，上面部较为扁平等，犬齿窝发育不显著等特点。老君沟金元、明清时期人群体质特征与现代亚洲蒙古人种东亚类型较为一致，且均与近现代华北地区人群颅骨基本形态特征最为相似。[①]

郑韩故城组材料出自河南省新郑郑韩故城北城门遗址。对其两例完整颅骨的形态学研究表明，郑韩故城清代人群的颅面部特征可概括为长颅型、正颅型、狭颅型和中颅型相结合的颅形，上面指数为中上面型，面部突度指数为正颌型，下颌骨指数为长狭下颌型，男性鼻指数为中鼻型，女性鼻指数为阔鼻型等。颅骨形态表现出与现代亚洲蒙古人种的东亚类型和东北亚类型接近、与北亚类型疏远的特征。[②]

下寨明清组材料出自河南省南阳市淅川县滔河乡下寨村北的下寨遗址。通过对明清时期颅骨的研究可知，该地明清人群表现出与近代东北亚、东亚类型人群最为相似的特点。[③]

通过对元明清时期 9 个地点人类学材料的研究表明，此时的河南、河北、山西等地人群与近代的华北组等人群、与现代亚洲蒙古人种东亚类型均表现出更为接近的遗传表型。可以说，历经宋代以前超千年的人群迁徙、交流与基因融合，先秦时期广泛分布于此地的"古中原类型"人群基因已不纯粹，北方体系的"古东北类型"

[①] 郭林、王伟、张全超：《老君沟墓地出土人骨的人种学研究》，山西省考古研究院、临汾市文化和旅游局、翼城县文化和旅游局编著：《苇沟——北寿城遗址考古报告（2011～2014）》，科学出版社 2023 年版，第 697—721 页。

[②] 周亚威、王一鸣、樊温泉、沈小芳：《郑韩故城北城门遗址清代居民颅骨的形态学分析》，《天津师范大学学报》（自然科学版）2019 年第 4 期，第 76—80 页。

[③] 孙蕾、朱树政、陈松涛：《淅川下寨遗址东晋至明清墓葬人骨研究》，河南省文物局编著：《淅川下寨遗址——东晋至明清墓葬发掘报告》附录二，科学出版社 2016 年版，第 178—239 页。

"古蒙古高原类型""古华北类型""古西北类型"人群不断混入其基因池，使得该地人群基因构成更为复杂，中国腹心地区成为更为复杂、多元的基因库。金元以降，元明清三朝定都北京，随着国家政治中心北移和经济中心南移，中国腹心地区古代人群不断发展，不仅链接南北，更是支撑封建王朝政治、经济和文化的发展，其人群体质基因逐步混杂，已然渐与现代亚洲蒙古人种东亚类型一致。中原文化也逐渐融入了统一的中华文明之中。现代汉族，尤其是北方汉族由此形成。

第五节　小结与讨论

综观秦汉及以后各时期的古代人群，中国腹心地区仍然是"古中原类型"人群进一步发展、深度融合的核心区域。广饶五村周—汉时期人群、济宁潘庙等人群很好地承继了早在新石器时代大汶口文化新石器时代以及青铜时代等先世人群的主体基因结构。尽管与其可能有超过二三千年的时间空隔，但在体质形态表型上的基本延续关系是相当明显的。[1] 同时还保留有颅骨枕部人工变形等在大汶口文化、龙山文化人群中广为流传的特殊文化传统。[2] 山西屯留余吾等地人群的延续性则贯穿秦汉以后直到明清。据此，我们推测当地的大多数人群还是保持了先秦时期由来已久在土著人群中占主导地位的"古中原类型"人群种系基因组成，并稳定地传承至明清时期。

同时，我们也看到汉代诸如山西中部榆次猫儿岭战国至汉代前期人群中存在"古中原类型""古蒙古高原类型"与"中亚两河类

---

① 韩康信、常兴照：《广饶古墓地出土人类学材料的观察与研究》，张学海、山东省文物考古研究所编：《海岱考古》第 1 辑，山东大学出版社 1989 年版，第 390—403 页。曾雯、赵永生：《山东地区古代居民体质特征演变初探》，《东南文化》2013 年第 4 期，第 65—70 页。

② 赵永生、曾雯、魏成敏、张馨月、吕凯：《大汶口文化居民枕部变形研究》，《东南文化》2017 年第 3 期，第 64—72 页。

型"共存，共享同一文化遗存的现象。山西北部岢岚窑子坡人群表现出更多类似"古华北类型"人群为主的体质特征，且可能包含了"古蒙古高原类型"人群基因因素叠加的影响。陕西澄城良辅人群除了主要与"古中原类型"人群表现出较强的一致性外，也不能排除来自黄河上游甘青地区"古西北类型"人群基因影响的可能。魏晋南北朝时期大同地区人群除了其主体的"古中原类型"体质因素外，不排除可能受到过来自更北的鲜卑人群影响的可能。[1] 安伽墓、虞弘墓、史君墓、石椁图像及其基因[2]等则体现出完全不同生物学体系的人群出现在中原腹地。尤其是平城时期，大同作为北魏时期的政治、文化、宗教中心，大量证据显示该地不仅成为"古中原类型""古蒙古高原类型"人群活动的聚居地，还有大量欧罗巴人种群团或因经营商贸活动，或参与政治实践等原因成为大同地区的居民，与当地人共享丧葬文化，表明这些外来人群已经接受了当地文化传统，不再保留既往出生地的文化习俗。拓跋鲜卑建立的北魏王朝自公元398年至公元494年定都平城，其背后是以北魏道武帝拓跋珪等为核心的社会上层通过一系列由盛乐（今内蒙古和林格尔县）迁都至平城（大同）开放式的汉化策略，这种策略应是促成民族文化融合、基因交流最重要的外部原因。游牧民族为底层的鲜卑群团不断吸收来自汉地的文化传统，通过经营手工业、开发城市建设，发展与西域各国的商贸往来，平城作为政治中心提供支撑的历史实践促进了人群的交流。唐代的紫薇人群主体体质因素除与"古中原类型"人群最为相似外，其中还包含了来自亚洲北部、东北部、甚至南部人群等更为多样、复杂的人群因素，甚至出现了"古典型"的中亚两河类型个体。群团内部血亲家族不断受到外来基因的注入影响，群团之间的基因隔阂在这个过程中不断淡化，以地理分布格局划分的

---

① 韩巍：《山西大同北魏时期居民的种系类型分析》，吉林大学边疆考古研究中心编：《边疆考古研究》第4辑，科学出版社2006年版，第270—280页。

② 谢承志：《新疆塔里木盆地周边地区古代人群及山西虞弘墓主人DNA分析》，博士学位论文，吉林大学生命科学学院，2007年，第59—63页。

社群、阶层、国家等社会、政治管理进入新的发展阶段，反过来这种社会运行模式又促进人群基因"滚雪球式"实现大范围基因融合。

秦汉以来的中国腹心地区一直是中原王朝的政治、经济、文化中心，一直到宋代，经济重心南迁，元以后政治中心北移。其间经历了数次小冰期与温暖期的环境变迁，伴随一系列的政治事件、军事冲突、技术进步、商贸活动也都在不同程度地影响人群交流的互动频次，以及人群迁徙流动的主流方向。比如秦、汉、唐等中央王朝形成统一过程中的大小战役；楚汉战争、七国之乱、安史之乱等王朝内部纷争；义渠、匈奴等与秦汉的边界冲突，五胡乱华，蒙古、契丹、女真等古代群团在边界的交往与冲突；秦始皇修筑秦陵、直道、长城等，隋炀帝开凿大运河等巨型工程；政权内部的人群迁徙诸如秦"徙天下豪富于咸阳十二万户"，[①] 汉初"汉兴，立都长安，徙齐诸田，楚昭、屈、景及诸功臣家于长陵。后世世徙吏二千石、高訾富人及豪桀并兼之家于诸陵。……是故五方杂厝，风俗不纯"[②]等活动。一系列的政治交往、行政管理、经济活动等都进一步强化了人群流动及基因交流。

总结铁器时代以来各人群的体质特征，可以看到有更多体质类型的人群将其血液融入中原地区古代人群的血液中。可以说延续两千多年的铁器时代是目前我国以汉族为主体的中华民族共同体国家孕育、形成的重要阶段，人群的大规模互动主要表现在战国到秦汉、魏晋南北朝及五代十国时期，人群整合集中在秦汉、隋唐及宋元明清几个阶段。其中，秦汉时期是现今我国汉族形成的重要时期，无论是在文化传统、思想体系、族群心理认同，还是主体的遗传基因表达的体质特征上都已经形成稳定的共同体。秦汉时期出土的人类学资料表明各人群在继承先秦时期各古代人群人类学基因谱系的基础上，在以秦始皇大一统思想的历代贯彻、实践中，历代社会群团，

---

① （汉）司马迁：《史记·秦始皇本纪第六》，（宋）裴骃 集解，（唐）司马贞 索隐，（唐）张守节 正义，中华书局 1959 年版，第 239 页。

② （汉）班固：《汉书·地理志》第八下，（唐）颜师古注，中华书局 1962 年版，第 1642 页。

尤其是社会上层因各种原因不断推行国家力量主导下的大规模人群迁徙（内部维稳、充实边疆），不同地区间因人群流动而基因融合，表现出更为复杂的混合性颅面基因表型特征。通过对比分析可知与现代汉族相比较，以青铜—早期铁器时代"古西北类型"为主体，混合了"古中原类型"的古代人群与现代北方汉族关系密切，是现代北方汉族形成的重要基石。通过对比汉、唐、宋古代人群的体质特征可知现代汉族尤其是北方汉族的基本体质特征从宋代开始逐渐形成。[1] 以青铜—早期铁器时代"古中原类型"为主体，混合了"古华北类型"的古代人群与现代南方汉族的遗传关系最为密切。东亚大陆北方体系的"古中原类型""古西北类型"和"古华北类型"人群在历经数次北民南迁，在北方与南方人群深入的基因交流过程中，奠定了现代汉族人群的基因底色，共同塑造了现代汉族（分南方汉族和北方汉族）和其他少数民族的体质面貌。[2] 可以说，正是在铁器时代人群数次"大迁徙"过程的影响驱动下使得人群不断整合、实现大规模融合及汉族的初步形成与发展。

---

① 河南省文物局编著：《荥阳薛村遗址人骨研究报告》，科学出版社 2015 年版，第 182 页。
② 赵东月：《汉民族的起源与形成——体质人类学的新视角》，博士学位论文，吉林大学文学院，2016 年，第 99—102 页。

第 六 章

结论与讨论

尽管目前正式发表的中国腹心地区古人群骨骼资料还不够丰富，已有的研究在时空分布范围上也很不均衡，甚至存在相当多的空白点，但通过本书大致梳理，我们对该地区古代人群基因表型的遗传体系也有了一个基本的、粗线条的、宏观的了解。主要有以下七点：

（一）中国腹心地区是亚洲蒙古人种最主要演化、发展的核心区域之一

从考古发现和研究来看，中国腹心及其周边地区从旧石器时代早期开始就有人类在这片土地上繁衍生息。近一个世纪发现的古人类化石材料表明，这片土地上的古人类成功地完成了由直立人向早期智人、晚期智人的演化过程，他们都具有类似现代亚洲蒙古人种及其先世常见的共同特征。[①] 第四纪古环境、人类化石形态基因表型、遗传学研究、石器技术发展反映的人类生产方式、石器工业、文化传统、行为表现等从多个侧面论证了人群演化的多样性及复杂性。以连续演化、附带杂交为核心特点构成了东亚大陆旧石器时代亚洲蒙古人种遗传体质特征演化、基因传承与互动的主旋律。中国

[①] 张银运、吴秀杰、刘武：《中国古代人群头骨的若干赤道人种特征检测》，《人类学学报》2016 年第 1 期，第 36—42 页。

腹心地区无疑是早期人类的重要发祥地之一，也是蒙古人种最为重要的演化、发展的核心区域。

苏秉琦（参见图6-1）认为中国幅员辽阔，能够在中国大部地区看到一个颇具共性的超级文化圈，那是在中国这个相对独立的地理单元中，各区域文化经过了较长时间交流融合的结果，而这个交融过程从二百万年前的旧石器时代即已开端。在漫长的旧石器时代，尽管在中国内部存在文化差异，也不时和西方发生基因和文化上的交流，但总体上铲形门齿等后世蒙古人种的特征普遍存在，砾石—石片工业传统贯穿始终，表现出人类进化和文化发展上显著的连续性和统一性特征。正是在这个意义上说，"中国文化是有近二百万年传统的土著文化"。[①]从旧石器时代开始东亚大陆人类及其文化的连续性、开放性及包容性就在孕育、发展，以黄河中下游地区为核心的中国腹地无疑是其中最为重要的发展场域。

图6-1　苏秉琦（1909年10月4日—1997年6月30日）

---

① 苏秉琦：《关于重建中国史前史的思考》，《考古》1991年第12期，第1109—1118页。

（二）"古中原类型"人群是中国腹心地区承继亚洲蒙古人种人群主体基因、促进人群融合发展的最主要土著人群

"古中原类型"人群的主要体质特征为：偏长的中颅型以及高而偏狭的颅型，中等偏狭的面宽和中等的上面部扁平度，较低的眶型和明显的低面、阔鼻倾向等。如果将其与现代亚洲蒙古人种各区域类型进行比较，该类型人群形态似乎介于东亚人群和南亚人群之间的位置上，并且在若干体质特征上与现代华南地区的人群颇相近似。

从目前见诸报道的人类学资料来看，从新石器时代早期裴李岗文化的贾湖人群到仰韶时代的仰韶文化、大汶口文化的诸地点（广饶付家、邹县野店、兖州王因）等甚至屈家岭文化人群，再到龙山时代的庙底沟二期文化、龙山文化、陶寺文化人群，青铜时代的夏、商、周时期人群，甚至秦汉统一以后的铁器时代人群主体体质因素均体现出明显一致传承的特点。中国腹心地区一直都是以"古中原类型"人群为主体聚居的区域，不曾中断，至少绵延数千年，并一直占据主流地位。"古中原类型"人群是中国腹心地区最主要的土著人群。[①]

"古中原类型"人群新石器时代主要分布在陕西关中、山西西南部、河南中部、山东西南部等地区，长江中下游地区和内蒙古长城沿线可能是"古中原类型"人群的外延区域（如江苏邳州梁王城、[②] 兴化蒋庄、[③] 常州圩墩，浙江良渚钟家港，[④] 湖北房县七里河，[⑤] 重庆巫山大溪[⑥]以及

---

① 朱泓：《体质人类学》，高等教育出版社 2004 年版，第 348—349 页。

② 朱晓汀、林留根、朱泓：《江苏邳州梁王城遗址大汶口文化墓地出土人骨研究》，《东南文化》2013 年第 4 期，第 53—64 页。

③ 朱晓汀：《江苏兴化蒋庄良渚文化墓葬人骨研究》，博士学位论文，吉林大学文学院，2018 年，第 151 页。

④ 汪洋：《良渚先民的体质特征与经济、环境适应关系研究——以上海松江广富林遗址出土人骨的体质人类学研究为例》，《南方文物》2014 年第 1 期，第 177—180 页。费晔：《浙江良渚钟家港新石器时代遗址出土人骨研究》，硕士学位论文，吉林大学考古学院，2022 年，第 78—92 页。

⑤ 吴海涛、张昌贤：《湖北房县七里河遗址新石器时代人骨研究报告》，湖北省文物考古研究所编：《房县七里河》附录一，文物出版社 2008 年版，第 302—312 页。

⑥ 陈山：《大溪文化居民种族类型初探》，徐州博物馆编：《徐州博物馆三十年纪念文集（1960—1990）》，燕山出版社 1992 年版，第 186—199 页。

内蒙古清水河县西岔、^① 察右前旗庙子沟^②等）。青铜时代分布范围略有扩大，除上述区域外在陕西北部、山西中北部、河北北部、内蒙古中南部（和林格尔土城子、^③ 店里、^④ 凉城县小双古城、^⑤ 毛庆沟、^⑥ 饮牛沟、^⑦ 忻州窑子、^⑧ 板城、将军沟、^⑨ 西麻青、后城嘴^⑩）、秦岭以南的长江流域（望山楚墓、^⑪ 曾侯乙墓^⑫）以及河西走廊（甘肃甘谷毛家坪、^⑬ 合水九站^⑭）等地都有所发现，尤其是在内蒙古长城沿线与"古华北类型"人群，甚至"古蒙古高原类型"人群呈现一种犬牙交错的状态。^⑮铁器时代除了以上地区外，在中国腹心中心区域以北的

---

① 张全超：《内蒙古和林格尔县新店子墓地人骨研究》，科学出版社 2010 年版，第 102 页。

② 朱泓：《内蒙古察右前旗庙子沟新石器时代颅骨的人类学特征》，《人类学学报》1994 年第 2 期，第 126—133 页。

③ 顾玉才：《内蒙古和林格尔县土城子遗址战国时期人骨研究》，科学出版社 2010 年版，第 113 页。

④ 韩涛、李强、张全超：《内蒙古和林格尔县店里墓地战国时期人骨研究》，中国人民大学北方民族考古研究所编：《北方民族考古》第 2 辑，科学出版社 2015 年版，第 341—349 页。

⑤ 张全超、朱泓：《先秦时期内蒙古中南部地区人群的迁徙与融合》，《中央民族大学学报》（哲学社会科学版）2010 年第 3 期，第 87—91 页。

⑥ 潘其风：《毛庆沟墓葬人骨的研究》，田广金、郭素新编：《鄂尔多斯式青铜器》，文物出版社 1986 年版，第 316—341 页。

⑦ 何嘉宁：《内蒙古凉城县饮牛沟墓地 1997 年发掘出土人骨研究》，《考古》2011 年第 11 期，第 80—86 页。

⑧ 张全超、韩涛、张群、孙金松、党郁、曹建恩、朱泓：《内蒙古凉城县忻州窑子墓地东周时期的人骨》，《人类学学报》2016 年第 2 期，第 198—211 页。

⑨ 张全超、曹建恩、朱泓：《内蒙古和林格尔县将军沟墓地人骨研究》，《人类学学报》2006 年第 4 期，第 276—284 页。

⑩ 顾玉才：《内蒙古清水河县后城嘴墓地人骨研究》，吉林大学边疆考古研究中心编：《边疆考古研究》第 4 辑，科学出版社 2006 年版，第 288—293 页。

⑪ 李天元：《望山楚墓人骨研究》，湖北省文物考古研究所编：《江陵望山沙冢楚墓》附录一，文物出版社 1996 年版，第 223—236 页。

⑫ 莫楚屏、李天元：《曾侯乙墓人骨研究》，湖北省博物馆编：《曾侯乙墓》附录四，文物出版社 1989 年版，第 585—617 页。

⑬ 洪秀媛：《甘谷毛家坪沟东墓葬区出土人骨的研究》，硕士学位论文，西北大学文化遗产学院，2014 年，第 61 页。

⑭ 朱泓：《合水九站青铜时代颅骨的人种学分析》，《考古与文物》1992 年第 2 期，第 78—83 页。

⑮ 张全超、朱泓：《先秦时期内蒙古中南部地区人群的迁徙与融合》，《中央民族大学学报》（哲学社会科学版）2010 年第 3 期，第 87—91 页。

鄂尔多斯高原、[1] 内蒙古纳林套海、[2] 察右前旗呼和乌素、[3] 清水河县姑姑庵,[4] 宁夏中卫中宁、宣和长乐、[5] 九龙山南塬[6]等, 北京延庆西屯,[7] 以西的青海西宁陶家寨、[8] 大通上孙家寨、[9] 平安石家营[10]、平安大槽子[11], 西南地区的云南宜良纱帽山、[12] 磨盘山[13]等地都发现了"古中原类型"人群活动的踪迹。可见, "古中原类型"人群早期曾广泛分布于我国长江以北的广大区域, 并随着时代的发展, 其分布区域呈现出逐步扩大的趋势。

　　"古中原类型"人群是一群适应能力超强、活跃度高、凝聚力强的群团, 是积淀、发展黄河文明、华夏文明、汉文化基因的主要贡

① 原海兵、赵欣:《鄂尔多斯地区汉代居民的人类学特征及相关问题》,《内蒙古文物考古》2008年第2期, 第83—96页。
② 张全超、胡延春、朱泓:《磴口县纳林套海汉墓人骨研究》,《内蒙古文物考古》2010年第2期, 第136—142页。
③ 魏东:《察右前旗呼和乌素战国—汉代墓葬出土颅骨的人类学特征》, 吉林大学边疆考古研究中心编:《边疆考古研究》第1辑, 科学出版社2002年版, 第342—351页。
④ 张全超、曹建恩、朱泓:《内蒙古清水河县姑姑庵汉代墓地人骨研究》,《人类学学报》2011年第1期, 第64—73页。
⑤ 张群:《宁夏中卫常乐墓地人骨研究》, 博士学位论文, 吉林大学文学院, 2018年, 第161—162页。
⑥ 韩康信、谭婧泽:《固原九龙山——南塬出土高加索人种头骨》,《宁夏古人类学研究报告集》, 科学出版社2009年版, 第227—239页。韩康信、谭婧泽:《固原九龙山—南塬古墓地人骨鉴定报告》,《宁夏古人类学研究报告集》, 科学出版社2009年版, 第182—199页。
⑦ 周亚威、朱泓:《北京延庆西屯墓地汉代颅骨的人类学特征》, 吉林大学边疆考古研究中心编:《边疆考古研究》第19辑, 科学出版社2016年版, 第273—289页。
⑧ 张敬雷:《青海省西宁市陶家寨墓地人骨人类学研究》, 科学出版社2016年版, 第167—168页。李胜男、赵永斌、高诗珠等:《陶家寨墓地M5号墓主线粒体DNA片段分析》,《自然科学进展》2009年第11期, 第1159—1163页。李胜男:《青海西宁陶家寨墓地M5号墓古人群线粒体DNA研究》, 硕士学位论文, 吉林大学生命科学学院, 2009年, 第16—20页。
⑨ 韩康信、谭婧泽、张帆:《青海大通上孙家寨古墓地人骨的研究》,《中国西北地区古代居民种族研究》, 复旦大学出版社2005年版, 第1—63页。
⑩ 孙志超:《青海省平安县石家营汉晋墓地人骨研究》, 硕士学位论文, 吉林大学文学院, 2016年, 第67页。
⑪ 李墨岑:《青海平安大槽子东汉墓地人骨研究》, 硕士学位论文, 吉林大学文学院, 2015年, 第10—43页。
⑫ 曾雯、潘其风、赵永生、朱泓:《纱帽山滇文化墓地颅骨的人类学特征》,《人类学学报》2014年第2期, 第187—197页。
⑬ 周亚威、赵东月、王艳杰、康利宏:《磨盘山遗址新石器时代人骨研究》,《人类学学报》2017年第2期, 第216—226页。

献者。有证据表明，史前时期仰韶时代内蒙古河套地区新石器时代
仰韶文化晚期阶段庙子沟文化、龙山时代老虎山文化①的繁盛可能与
中原地区人群的向北迁徙，带来优势的仰韶文化因素有关，形成了
海生不浪类型、义井类型等地方文化。② 繁盛于河西走廊、甘青地区
的马家窑文化马家窑类型与仰韶早中期半坡文化、庙底沟文化人群
由陇东逐步向西流动密切关联。③ 距今约 4200 年以后，所谓"后石
家河文化"等聚落群骤然衰落可能与中原文明因素和人群的强势影
响有关，并导致此后两湖地区历史进程发生逆转。④ 此外，有学者认
为陕西华县文化遗存形成应与河南地区的仰韶文化由东向西迁徙至
黄河中游地区产生的文化碰撞有关。⑤ 张振标认为宝鸡北首岭人群可
能是一支由黄河下游经华北地区迁至今日陕西境内人群的典型代表，
他们可能与当地原住人群混合。⑥ 黄河下游地区的大汶口文化人群向
西迁徙流动可能影响了石峁文化的文明进程。⑦ 中原文明不断吸收良
渚式以玉为代表的文化传统等人群活动对中国腹地产生了持久而广
泛的影响，不一而足。还有青铜时代繁盛于江南的湖北黄陂盘龙城
的突然兴盛可能与"古中原类型"人群随着商文化的强势南拓入驻
有关。⑧ 周王室分封南公带来了"曾"国开始了中原王朝人群正式

---

① 韩建业：《中国北方地区新石器时代文化研究》，文物出版社 2003 年版。

② 严文明：《内蒙古中南部原始文化的有关问题》，内蒙古文物考古研究所编：《内蒙古中南
部原始文化研究文集》，海洋出版社 1991 年版，第 3—12 页。

③ 严文明：《甘肃彩陶的源流》，《文物》1978 年第 10 期，第 62—76 页。苏海洋：《论马家
窑文化形成的动因及传播路线》，《青海民族大学学报》（社会科学版）2019 年第 1 期，第 103—
108 页。

④ 戴向明：《中国史前社会的阶段性变化及早期国家的形成》，《考古学报》2020 年第 3 期，
第 309—336 页。

⑤ 颜訚：《华县新石器时代人骨的研究》，《考古学报》1962 年第 2 期，第 85—104 页。

⑥ 张振标、王令红、欧阳莲：《中国新石器时代居民体征类型初探》，《古脊椎动物与古人
类》1982 年第 1 期，第 72—80 页。

⑦ 韩建业：《石峁人群族属探索》，《文物春秋》2019 年第 4 期，第 13—17 页。

⑧ 孙卓：《商时期中原文化在江汉地区的影响历程》，《江汉考古》2019 年第 3 期，第 81—
90 页。

开发长江流域的进程。① "春秋五霸""战国七雄"在以黄河中下游
地区为核心的中国腹地疯狂争夺与人群互动为"问鼎中原"的霸王
天下思想扫平了障碍，蕴含着强烈的统一趋势。可以说随着青铜时
代中原腹地二里头文化强势勃兴，中原商周文明接力扩展，影响范
围逐步覆盖到黄河中下游和长江中下游的广大地区，还渐次渗透到
周边更广远的地域，无疑"古中原类型"人群在其中扮演着最重要
的角色。秦一统天下，完成了对新石器时代以来八大核心文化区的
政治统一，并持续扩展到周边更广大的区域，以后汉、唐等历代王
朝统治者无不尊黄河文明、华夏文明为天下"正统"。在此后的历史
发展进程中，尽管作为政体的中国时有分合，还常有"边地"族群
的不断融入，中华文明始终显示出强大的生命力和凝聚力，成为世
界上少有的、贯通古今的文明体系。"古中原类型"人群的超稳定性
以及超凝聚力逐步铸就。秦汉以后的"古中原类型"人群不仅创新
性地奠定了以尊儒为核心的"汉文化"中心在历代的文化中心地位，
也奠定了汉族人群的主要基因遗传基础。

　　1975 年 8 月，苏秉琦在考古研究所给吉林大学考古专业毕业生
做学术报告，首次提出"条条""块块"的考古学文化区系类型学
说。② 1981 年，苏秉琦与殷玮璋合作撰写《关于考古学文化的区系
类型问题》一文，把中国古代文化分布及演进划分为中原、黄河下
游、长江中游、长江下游、以鄱阳湖—珠江三角洲为中轴的南方地
区、以长城地带为中心的北方地区六大区系。③ 大致同期，华裔美籍
考古学家张光直提出"相互作用圈"理论。④ 严文明提出"重瓣花
朵说"，其重点是把中国新石器文化分成以中原为"花心"、周边地

　　① 陈丽新：《也谈叶家山曾侯墓葬的排序问题》，《故宫博物院院刊》2020 年第 2 期，第
42—50 页。
　　② 苏秉琦：《中国文明起源新探》，生活·读书·新知三联书店 2019 年版，第 8—9、20、32 页。
　　③ 苏秉琦、殷玮璋：《关于考古学文化的区系类型问题》，《文物》1981 年第 5 期，第 10—
17 页。
　　④ ［美］张光直：《中国相互作用圈与文明的形成》，《中国考古学论文集》，生活·读书·
新知三联书店 1999 年版，第 151—189 页。

区为"花瓣"的 6 个文化分布地区。① 石兴邦从生态文化角度，也将中国新石器时代文化进行了体系划分。② 夏鼐③也曾探讨中华文明起源的多元问题。④ 尽管这些学者之间的论说有不少区别，但大都认为中国文化的起源是多元的。这些理论对当时盛行的中华文明起源于中原的"中原中心说"提出了严重挑战，甚至否定了"中原中心说"。但从人类本身的角度来讲，人群主体本出一元应该是可信的，其各"条、块"文化差异应当是为适应各地自然环境、地理背景而逐步发展异化的。毕竟东亚大陆地理广布，南北经纬度跨度、东西自然地貌都是远超人类短期活动可涉足范围的，各地呈现出不同的文化风貌也是时人适应各地环境的明智之选，所以不能一概而论文化的同一性，必须考虑各地文化的差异性，尤其是将其文化差异性划分出来才能更深刻理解其不同发展路径。但人群本身内在蕴含的同出一元，尤其是"古中原类型"人群在中原地区的演化、发展、传承，频繁活动、文化创造、文明凝聚、文明辐射为积淀、发展黄河文明、华夏文明，为以中原为中心、覆盖东亚大陆的汉文化文明圈奠定了核心力量。李水城认为："各地区又不是孤立无援、铁板一块的，相互之间还有文化的密切交流和频繁的互动。"⑤ 这种密切交流和频繁的互动应该置于同一人群本体核心的视角下去考量文化的差异、社会的复杂性、人群精神文化面貌的多样性，而不是从文化的差异视角去否定人群的一元性。在《华人·龙的传人·中国人——考古寻根记》一文中，苏秉琦认为中原地区的仰韶文化、辽西地区的红山文化，他们都有自己的根，有自己的标志。玫瑰花是

---

①　严文明：《中国史前文化的统一性与多样性》，《文物》1987 年第 3 期，第 38—50 页。

②　石兴邦：《中华远古文化的形成和发展——试谈中国新石器时代考古文化体系问题》，安徽省文物考古研究所编：《安徽考古学会会刊（第一至第八辑合订本）》，1979 年，第 1—17 页。

③　夏鼐：《碳 – 14 测定年代和中国史前考古学》，《考古》1977 年第 4 期，第 217—232 页。

④　陈星灿：《中国史前考古学史研究 1895—1949》，生活·读书·新知三联书店 1997 年版，第 321 页。

⑤　郭静超：《一个考古学家的浪漫与思考——纪念考古学家苏秉琦先生》，2024 年 2 月 2 日，https://mp.weixin.qq.com/s/PYyf42nU13w98EqjeeOSPA，访问时间：2024 年 2 月 8 日。

仰韶文化的标志，而红山文化则以龙或龙鳞为标志。不同文化的结合，碰撞出"火花"，而逐步积淀成文明的"曙光"。中华大地文明火花"满天星斗"的文化繁盛，星星之火文化发展的燎原之势其中蕴含着"古中原类型"人群的不断承传、文化发展，人群迁徙以及文化辐射和影响。中华民族多元文明起源的裂变、撞击和融合，从古国、方国再到帝国等国家形式的起源与发展，原生型、次生型和续生型的文明发展模式等阐释都可从人群本出一元，在人群迁徙、文化交流、文明碰撞中找到思想的根源。

（三）中国腹心地区其他类型人群的出现、分布态势及基因贡献显示出该地区独特的历史地位

中国腹心地区历史发展进程中除了占主体的"古中原类型"体质特征人群外，还有"古华北类型""古东北类型""古蒙古高原类型"和"古西北类型"等人群，各类型人群出现的时间早晚不同，深入的范围也有较大差别，但都为中国腹心地区古代人群的发展，以及现代人群的基本基因构成贡献了力量。

"古华北类型"人群的主要体质特征表现为高颅窄面，较大的面部扁平度，同时还常常伴有中等偏长而狭窄的颅型。其与现代亚洲蒙古人种东亚类型人群的相似程度十分明显，但在面部扁平程度上又存在着较大的差异，他们或许是现代东亚人群的一个重要源头。这种类型的人群在先秦时期的内蒙古长城地带广有分布，应该是其最主要的原始土著，其分布区集中在内蒙古中南部到晋北、冀北一带的长城沿线以及西辽河流域等区域。中国腹心地区人群中含有明显"古华北类型"体质因素的主要有位于河北省阳原县交通"三岔口"上的仰韶时代晚期姜家梁新石器时代人群，龙山时代陕北的神木木柱柱梁人群，春秋时期的晋西南乡宁内阳垣和冀北张家口的白庙I组人群，战国时期的晋西南侯马乔村人群，陕西临潼新丰、湾李等与秦文化遗存共存的人群以及河南荥阳小胡村人群，还有晋北地区山西省岢岚县的窑子坡战国—汉代人群。姜家梁、木柱柱梁、白庙Ⅰ组及窑子坡等人群均分布于中国腹心地区的北部边陲，与北方长城地带有很多重叠区域，应该是仰韶时代以来"古中原类型"与"古华北类型"人群交错分布，不断碰撞、交融与发展的一系列实证。内阳垣、乔村、新丰、湾李、马腾空以及小胡村等"古华北类型"体质因素人群可能与青铜时代以来西、北方族群不断内附、迁徙或相互之间基因交流有关。

"古东北类型"人群的主要体质特征表现为颅型较高，面型较宽阔而且颇为扁平，其与现代亚洲蒙古人种东亚类型人群之间的相似程度也比较高，所不同的主要是颧宽绝对值较大和较为扁平的面形，或许反映出现代亚洲蒙古人种东亚类型人群某个祖先类型的基本形态。该类型人群在先秦时期的中国东北地区分布相当广泛，应该是东北地区远古时期的土著人群，至少也是该地区最主要的古代土著类型之一。其核心分布区遍及中国东北三省及内蒙古东部地区，青铜时代该类型人群出现在冀北张家口宣化白庙、藁城台西、安阳殷墟、滕州前掌大、韩城梁带村等地。按照出现时间先后来看，大致是商代的台西、殷墟中小墓③组，商周时期的山东省滕州市的前掌大B组，西周的梁带村和春秋时期的河北省张家口市的白庙Ⅱ组人群。由此来看，中国腹心地区的"古东北类型"人群主要集中出现在商周时期中原腹地的太行山以东区域，且常常与较高等级的墓葬、随葬品等共存（见下一节讨论）。该类型人群随着时代发展逐步与当地人群融合，[①] 将其基因融入当地占主流的"古中原类型"人群中，在后世的梁带村（戎狄文化）、郑州汉唐宋时期人群中均有该遗传因素的反映。

"古蒙古高原类型"人群一般具有较小的颅长绝对值，圆颅型、偏低的正颅型结合阔颅型的颅部形态，面部具有颇大的颧宽绝对值和上面部扁平度，低眶和偏狭的中鼻型，较为垂直的面形和中等程度的齿槽面性状等，与现代亚洲蒙古人种的北亚类型在颅骨表型特征上显

---

① 王明辉：《前掌大墓地人骨研究报告》，中国社会科学院考古研究所编：《滕州前掌大墓地》，文物出版社2005年版，第674—727页。

示出较多的一致性。中国境内该类型人群最早出现在东周时期的内蒙古中南部，可能是青铜时代受气候急剧变化由更远的北方南下迁徙到今天内蒙古中南部地区的一批牧人及其后裔，其主要基因成分可能流入到时代较晚的匈奴人、鲜卑人、契丹人和蒙古人的血液中。[①] 中国腹心地区含有此类型体质因素的主要有晋中游邀、韩城梁带村、榆次猫儿岭、战国到汉代的岢岚窑子坡、神木大保当、屯留余吾、大同雁北师院、徐水西黑山等人群。其体质因素最早可追溯到青铜时代早期，在东周以后广泛分布于北方长城地带沿线，东到辽宁，西至宁夏，而北部范围可到蒙古国以至外贝加尔等地区。考古证据表明社会底层人群之间体质基因的融合早已在青铜时代早期就在民间潜移默化进行着。值得指出的是以该类型人群基因结构为主体，以牧业经济形态为主的生产生活方式构成的人群，比如匈奴、蒙古等群团与以"古中原类型"为主体基因构成的中原王朝腹心地区人群在秦汉以后的历史进程中多并行发展，既有基因相互融入对方人群核心圈层的现象，也保持了基因结构相对的稳定性和独立性。

"古西北类型"人群的基本体质特征表现为颅型偏长，高颅型和偏狭的颅型，中等偏狭的面宽，高而狭的面型，中等的面部扁平度，中眶型、狭鼻型和正颌型。这种体质特征与现代亚洲蒙古人种东亚类型和近代的华北组人群颇为相似。该类型人群先秦时期主要分布在黄河流域上游的甘青地区，向北可扩展到内蒙古额济纳旗的居延地区，向东在稍晚时期分布到陕西关中平原及其邻近地区。中国腹心地区青铜时代及以后出现的米家崖、良辅以及郑州汉、唐、宋代的人群等不能排除来自黄河上游甘青地区"古西北类型"人群基因影响的可能。[②] 有证据表明，从东周时期，尤其是秦代及以后，"古

---

①　张全超：《内蒙古和林格尔县新店子墓地人骨研究》，科学出版社 2010 年版，第 102 页。武喜艳、张野、李佳伟、赵永斌、李添娇、周慧：《内蒙古陈巴尔虎旗岗嘎墓地古代人骨的 DNA 研究与蒙古族源探索》，《考古》2020 年第 4 期，第 112—120 页。赵欣、张雅军、李红杰、何利群、朱岩石、周慧、朱泓：《河北省磁县北朝墓群 M003 墓主人元祐的线粒体 DNA 分析》，《南方文物》2016 年第 4 期，第 203—208 页。

②　河南省文物局编著：《荥阳薛村遗址人骨研究报告》，科学出版社 2015 年版，第 178—182 页。

西北类型"人群参与到了以黄河中下游地区为核心的中国腹心地区古代人群的大规模融合进程中。[①]

此外，还有诸如"古典型"的中亚两河类型等其他类似于欧罗巴人群基因表型特征人群的不断影响和融入。"古典型"中亚两河类型是欧罗巴人种群团的一种地方类型代表，其体质因素一般包括颅型偏短偏阔、阔额、低宽面、眉弓和眉间突度强烈，鼻根部深陷，鼻突度强烈，阔鼻、低眶，面部在水平方向上较突出等特征，其形态与古欧洲类型人群较接近。[②] 中国腹心地区类似体质因素依次出现的有可能参与秦始皇陵修筑的西安山任窑人群，战国至汉代的榆次猫儿岭人群，北朝时期的安伽墓、虞弘墓、史君墓石椁图像墓主人，唐代的西安紫薇、西大新校区等古代人群中的少数个体，且在周边地区的陕西榆林地区、宁夏中卫地区也有发现。[③] 从这些人群颅骨形态普遍具有中等偏长的卵圆形颅，颅骨较高，颧骨比较宽大，中高眶和高面形态等体质因素来看，其体质特征更多与现代亚洲蒙古人种东亚类型人群接近，但个别颅骨在某些鼻、面部形态上似乎接受了欧洲人群基因注入的影响，[④] 表现出基因融入"古中原类型"人群的整体趋势。

考古材料表明，西周时期关中附近的人群与欧亚草原及近东有一定程度的文化联系和人员往来。[⑤] 如甘肃灵台白草坡墓地 M2 出土一件铜勾戟，长胡三穿、斜援、直内，人头形銎（参见图 6-2）。

---

① 张旭、朱泓：《试论甘青地区古代居民体质特征对华夏族形成的影响》，《中原文物》2014年第 1 期，第 25—31 页。

② 张银运、吴秀杰、刘武：《中国西北地区古代人群头骨的欧洲人种特征》，《人类学学报》2013 年第 3 期，第 274—279 页。

③ 周亚威、王仁芳：《宁夏中卫常乐汉墓出土欧罗巴人种的生物考古学考察》，《考古与文物》2018 年第 2 期，第 136—140 页。

④ 陈靓、邓普迎：《从头骨的非连续性状看唐代长安地区居民的种族类型》，罗丰主编、宁夏文物考古研究所编：《丝绸之路上的考古、宗教与历史》，文物出版社 2011 年版，第 227—234 页。

⑤ 王辉：《甘肃发现的两周时期的"胡人"形象》，《考古与文物》2013 年第 6 期，第 59—68 页。

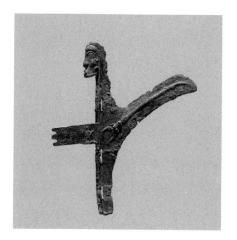 

图 6 - 2　甘肃灵台白草坡墓地 M2 : 30 青铜戟

(左：M2 : 30；右：右侧细部)

最为引人注目的是人头形象，其高鼻深目，下颌有短须，眉毛较粗，有明显欧罗巴人种特征。白草坡墓地还出土一件黄色玉人，立像，无足，发作带歧角高冠，广额巨目，身似着袍服，上下有四条刻纹，似被捆绑四肢状（参见图 6 - 3）。关于此玉人形象，有观点认为玉人深目高鼻，具有西域人种特征。还有在周原召陈宫室建筑出土两件西周晚期蚌雕人头像，长脸、高鼻深目、窄面薄唇，戴尖顶筒形帽，帽尖被截掉。其中一件截面上刻"巫"字，应被作为骨笄帽使用，这种头像被认为是西域塞种人的艺术化表达。[1] 水涛认为该头像风格写实，应出自中亚欧罗巴人种群团中的某一支，可能表现的是群团中占卜者或魔术师的形象，周人将之适应化改造后以刻字标识现实身份。[2] 这些考古出土的具象头像艺术表达很可能表明周人与当时欧亚草原等更大范围的西方人群不仅有接触，可能对其生活习俗等有深入的了解。考虑到人群基因交流的节奏及其体质表征的滞后

---

① 尹盛平：《西周蚌雕人头像种族探索》，《文物》1986 年第 1 期，第 46—49 页。
② 水涛：《从周原出土蚌雕人头像看塞人东进诸问题》，《中国西北地区青铜时代考古论集》，科学出版社 2001 年版，第 62—67 页。

图6-3 甘肃灵台白草坡墓地玉人
（左：M2：59）

性等问题，这些考古实物表征可能意味着人群大范围的基因交流可追溯到更为久远的过去。

整体来看，在漫长的历史长河中，中国腹心地区的先民不断地受到来自东北方、北方、西方体质因素的注入和影响。"古华北类型""古东北类型""古蒙古高原类型""古西北类型"甚至欧罗巴人种体质因素在不同时期、不同程度地为中国腹心地区以"古中原类型"为主体的古代人群的融合、整合、发展贡献了基因成分。比如在仰韶时代多个地区形成了"同种系多类型"的复合体人群（如姜家梁、灵宝西坡、荥阳汪沟），青铜时代的安阳殷墟、前掌大、白庙、内阳垣、乔村等人群。先秦时期古代人群之间基因的交流主要体现在中原地区文明发展程度较高、人口密度较大或者交通极为便利的重要节点区域的人群交流与互动关系上，赵东月等称之为"古中原类型"人群向周边地区的扩散和对周边人群的吸纳。仰韶文化中期铸鼎原上最早形成了小范围人群聚集于同一聚落的情况，安阳殷墟时期出现明显的社会分层，可能已经反映出社会上层的人群基因交流与融合状况。而米家崖、前掌大等地点的证据表明社会下层不仅文化上开始趋同，人群也通过多样化的形式潜移默化丰富、改造基因构成，实现人群基因融合。通过判别分析发现"古华北类型""古中原类型"和"古西北类型"之间形态上相似度较高，其间关系可能更为密切，体质特征在形态上过渡平缓，很难截然分开，相对而言与"古东北类型"人群则区别较为明显，与"古华南类型"人群和"古蒙古高原类型"则差别较为显著，中国腹心地区在先秦时期已经成为各人群基因融合的舞台、熔炉。

秦汉以及以后通过中国腹心地区核心人群"扩张""吸纳""影响"三个模式的共同作用，"古华北类型""古东北类型""古西北类型"以及欧罗巴人种体质因素逐渐被融合、淹没，未在后世人群中留下显性的遗传特征，可能这也是解释"古中原类型"古代人群与现代生活在华北地区人群体质差异的一个重要原因。发展到宋代时，基本可以看到以青铜—早期铁器时代"古西北类型"为主体基因表型的性状，混合了"古中原类型"古代人群基因结构的唐宋时期人群与现代北方汉族关系密切，二者共同构成了现代北方汉族形成的重要基因来源，即现代汉族，尤其是北方汉族的基本体质特征在宋代就已经形成。而以青铜—早期铁器时代"古中原类型"为主体，混合了"古华北类型"的古代人群表现出与现代南方汉族更为密切的遗传关系，可能构成了现代南方汉族的主体遗传基因底色。

应该说，东亚大陆先秦时期北方体系的"古中原类型""古西北类型"和"古华北类型"人群历经数次北民南迁，北方与南方人群进行了深入的基因交流，奠定了现代汉族人群的基因结构，共同塑造了现代汉族（分北方汉族和南方汉族）的基本体质面貌。而秦汉以后典型的"古蒙古高原类型"人群与其他的"古中原类型""古西北类型"和"古华北类型"人群应当都存在不少的基因交流，但由于其主营的牧业经济模式与中原农业为主的生产生活方式差异相对较大，在发展过程中，绝大多数人群保持了原有的生产、生活方式，且与南部农业地区人群接触有限，融合程度不深，保持了相对的稳定性和独立性。环境变迁，尤其是短期内气候的急剧变化造成资源供给与需求增大形成的"瓶颈效应"，还有长期生产生活方式导致的文化差异，以及基因融合程度较浅造成的人群隔膜，叠加"非我族类"狭隘的民族主义思想认知等累积的综合因素可能是中国历史发展进程中，推动历次北民南下迁徙最主要的原因。

（四）殷人的基本基因构成及其上层人群交流可能引发了青铜时代一次大规模的"北民南迁"浪潮

多学科语境中不同立场所指"殷"的含义不同，所指殷人的具体对象也存在很大差异。在古今文献的话语体系中对于"殷""商""大邑商"或者"殷商"这些概念还经常有混用的表述。此外，"殷"还有"时代"，政体含义上的"疆域""国家"，人群上的"商族""商人"，物质文化上的"早商文化""商文化"（考古学文化）等具体所指，转述表达时需要特别留意。目前来看，对于商代商文化系统墓葬人骨资料应当区分为殷墟遗址原生地人群视角的商代殷人、商文化影响范围内的商代人群和殷墟遗址曾经短暂存留但性质有别的外来人群（如殷墟"祭祀坑"及其他可判别的外来人群）三种。下文中"殷人"指根据殷墟遗址诸地点出土商代晚期人骨本身所反映的人群（外来人群除外），也可将其表述为安阳殷墟遗址商代晚期人群共同体。实际上，人的自然生物性与社会文化性如何与其相关的文化遗存对应与划分可能是探索人群起源与发展最困难也是最值得玩味的课题。从考古发现的殷墟商代晚期墓葬、人骨、随葬品等视角来推测具体哪些墓葬，哪些个体可以判定为属于能代表最初起源、发展的殷商王族或真正含义上的与殷商王族有血缘关系，且缔造商文明的核心殷人族群等问题存在不少学理上的困难。①

从对殷墟遗址商代晚期中小型墓葬出土人骨的研究来看，殷人的生物学表型特征反映的基本基因构成主要包括"古中原类型"和"古东北类型"两种。"古中原类型"人群应该是长期生存、繁衍、发展在中国腹心地区。生活在殷墟的"古中原类型"土著人群，他

---

① 要确定商族核心人员的来源可资参考的主要有两类：第一是王陵大墓中墓主人（王族或者相关核心人员）所反映的遗传特征的来源；第二是形成商文化并主导建立商王朝的最初商文化的起源地。遗憾的是殷墟商代王陵大墓没有保留可供鉴定的人骨标本，目前对于以什么来代表早期商文化，且商族的起源地观点也较多，目前看来这两个问题都较难解决。

们在社会中占多数;而"古东北类型"人群或其后裔最初可能是一种外来的人群,或许与先秦时期东北地区或华北北部地区的人群有密切的亲缘关系。[①] 从人群类型对应的墓葬规格、随葬品等反映的人群身份来看,以"古中原类型"体质特征为主要表现的殷墟中小墓B组人群,他们可能代表了当时社会中的平民(自由民)阶层和下层平民中贫苦的族众;[②] 而以"古东北类型"体质特征为代表的殷墟中小墓[③]组人群通常出自氏族墓地中有一定规模的中型墓葬,均有成组的礼器或奴隶陪葬,墓主人的身份应有别于一般小型墓葬的平民,他们可能是受封的贵族,与王族关系密切或本身就是王族成员。[③] 王明辉认为商族人群是一个复杂、多元的人群集合体。殷商平民继承了中原地区新石器时代和早期青铜时代人群的体质特征,同时受到了来自北方人群基因注入的影响。殷商上层、甚或本身可能与王族成员有关的人群更多呈现出以现代亚洲蒙古人种北亚类型人群体质因素为主、混有东亚类型人群基因表型的特征,这与西辽河流域和东北西部地区古代人群体质特征相似,暗示商族的早期起源可能与该地域的古代人群和文化有关。[④]

陈畅对鹤壁刘庄商代墓地研究后认为(刘庄一期至三期年代大体与白燕四期、下七垣文化相当,刘庄墓地二至四期大体与东下冯文化二至三期相当)白燕四期文化与下七垣文化谱系的陶鬲在刘庄墓地使用人群中并行发展,墓地使用人群内应有两个共存的不同文

---

① 原海兵:《殷墟中小墓人骨的综合研究》,博士学位论文,吉林大学文学院,2010年,第209—212页。

② 马得志、周永珍、张云鹏:《一九五三年安阳大司空村发掘报告》,《考古学报》第九册,科学出版社1955年版,第25—90页。中国社会科学院考古研究所安阳工作队:《1969—1977年殷墟西区墓葬发掘报告》,《考古学报》1979年第1期,第27—146页。

③ 韩康信、潘其风:《安阳殷墟中小墓人骨的研究》,中国社会科学院历史研究所、中国社会科学院考古研究所编:《安阳殷墟头骨研究》,文物出版社1985年版,第50—81页。韩康信:《殷代人种问题考察》,《历史研究》1980年第2期,第89—98页。

④ 王明辉:《商族起源的人骨考古学探索》,《华夏考古》2015年第4期,第51—59页。贺乐天、刘武:《殷墟青铜时代人群颅骨表型的数量遗传学分析》,《科学通报》2018年第1期,第78—95页。

化标识、文化认同的群团。①

从以上推论来看，我们认为殷人平民阶层和族众大多是当地的"古中原类型"土著人群，而上层统治者中很可能有一部分具有"古东北类型"体质特征的外来人群占据主流抑或扮演重要角色。商代晚期的大邑商呈现出复杂的社会人群构成，统治阶层也多样分化，可能起初占据商王朝上层主流的阶层、与东北方向上各族存在密切遗传关系的"古东北类型"人群一同与其他族群（如 54 号墓）共同构成整个社会的统治阶层。② 且这些来源于东北地区或华北北部、南方地区等地的上层人士不仅与下层民众存在基因交流，而且还逐步接受了殷墟大邑商当地的土著文化，融入了当时的社会生活，共同创造出灿烂辉煌的商文明。

商族是一个经常游徙的民族，③ 朱彦民认为其起源于中国的东北地区，最后入主中原建立了商王朝。④ 郭静云认为殷墟出土的大量用于殷商王族上层车马埋葬的马匹可能来自北部接近蒙古草原的区域。⑤ 最近，黎婉欣《骑马术在欧亚草原的流行与在中国的兴起》一文指出："在商前期的遗址中（如郑州商城遗址等）并没有发现有关用马或马车的遗存。及至商后期即殷墟文化时期，情况发生重大改变，马已大量输入中国北方甚至中原地区"。⑥ 商晚期殷墟西北冈 M1001 殷墟文化二期早段大墓坑东南角位置发现的马车舆底及铜饰件，⑦ 小屯北地乙七基址 M20、M40 发现年代较早的车马坑，推断

---

① 陈畅：《鹤壁刘庄墓地分期与年代研究》，《华夏考古》2019 年第 3 期，第 67—74 页。

② 王明辉、杨东亚：《M54 出土人骨的初步鉴定》，中国社会科学院考古研究所编：《安阳殷墟花园庄东地商代墓葬》附录一，科学出版社 2007 年版，第 281—288 页。

③ 王震中：《商族起源与先商社会变迁》，中国社会科学出版社 2010 年版，第 26—39 页。

④ 朱彦民：《商族的起源、迁徙与发展》，商务印书馆 2007 年版，第 186—364 页。

⑤ 郭静云：《古代亚洲的驯马、乘马与游战族群》，《中国社会科学》2012 年第 6 期，第 184—204 页。

⑥ 黎婉欣：《骑马术在欧亚草原的流行与在中国的兴起》，《中国社会科学》2023 年第 12 期，第 175—198 页。

⑦ 梁思永（未完稿）、高去寻（辑补）：《侯家庄》（河南安阳侯家庄殷代墓地）第二本《1001 号大墓》上册，"中研院"历史语言研究所 1962 年版，第 66—67 页。

商人自迁都于安阳后即开始使用马车。① 马车与马的引进应与约自商前期末叶至商后期偏早阶段商人与北方族群的人群碰撞、冲突以及文化交流有关。大量卜辞也记载商王武丁时期北方族群曾东进、南下，商王朝西土与北土受到多重骚扰（参见图6-4），军事冲突不断。马与驾马术应从今蒙古、内蒙古地区传入中原地区。② 殷墟甲骨中有大量关于由北方族群组成的骑兵职官的记载。③ 殷墟孝民屯墓地北区殷墟文化四期墓葬 NM188 人骨鉴定报告指出其男性墓主"股骨干向外侧有一定圆弧度，与骑马民族类似，可能与此人身份有关"。④ 殷墟郭家庄高等级墓葬 M51 陪葬马坑有一人二马，M143 马坑有二人三马，⑤ 商墓陪葬坑中殉人和殉马也非普通族众可配享此待遇。殷墟车马坑内随葬驭者、杀殉（或杀祭）坑内的死者常伴出北方式兵器、工具等，可以认为北方族群应曾是商后期社会上层的重要组成部分。养马、驯马需要十分丰富的牧马经验和技巧，商王朝后期大量使用与马相关的物品，必然需要北方族群协助养马、驯马、管理马和驾马车。将偃师商城已然存在的人群复杂化现象，⑥ 与殷墟遗址中发现的大量北方草原文化因素和商周时期北方文化因素相结合，可以看出

① 石璋如：《小屯》（河南安阳殷虚遗址之一）第一本《遗址的发现与发掘》丙编《殷虚墓葬之一北组墓葬》（上），"中研院"历史语言研究所1970年版，第16—155、162—211页。

② ［美］梅维恒（Victor Mair）曾详细讨论马匹从中国西北或北方地区传入的可能性，否定了西北线传入的可能。参见 Victor H. Mair, "The Horse in Late Prehistoric China: Wresting Culture and Control from the 'Barbarians'", *Prehistoric Steppe Adaptation and the Horse*, 2003, pp. 163–187.

③ 杨升南：《略论商代军队》，胡厚宣：《甲骨探史录》，生活·读书·新知三联书店1982年版，第340—399页。宋镇豪：《夏商社会生活史》，中国社会科学出版社1994年版，第240—244页。刘一曼：《略论商代后期军队的武器装备与兵种》，中国文物学会、中国殷商文化学会、中山大学编：《商承祚教授百年诞辰纪念文集》，文物出版社2003年版，第185页。黄铭崇：《从商代的"C形马衔"与"尖锥策饰"看商代的"骑兵"问题》，李永迪主编：《纪念殷墟发掘八十周年学术研讨会论文集》，"中研院"历史语言研究所2015年版，第141—187页。

④ 朱凤瀚与罗森讨论商人与北方族群关系的通信中提到。参见杰西卡·罗森等：《从殷墟葬式再看商文化与欧亚草原的联系》，《青铜器与金文》第4辑，上海古籍出版社2020年版，第31—38页。中国社会科学院考古研究所编著：《安阳孝民屯（四）：殷商遗存·墓葬》，文物出版社2018年版，第703—704页。

⑤ 中国社会科学院考古研究所编著：《安阳殷墟郭家庄商代墓葬：1982年—1992年考古发掘报告》，中国大百科全书出版社1998年版，第137—150页。

⑥ 王明辉：《偃师商城出土人骨初步分析》，《中原文物》2023年第5期，第79—87页。

其对中原文化的冲击和影响。[①] 尤其是早于殷墟时期在陕西神木石峁遗址、[②] 内蒙古喀喇沁旗大山前夏家店下层文化遗址[③]等即已经存在大量马类遗存的考古发现，我们有理由推测北方人群、马匹等游战人群因素在殷商王朝早期，至迟在迁都安阳之前就已经起到了极其重要的作用。

图 6 - 4　刻有方国侵扰商王朝的卜辞

结合本书人类学视角的观察来看，在中国腹心地区这个经历了几千年"古中原类型"人群繁衍生息、独自生活的土地上，似乎铁板一块的单一"古中原类型"人群遗传构成被殷墟人群中所具有的"古东北类型"人群拉开了一个口子，变得复杂。"古东北类型"人群及其后裔自商代开始在太行山以东地区繁

　　① 韩金秋：《夏商西周中原的北方系青铜器研究》，上海古籍出版社2015年版，第174—189页。
　　② 吉林大学古DNA实验室检测结果显示石峁家马样本母系起源于欧亚大陆西部的青铜时代遗址。蔡大伟：《古DNA与中国家马起源研究》，科学出版社2021年版，第82—89页。
　　③ 大山前遗址发现马骨十八块，吉林大学古DNA实验室检测其中三枚马牙和一块足骨，判断为家马类，但样本属于来源不同的母系。王立新：《大山前遗址发掘资料所反映的夏家店下层文化的经济与环境背景》，吉林大学边疆考古研究中心编：《边疆考古研究》第6辑，科学出版社2007年版，第350—357页。

衍、繁盛，结合殷墟之后的滕州前掌大、白庙、梁带村墓地以及整个中国腹心地区北部边界区域青铜时代的人群变化趋势来看，以殷墟遗址为代表的"古东北类型"人群及其先世可能肇始了一次北方人群入主中原建立政权的先河，并引发了后世北方人群不断南下迁徙的冲动。此后，北部地区的"古华北类型""古蒙古高原类型"等人群不断的开始出现在中原腹地。先秦时期一次北方人群南迁大规模入主中原的历史浪潮可能早在商代就已经正式开始。

殷人"聚族而居（葬）"①"居葬合一"。② 如事实如此，我们可以看到殷墟中小墓 B 组和殷墟中小墓③组人群共存于同一墓地，两组人群在当时的生活形态与丧葬礼仪中已经实现了基本的文化认同，生活中形成了共通的风俗习惯（跪坐礼仪等），可能还共同使用相似的语言文字（甲骨文），拥有相似相通的思想信仰，互相视对方为同一人群中的一员，可以想见他们的文化已经完全地融合在一起。同时，以"古东北类型"人群为主流的殷商上层阶层很可能通过多角度、多层次的政治、联姻等方式与其他地区上层人群交融，逐步改变了当时社会统治阶层的基因结构，并开始逐步将其基因注入"古中原类型"人群的基因池中。而在商代晚期作为社会普通族众或平民（自由民）阶层为代表的土著"古中原类型"人群与其较高阶层的主流"古东北类型"人群还存在比较大的基因表型形态差异，当时的社会分层尚未从人群体质特征中看到基因结构大规模融合的趋势。有证据显示，晚商时期的殷墟血缘性墓地的规模在不断扩大，同时墓地的地域化程度也在加深。这些都反映出人群关系从大规模血亲集团向地域化组织过渡的中间形态。这样的墓地使用方式可能正是殷墟上层殷人与当

① 中国社会科学院考古研究所安阳工作队：《1969—1977 年殷墟西区墓葬发掘报告》，《考古学报》1979 年第 1 期，第 27—146 页。
② 蔡宁：《商系墓地形态探索》，博士学位论文，北京大学考古文博学院，2020 年，第 78—84 页。

地土著"古中原类型"人群基因逐步融合过程的写照。

　　殷商王族及其他人群的南下迁徙，中国腹心地区"古中原类型"人群的迁徙、不断流动与交融的过程本身就是文化认同趋同的过程，也是基因交流、体质特征进一步同一化的过程。整体来看，至少在殷墟时期，作为殷商王朝都城的安阳地区，就已经成为各类型人群融合的舞台。源自不同地区，不同文化背景的人们在殷商王朝强大的经济、文化影响力的吸引下来到安阳地区。他们通过各种方式逐渐成为殷商王都人群的一部分，经过长时间的交往相处，他们不仅在文化上认同商文化，而且与当地人群一道共同创造了光辉灿烂的殷商文明。而类似共同的文化认同为人群体质的融合创造了新的机缘，文化、基因与体质的共同趋同过程也是基因池丰富、扩大，人群活动弹性及群体稳固性加剧的过程，是"非我族类"观念淡化、边界模糊化的过程。这一过程也是文化、思想、基因的共同作用使得主体人群基因池更加稳固。华夏民族的主体人群体质融合、群体意识构建的过程，为华夏族的形成打下了最初的基础。可以说至少在殷墟时期，就已经有了华夏民族形成的文化基础和人类学基因逐渐融合的证据。①

（五）"古中原类型"人群是秦帝国统一过程中凝聚、动员、使用的最基本，也是最核心的力量

　　从铁器时代以前"古中原类型"人群的分布来看，其主要以黄河中下游地区为中心，东到大海、北侧可达内蒙古长城沿线，西到陇东、南到长江流域。而从秦始皇统一六国以后的疆域来看，除长江以南地区外，基本与融合发展到早期铁器时代（战国时期）"古中原类型"人群的分布范围重叠。而从与秦文化共存的人骨反映的体质特征表型类型来看，零口战国秦人墓、新丰等地点的人群绝大多数也是与"古中原类型"人群保持着基本一致的形态特征，太行山以东内丘张夺埋葬个体及其共存遗物更是具有秦文化特征与当地

①　王明辉：《商族起源的人骨考古学探索》，《华夏考古》2015年第4期，第51—59页。

文化特色相结合的特点。①

从秦帝国统一天下后的疆域来考察春秋战国时期"古中原类型""古华北类型"和"古华南类型"人群的体质特征，不可否认他们存在一定的差异，比如相较以往"古华北类型"人群颅高有逐步变低趋势，颅型也变宽，面宽略微变窄，面角逐步增大，鼻颧角增大，眶型变得更高，鼻型变得更宽。这些颅面特征中变低变宽的颅型以及逐步增大的上面部扁平度反映的扁平的上面部形态应该是受到具有北亚体质因素人群影响的结果，其可能与东周时期北方游牧文化带人群南下之后的逐步融合和推动有关。而变阔的鼻型可能正是"古中原类型"人群北上扩张导致的结果。此时中原土著的"古中原类型"人群颅型逐步变长，面型变高窄，眶型变得更高，有的组别人群鼻型变化差异度增加，这很可能正是受到来自"古西北类型"和"古华北类型"人群基因注入影响的结果。整体来看，此时的"古中原类型""古西北类型"和"古华北类型"人群相较新石器时代，其与现代汉族体质特征更为接近。他们在形态学上均与现代亚洲蒙古人种东亚类型遗传表型体现出较清晰的亲缘关系，而相互之间的差异也没有清晰到可重新划分小人群类型的程度，他们还是以相同的体质因素为主，差异次之。如果再联系到青铜时代以黄河中下游地区为核心的中国腹地，外来人群与本地"古中原类型"土著人群错综复杂混合在一起的现象，尤其是经过商周时期逾千年的人群交流融合，以及春秋战国时期人群交流的频繁过程，可见在秦帝国统一之前，通过秦楚联姻、秦晋之好、合纵连横等不同阶层人群的不断接触，中国腹心地区已经形成了各人群杂居的现象。② 所以从这点上来看，秦人统一六国、乃至形成最后秦帝国庞大的疆域，除

---

① 张欣：《内丘张夺遗址墓地研究初探》，南水北调中线干线工程建设管理局、河北省南水北调工程建设领导小组办公室、河北省文物局编：《内丘张夺发掘报告》附录二，科学出版社2011年版，第502—504页。

② 内丘张夺墓地多例个体埋葬时采用屈肢葬葬俗，具有秦文化特征与当地文化特色相结合的特点。

了秦帝国历代秦王的励精图治，积累了丰富的国力，形成了强于其他国家的政治、经济、军事、外交实力以及秦始皇本人统一六国，合并天下的雄心和政治抱负外，同一的人类学基础也是其行政动员、武力征伐、兼并六国等[①]过程中使用的最基础力量，是其最终实现统一梦想的一个重要因素。

从仰韶时代开始，灵宝铸鼎原西坡、阳原姜家梁等地社会上层就开始通过牙璋、玉璧等无实用功能的贵重物品形成纷繁复杂的文化交流网络，社会上层人员的基因交流融合已经开始。从殷墟时代开始，在殷人先世的带领下逐步形成了人群大规模南下、向东进入中原核心区域的浪潮，开启了下层人群交流的序幕。通过周代尤其是东周时期的历史变革，基本完成了下层人群的整合，形成稳定的"古中原类型"人群基因遗传基础，完成了秦统一的人类学基础。秦始皇统一六国开创了我国历史上第一个大一统封建王朝的开端，奠定了中华民族最初的历史疆域，各族人民之间在政治、军事、经济、文化等方面的交往较之先秦时期更为频繁，规模更为宏大。当时，作为古代中国统治核心的中国腹心地区以其高度发达的华夏文明对周边地区的各少数民族产生了强大的凝聚力，为进一步融合华夏各族，最终在秦汉以后汉族的形成，乃至中华民族的形成打下了良好的基础。

（六）"古中原类型"人群开放、包容的基因是促成现代汉族基因库形成的最基本源泉

现代汉族的起源、形成与发展是学术界普遍关注的主要议题之一。既往研究多集中在民族文化属性视角的观察，[②] 鲜有生物属性角

---

① 张龙春：《秦汉时期中原移民对岭南的开发和影响》，《乌鲁木齐职业大学学报》2005年第4期，第44—47页。

② 李龙海：《汉民族形成之研究》，科学出版社2010年版，第5—7页。徐杰舜：《汉民族发展史》，武汉大学出版社2012年版，第6—14页。覃东平：《试述汉民族形成的过程、特点和条件》，《贵州民族研究》1997年第2期，第43—48页。王景义：《论汉民族的形成和发展》，《学术交流》1998年第4期，第119—122页。

度的分析。通过对现代汉族生物遗传视角的观察可知其骨骼形态遗传表型主要体现出与现代亚洲蒙古人种东亚类型人群最为相似的特点，同时北方地区汉族人群还表现出部分与东北亚类型人群遗传因素相似的表型特征，[①] 南方地区汉族人群则在鼻面部形态等方面与南亚类型人群较为接近。整体上看，现代汉族人群的体质特征存在着南北差异。从现存汉族活体观察来看，我国各地汉族人群的头面部形态表型以同一性的共性为主，且呈现出一定地域分布上的规律性，如蒙古褶出现率自北向南逐渐降低、鼻翼宽度则由北向南逐步增加，鼻根高度有从北到南低型比例逐渐下降、高型比例逐渐增加的趋势等，均表明南北方汉族人群存在逐渐过渡的南北差异。同时，一些颅面部形态特征表现出与邻近地区相似的特性，反映出现代各地汉族人群之间的交流与融合频度的差异性以及这种融合导致的大范围内体质特征的复杂性。

研究表明，中国腹心地区新石器时代已经存在的"古中原类型""古西北类型"和"古华北类型"人群与我国现代汉族人群在体质特征上还存在明显差异，但同时也表现出明显的承继性。比如"古中原类型""古西北类型"和"古华北类型"与现代汉族人群各组均表现出较为相似的形态特征，尤其是"古中原类型"与现代华南汉族人群最为相似，遗传关系最为密切，而"古西北类型"与现代华北地区的汉族人群最为相似。现代汉族虽然大致可以分为南北两种类型，但现代华南汉族人群主体基因遗传结构并非直接承袭先秦时期"古华南类型"人群基因结构发展而来，而更多与北方体系的"古中原类型"和"古华北类型"关系密切。青铜—早期铁器时代，各区域古代人群在承继、延续本地祖先遗

---

① 李红杰：《中国北方古代人群 Y 染色体遗传多样性研究》，博士学位论文，吉林大学生命科学学院，2012 年，第 36 页。朱泓、赵东月：《中国新石器时代北方地区居民人种类型的分布与演变》，吉林大学边疆考古研究中心编：《边疆考古研究》第 18 辑，科学出版社 2015 年版，第 331—350 页。韩康信：《中国新石器时代种族人类学研究》，田昌五、石兴邦编：《中国原始文化论集——纪念尹达八十诞辰》，文物出版社 1989 年版，第 40—55 页。

传特征的同时，进一步强化的人群活动与迁徙碰撞，使得大范围的古代人群体质特征开始出现了趋同性的变化。尤其是"古中原类型"和"古西北类型"人群与现代汉族人群在体质特征上更为接近。以青铜—早期铁器时代"古西北类型"人群为主体，混合了以"古中原类型"人群基因为主体遗传表型特征的人群与现代北方汉族人群关系最为密切，是现代北方汉族人群形成的重要基石。以"古中原类型"人群主体基因表型为主混合了"古华北类型"人群基因特征的人群与现代南方汉族的距离最近。数次北民南迁，来自北方的人群与南方本地土著人群之间日渐频繁的基因交流共同塑造了现代南方汉族的基本体质面貌。

　　秦汉时期人群相比青铜—早期铁器时代，更加接近现代汉族人群的体质特征。承继先秦时期"古西北类型"人群基因结构，主要融合中原地区"古中原类型"人群体质特征的古代人群，与现代北方汉族更加接近。以先秦时期"古中原类型"人群为主体，吸收西北羌人、北方游牧人群的古代人群，与现代南方汉族人群的体质更为接近。虽然"汉族"称谓已经出现，但汉族的体质尚未完全形成。对汉、唐、宋古代人群体质特征的分析表明，现代汉族尤其是北方汉族的基本特征在宋代西北地区已经基本形成。秦汉时期中原王朝的"大一统"进程、对匈作战、屯田戍边等向北方、西北、岭南、巴蜀地区的经略拓展，西晋时期、唐代晚期和北宋末年三次战乱引起的大量人口南迁，以中国腹心地区"古中原类型"为主基因人群的拓展等共同促成了现代南方地区汉族人群体质特征的进一步形成。同时匈奴、鲜卑、羯、氐、羌、契丹、女真、蒙古、鞑靼和满等北方人群也为汉族的形成不断输送新鲜血液。宋代至明清时期，尽管东亚大陆与域外人群交流频繁，但整体的人群体质特征与现代南北方的汉族人群已大体一致，是现代汉族不断发展的阶段。[①] 到明清时

---

① 赵东月：《汉民族的起源与形成——体质人类学的新视角》，博士学位论文，吉林大学文学院，2016年，第99—102页。

期，随着人群交流的进一步频繁以及蒙古、满等人群的融入，南北方汉族人群与现代汉族人群的体质已经基本一致。现代汉族就是这样在不断的流动、迁徙、碰撞和交流中，不断融合锤炼而成。而且这种交流与融合尚未停止，还在继续。

"古中原类型"人群是现代汉族起源、[①] 形成与发展最主要的源头，其通过在中原地区的继承和吸收以及对周边人群产生的急剧影响力，在不断拓展、发展过程中不断持续的人群碰撞，进一步影响了周边区域人群体质特征的形成。应该说，自新石器时代开始，北方体系的"古中原类型""古西北类型"和"古华北类型"人群共同成为现代汉族人群基因结构构建的发端。青铜—早期铁器时代是现代汉族人群的初始形成阶段，以"古中原类型"人群为主体建构的商、周文明体系，不断吸收融合来自北方、西北和南方地区人群的基因谱系，同时更具弹性的"古中原类型"人群不断向周边区域拓展，"古中原类型"人群基因库通过吸纳与拓展不断丰盈，使之成为汉族的前身——华夏族初始形成的核心力量。秦汉时期是现代汉族形成的重要时期，不论是文化面貌、心理认同、还是体质特征均出现了大规模融合现象。由于大一统国家力量主导了多次大规模人群迁徙，不同地区人群在体质上逐渐融合，表现出更为混合性的颅面基因表型特征。通过与现代汉族的对比可知发展到宋代时以"古中原类型"为基本基因构成的现代汉族基因结构已经基本形成。

"古中原类型"人群起源和发展的进程表明其历史的久远，且具有强大的稳定性，同时还极具开放性、包容性和创造性。他们开放、接纳、包容、融合以及中原文明的强大影响力和感召力使中国腹心地区成为现代汉族发展、形成的核心区域。"古中原类型"人群基因是促成现代汉族基因库形成的最基本源泉。

---

① 赵永斌、于长春、周慧：《汉族起源与发展的遗传学探索》，《吉林师范大学学报》（自然科学版）2012 年第 4 期，第 45—49 页。

（七）"传承与交融"构成中国腹心地区人群起源、发展与交流的基本特征

自古以来，以黄河中下游地区为核心的中国腹地一直是以汉族为主体民族的中华民族共同体历史发展的核心地区，这一地区不仅孕育了汉族及其前身—华夏族，[①] 同时由于其特殊的地理位置而成为历代政治、经济、文化、军事的中心，其强大的辐射力不断地吸引周边地区的诸多族群投身于这个民族的大熔炉之中。正是通过长期的文化碰撞、民族融合和基因交流，多元一体的中华民族得以逐渐发展、壮大。

研究表明，中国腹心地区亚洲蒙古人种体质因素从北京猿人一直到现代人均有体现，其体质基因应保持了稳定的传承。最早在旧石器时代中期出现了少量类似尼安德特人的外来体质因素。新石器时代，与现代亚洲蒙古人种颇相近似的"古中原类型"人群体质因素一直占据主流。最先在仰韶文化中期的河南灵宝铸鼎原西坡、河北阳原姜家梁、河南荥阳汪沟等地出现可能源于多处，但相对活动范围较为局限的"同种系多类型的复合体"人群共同生活在同一大型聚落的情况。到商代晚期，来自于安阳殷墟以北区域的北方人群体质因素大幅度改造了社会上层，且殷商王族很可能引领了一次北方人群南下入主中原的人群大迁徙，但对社会下层影响较小（如小胡村"舌"族），并未从根本上改变中原腹地人群的主体基因结构。战国晚期，以"古中原类型"为主体遗传特征的人群在秦人的引领下实现了大范围的人群整合，奠定了最早的大一统政治格局的人群体质基础。秦汉以后人群迁徙、流动日渐频繁，域外人群不断融入中原文明体系，深受中原文明文化体系影响的人群不断拓展到黄河中下游以外地区，但蒙古人种北方体系的"古中原类型""古华北类型""古西北类型"人群一直是活动于该地区的主流群体。现代

---

① 邹孟君：《华夏族起源考论》，《华南师范大学学报》（社会科学版）1985年第1期，第7—21页。

汉族基本体质特征在宋代已经基本奠定，宋代长江以北人群对北方汉族和南方汉族的最终形成贡献了最初的基因原动力，并逐步奠定了近代以来汉族的人群生物遗传底色。

1. 超稳定传承是核心中国人群基因历时性表现的主体特征

旧石器时代人类化石证据显示与现代亚洲蒙古人种相似的基因成分构成一直是以黄河中下游地区为核心中国腹地人群演化、基因传承与互动的主旋律。新石器时代是与现代亚洲蒙古人种极其相似的"古中原类型"人群基因孕育、传承、发展与交融的重要阶段。其中最早阶段的裴李岗时代是与现代亚洲蒙古人种相似体质基因传承，也是"古中原类型"人群孕育、发展的重要阶段；仰韶时代是现代亚洲蒙古人种体质因素发展与"古中原类型"人群初步融合的阶段；而龙山时代是"古中原类型"人群交流、互动与人群较大规模整合的阶段。青铜—早期铁器时代是"古中原类型"人群的频繁互动与华夏人群主体基因积淀的重要阶段。铁器时代人群"大迁徙"导致人群大规模融合，以"古中原类型"为主体基因表现的汉族在宋代初步形成，直到明清继续发展，奠定了南北方汉族形成的基因基础。以"古中原类型"为主要表现的体质基因的超稳定传承是核心中国人群基因历时性表现的主体特征。

2. 以开放为基，超融合性是核心中国人群基因交流的主要表现形式

以黄河中下游地区为核心的中国腹心地区其他类型（"古华北类型""古西北类型""古蒙古高原类型""中亚两河类型"等）人群的出现与"古中原类型"人群的不断交融，显示出"古中原类型"固有土著人群的超稳定性、超包容性以及超融合性。其犬牙交错的分布状态不仅反映了人群的频繁流动与基因的大规模融合，其历史活动还共同为汉族以及中华民族的最后形成注入了巨大的基因贡献。

安阳殷墟及其他殷人的基本基因构成及其上层人群的交流可能引发了青铜时代一次大规模的"北民南迁"浪潮，并开始逐步改变

华夏民族上层人群的基因构成。"盘庚迁殷"可能是与后世"永嘉之乱""安史之乱""靖康之变"等历史事件类似的一次重大人群迁徙事件的历史记录。

此外，"古中原类型"人群开放、包容的基因是促成现代汉族基因库形成的最基本源泉，"古中原类型"人群与"古华北类型"人群共同奠定了南方汉族人群的基本基因构成基础，"古中原类型"与"古西北类型"人群共同奠定了北方汉族人群的基本基因结构基础。总之，源于北方体系的古代人群基因共同奠定了近代以来现代汉族人群的生物遗传底色。

3. 核心中国人群基因稳定传承与大规模基因交融使得中原文明具备了独一无二的历史地位

中原地区是中国人基因稳定传承，保持基因稳定性、开放性、融合性最强的区域。研究表明，以黄河中下游地区为核心的中国腹地是现代亚洲蒙古人种体质基因最主要演化、发展的核心区域之一。该地区"古中原类型"人群是中国腹心地区承继亚洲蒙古人种人群主体基因、促进人群融合发展最主要的土著人群。

"古中原类型"人群是秦帝国统一过程中动员、使用的最基本，也是最核心的力量。继殷人之后，以"古中原类型"为主体遗传特征的人群在秦人的引领下实现了大范围的人群整合，进一步消弭了中国腹心地区社会上下层人群的基因隔阂，奠定了最早大一统政治格局的人群体质基础。

早在秦统一之前的青铜时代，作为政治、经济核心的中原地区以其高度发达的华夏文明对周边地区人群产生了强大吸引力，并通过一系列的人群互动使得凝聚力日渐增强，奠定了以"古中原类型"基因为基础的华夏民族。秦始皇以其雄心兼并六国，结束了战国时期群雄并起、分崩离析的政治格局。在此"大一统"历史背景下，各人群在政治、军事、经济、文化等方面的交流超越历史上任何一个阶段，呈现出更加频繁、规模更为宏大的历史场面，奠定了汉族形成的最初政治基础。

　　极具稳定性、开放性、包容性、融合性的"古中原类型"人群不断吸收其他人群体质因素，发展成为承载现代汉族主体基因的强势人群，为以现代汉族为主体的中华民族共同体的形成奠定了基本的遗传基因底色。

第 七 章
余　　论

总结前文我们主要有以下收获：

第一，本书以考古出土人骨材料为论证基础，勾画了中国腹心地区从旧石器时代化石人群到明清时期人群的骨骼（主要是颅骨）遗传表型特征。研究表明，该地区与现代亚洲蒙古人种相似的体质因素从北京猿人一直到现代人均有一定体现，很可能保持了稳定的传承。最早在旧石器时代中期出现了少量类似尼安德特人的外来体质因素。新石器时代与现代亚洲蒙古人种极其相似的"古中原类型"人群体质因素一直占据主流。最先在仰韶文化中期的灵宝西坡、阳原姜家梁以及荥阳汪沟等地出现源于多处，但活动范围较为局限的"同种系多类型复合体"人群共同生活在同一大型聚落的情况。商代晚期，源自殷墟以北区域的北方人群体质因素大幅度改造了社会上层，且殷商王族很可能引领了一次北方人群南下入主中原的人群大迁徙，但对社会下层影响较小，并未从根本上改变中原腹地人群的主体基因构成。战国晚期，以"古中原类型"为主体遗传特征的人群在秦人的引领下实现了大范围的人群整合，奠定了秦大一统政治格局的人群体质基础。秦汉以后人群迁徙、流动日渐频繁，域外人群不断融入中原文明体系。同时，深受中原文化体系影响的人群不断拓展到黄河中下游以外地区。但蒙古人种北方体系的"古中原类型""古华北类型""古西北类型"人群一直是活动于该地区的主流群体。现代汉族基本体质特征在宋代已基本奠定。宋代以来长江以北人群对北方汉族和南方汉族的最终形成贡献了最初的基因原动力,并奠定了近代以来汉族人群的生物遗传底色。"传承与交融"是中国腹心地区古代人群演化、发展与交流轨迹的基本特征。

第二,中国腹心地区各历史阶段的特征可以概括为:旧石器时代人类化石证据显示,该阶段应是现代亚洲蒙古人种体质基因在该地区演化、基因传承与互动的最初阶段。新石器时代是与现代亚洲蒙古人种极其相似的"古中原类型"群体基因不断传承、发展与交融的重要阶段。其中,裴李岗时代主要体现为与现代亚洲蒙古人种相似体质基因的传承,仰韶时代则是与现代亚洲蒙古人种相似体质特征发展与"古中原类型"诸人群的融合,龙山时代是"古中原类型"人群交流、互动与较大规模整合的重要时期。青铜—早期铁器时代是"古中原类型"人群的频繁互动,华夏人群主体基因积淀的重要历史阶段。铁器时代的"大迁徙"促进人群大规模融合及汉族在宋代初步形成与发展。

研究表明,在我国古今的各人群中,除分布于西北地区的少数人群中混杂有部分欧罗巴人种体质因素外,作为中华民族长期繁衍生息的生物遗传学基础基本上是单一的蒙古人种体质因素。这种呈现在体貌特征上的共通性和相似性对人们的族群认同心理,特别是对古代人群的"我者"认同产生了重大影响,无疑对秦汉以来的东亚大陆大一统格局的奠定具有重大的意义。因此,我国人群体质特征上的相对稳定性应该视为中华民族多元一体化格局[1]形成的基本人类学基础。自秦孝公以来"及至始皇,奋六世之余烈,振长策而御宇内,吞二周而亡诸侯,履至

---

[1] 费孝通:《中华民族的多元一体格局》,《北京大学学报》(哲学社会科学版) 1989 年第 4 期,第 1—19 页。

尊而制六合"，① 结束了战国时期群雄并起、分崩离析的政治格局。在此"大一统"历史背景下，各人群在政治、军事、经济、文化等方面的交流超越历史上任何一个阶段，呈现出更加频繁、规模更为宏大的历史场面。同时，作为政治、经济核心的中国腹心地区以其高度发达的华夏文明对周边地区人群产生了强大吸引力，并通过一系列的人群互动使凝聚力日渐增强，奠定了以华夏民族为前身，"古中原类型"人群不断吸收其他人群体质因素，承载现代汉族主体基因，成为以现代汉族为主体，由各民族共同组成的中华民族基本格局。

以黄河中下游为核心的中国腹心地区一直是以汉族为主体民族的中华民族共同体历史发展的核心地区。这一地区不仅孕育了汉族及其前身—华夏族，同时由于其特殊的地理位置而成为历代政治、军事、经济、文化的中心，其强大的辐射力不断地吸引周边地区的诸多族群投身于这个民族大熔炉之中。正是通过长期的文化碰撞、民族融合和基因交流，多元一体的中华民族得以逐渐发展、壮大。中华文明圈也在核心中国人群的推动下如同滚雪球般越滚越大，扩散开来。尽管在历史发展进程中，作为政体的中国时有分合，还常有"边地"族群不断融入，但中华文明始终显示出强大的生命力和凝聚力，成为世界上少有的、贯通古今的文明体系之一。同时，中华文明最具活力的时期，也是与其他文明深度交流、频繁互动的时期，作为其主要推动力量的"古中原类型"人群有序稳定的传承与其自身开放、包容的特性起到了决定性的交融、推动作用，其不断吸收"他者"体质基因、文化基因，吐故纳新，不断交融，激发出自身无穷的创造力，为中华民族的统一、和谐、永续发展奠定了坚实的基础。

---

① （汉）贾谊：《新书》，方向东译注，中华书局 2012 年版，第 4 页。

表1

中国腹心地区古人类化石统计一览表

地区	化石人类	发现地点	发现时间	古人类化石	种属	时期	距今年代（万年）
陕西	蓝田人	蓝田县陈家窝村	1963	下颌骨一件	直立人	旧石器时代早期	约65
		蓝田县公王岭	1964	额骨，顶骨及右侧颞骨，鼻骨，上颌骨，右侧上颌第二、三白齿和左侧上颌第二白齿	直立人	旧石器时代早期	约110~163
	洛南人	洛南县东河村	1977	右侧上颌第一白齿一枚	直立人	旧石器时代早期	约20~36
	大荔人	大荔县解放村	1978	一具较完整颅骨，仅脑颅右侧后上部及左侧颧弓缺失，略变形，无下颌。	早期智人	旧石器时代中期	约26~30
	黄龙人	黄龙县东莲花山及徐家坟山南南坡	1975	一个头盖骨残片，包括额骨和顶骨	晚期智人	旧石器时代晚期	约3~5
	长武人	长武县窑头沟及鸭儿沟	1972	左侧上颌第二白齿（齿根缺失，齿冠釉质破损），为一少年个体	智人	更新世晚期	
	金鼎人	志丹县金鼎乡谢湾村广中寺	1991	一个残头盖骨，包括额骨，左右顶骨，额部分叉骨根部，所有两侧蝶骨及乳突骨（缺枕骨）	晚期智人	旧石器时代晚期	约5.5~5.3
	丁村人	襄汾县丁村	1953	右侧上颌中门齿，侧门齿和下颌第二白齿以及一块右侧顶骨残片	早期智人	旧石器时代中期	约21~16
山西	许家窑人	阳高县古城公社许家窑—侯家窑遗址	1976~1979	一件儿童右侧上颌骨，三颗游离白齿，两块枕骨，一件上颌骨，左右颥支残段和十三块顶骨碎片，代表约十六例个体	新型古老型人类	旧石器时代中期	约20~16（释光法）约12~10（动物群+铀系法）
	西沟人	曲沃县朝阳西沟遗址	1983	上颌右侧乳大齿一枚	智人	旧石器时代中期	约5
	峙峪人	朔城区峙峪村	1963	枕骨一块	晚期智人	旧石器时代晚期	约4.5
	王汾人	临汾市土门乡王汾村	1991	右侧股骨体中段一块	晚期智人	旧石器时代晚期	

续表

地区	化石人类	发现地点	发现时间	古人类化石	种属	时期	距今年代（万年）
河南	南召人	南召县云阳镇杏花山	1978	右侧下颌第二前白齿一枚	直立人	旧石器时代早期	约66～29
	淅川人	南阳市淅川县中药材仓库	1973	牙齿十三枚（包含左侧下颌大齿一枚、左右侧下颌第一前白齿各一枚、左侧下颌第二前白齿一枚、左右侧上颌第二前白齿各一枚、右侧第一（或第二）白齿两枚、左右下颌第一、右侧上颌第二白齿一枚、左侧下颌第三白齿一枚、右侧下颌第二乳白齿一枚）	直立人	旧石器时代早、中期	与郧县龙骨洞年代相当
	栾川人	洛阳市栾川县湾滩村孙家洞	2012	六件古人类牙齿化石，包括上颌残块（附带第一白齿）、下颌残块（附带第一白齿）和四枚牙齿（分别是上颌第二前白齿、下颌外侧门齿、两个下颌第二白齿），代表三个古人类：一个成年人和两个未成年人，其中未成年人的牙齿生长状况分别与现代人6～7岁和11～12岁的儿童相当	直立人	旧石器时代早期	中更新世，与北京猿人年代相当
	许昌人	许昌市灵井遗址	2007	顶骨、颞骨、枕骨等头骨碎片	晚期智人	旧石器时代中期	约10.5～12.5
	卢氏人	卢氏县刘家岭	1976～1977	头骨四块和牙齿两枚	晚期智人	旧石器时代晚期	约10
	鲁山人	平顶山市观音寺乡西陈庄村仙人洞遗址	2021	牙齿化石，两件人类额骨断块	晚期智人	旧石器时代中晚期	约3.2，约1.2
	蝙蝠洞人	栾川县庙子乡高崖头村蝙蝠洞遗址		牙齿一枚	晚期智人	旧石器时代晚期	
山东	沂源人	沂源县土门镇骑子鞍山	1981	一件头骨残片（含顶骨、额骨和枕骨）、枕骨两块、牙齿七枚（包括大齿一枚、前白齿四枚和白齿两枚）、部分肢骨	直立人	旧石器时代早期	约42～32或约63
	乌珠台人	新泰县刘杜乌珠台村	1966	下颌白齿一枚	智人	旧石器时代晚期	约5～2

表2

中国腹心地区仰韶时代各人群统计表

组　别	遗址	地理位置	年代	文化类型	体质特征		相似古代人群	相似近代人群	相似近代类群	相似古代类群
					颅型	面型				
半坡组	半坡遗址	陕西省西安市	仰韶时代	仰韶文化	中颅型、高颅型结合中颅型	中等面宽、中眶、阔鼻、中等扁平上面部	印度支那新石器组	华南组、华北组	现代亚洲蒙古人种南亚类型	"古中原类型"
北首岭组（宝鸡组）	北首岭遗址	陕西省宝鸡市	仰韶时代	仰韶文化	中颅型、高颅型结合中等的狭颅型	中等面宽的上面部、中眶、阔鼻、突出上面部	半坡组		现代亚洲蒙古人种南亚类型	"古中原类型"
横阵组	横阵遗址	陕西省华阴县	仰韶时代	仰韶文化	中等偏短的颅型、高颅结合中等近狭颅型	中眶型、中等面宽、阔鼻	宝鸡组、华县组		现代亚洲蒙古人种	"古中原类型"
元君庙组（华县组）	元君庙遗址	陕西省华县	仰韶时代	仰韶文化	中颅型、高颅型结合偏狭的颅型	中等面宽、中眶、阔鼻、齿槽突颌	半坡组、宝鸡组	华南组、华北组、印度尼西亚组	现代亚洲蒙古人种	"古中原类型"
姜寨一期组	姜寨遗址	陕西省西安市临潼区	仰韶时代	半坡文化	中颅型	较宽的面宽、较大的上面部扁平度、中等突颌、中眶和阔鼻	宝鸡组		现代亚洲蒙古人种东亚类型	"古中原类型"
姜寨二期组			约距今5490～5000年	仰韶文化史家类型	中颅型结合狭颅型	较宽的面宽、中等小的上面部、上面部扁平度、中等突颌、低眶和中等阔鼻	庙底沟组、华县组、宝鸡组		现代亚洲蒙古人种	"古中原类型"

续表

组别	遗址	地理位置	年代	文化类型	体质特征		相似古代人群	相似近代人群	相似近代类群	相似古代类群
					颅型	面型				
仰韶文化合并组		陕西关中地区	仰韶时代	仰韶文化	高而偏狭的颅型、简单的颅顶缝	中等面部扁平程度、偏低的眶形和阔鼻倾向等、圆钝的颧骨、发达而突出的鼻前棘、鼻梁、低而回的犬齿窝、发育弱的面部扁平的面部	仰韶文化各组	华南组	现代亚洲蒙古人种南亚类型	"古中原类型"
晓坞组	晓坞遗址	河南省灵宝市	仰韶时代	仰韶文化早期东庄类型	偏短的中颅型、高颅型结合狭颅型、简单的颅缝、较显著发育的矢状嵴	高而偏狭的面宽、低眶型、偏狭的中鼻型、中等偏平、上面部高和的鼻部、育弱的大齿窝和突出的鼻前棘、鼻根凹、低矮程度、高而宽的颧骨	陶寺组、仰韶文化合并组		现代亚洲蒙古人种	"古中原类型"
何家湾组	何家湾遗址	陕西省西乡县	约距今6000年	半坡文化	中颅型结合高颅型	中一狭面型、较大的面部扁平度、中眶、阔鼻、齿槽突颌	关中地区仰韶文化各组		现代亚洲蒙古人种	"古中原类型"
石固组	石固遗址	河南省长葛市	前仰韶文化期；仰韶文化期	仰韶文化	中颅型、结合狭颅型、高颅型、颅缝简单	中眶、阔鼻、阔额、偏高的上面部形态、较大面部扁平度、眉弓和大齿窝不发达、鼻弓和大齿窝低矮	华北地区新石器时代各组		现代亚洲蒙古人种南亚类型	"古中原类型"

续表

组别	遗址	地理位置	年代	文化类型	体质特征 颅型	体质特征 面型	相似古代人群	相似近代人群	相似近代类群	相似古代类群
沟湾组（女性）	沟湾遗址	河南省淅川县	仰韶时代	仰韶文化	长颅型、高颅型结合狭颅型	中眶、狭鼻、鼻棘不发达，无大齿窝，U型腭形为主			现代亚洲蒙古人种东亚类型	"古中原类型"
西山组	西山遗址	河南省郑州市	约距今6500~4800年	后冈一期；庙底沟文化；秦王寨文化；大河村遗址第五期	中颅型、高颅型结合狭颅型	狭额、阔鼻、低眶、中等突出上面部、齿槽突颌	西夏侯组、大汶口和仰韶文化人群		现代亚洲蒙古人种	"古中原类型"
孙庄组	孙庄遗址	河南省郑州市	约距今5300~4800年	仰韶文化晚期	高颅型结合狭颅型、简单颅顶缝	中等偏大的面部、面部扁平度中等、狭额型、低眶型、平颌型、大齿窝和欠发达的鼻根凹	仰韶合并组、庙子沟组、西山组、大汶口组	华南组	现代亚洲蒙古人种	"古中原类型"
西坡组	西坡遗址	河南省灵宝市	约距今5300~4900年	仰韶文化庙底沟类型	高颅型结合狭颅型及中颅型	狭额、狭鼻型、低眶型、齿槽面突出				
汪沟A组	汪沟遗址	河南省荥阳市	仰韶文化中晚期	大河村三期类型	特圆颅型、高颅型结合中颅型	狭额、低眶型、中鼻型、齿槽平度中等，中面突出	仰韶合并组、西山组		现代亚洲蒙古人种东亚类型、南亚类型	同种系多类型复合体人群
汪沟B组					中颅型偏长颅、高颅型以及中、狭颅型相结合的颅型	鼻型低矮、眼眶低、上面部扁，中面部突出，齿槽面突出	庙子沟组		蒙古人种东亚类型	

续表

组别	遗址	地理位置	年代	文化类型	体质特征		相似古代人群	相似近代人群	相似近代类群	相似古代类群
					颅型	面型				
驾忠仰韶组	驾忠遗址	河南省渑池县	仰韶时代晚期	仰韶文化	中颅型、高颅型结合狭颅型	中等上面部、中眶型、阔鼻、阔腭	尉迟寺组	华南组	现代亚洲蒙古人种东亚、南亚类型	"古中原类型"
八里岗组	巴里岗遗址	河南省邓州市	仰韶时代中期	仰韶文化	息		华北地区古代人群	华北地区现代人群		"古中原类型"
大汶口组	大汶口遗址	山东省泰安县	大汶口文化时期	大汶口文化	超圆颅型、高颅型结合中颅型	鼻棘低矮、大齿窝、颧缝简单、颧形圆钝、中眶型、中面部相当偏平	半坡组	波利尼西亚组	现代亚洲蒙古古人种	"古中原类型"
西夏侯组	西夏侯遗址	山东省曲阜县	新石器时代	大汶口文化	中颅型、高颅型结合狭颅型	鼻棘低矮、大齿窝、颧缝简单、颧形圆钝、中眶型、中鼻型、面部相当偏平	大汶口组	波利尼西亚组	现代亚洲蒙古古人种	"古中原类型"
野店组	野店遗址	山东省邹县	新石器时代	大汶口文化	圆颅型偏中颅型、高颅型结合中颅型	中等偏高的面高、中等偏宽的面宽、齿槽向前突出、低眶型接近中眶型、中鼻型	大汶口组、西夏侯组		现代亚洲蒙古古人种	"古中原类型"
广饶组	付家遗址、五村遗址	山东省广饶县	大汶口文化中期偏晚	大汶口文化	短颅型、高颅型结合中等偏狭的颅型	颅顶缝较简单、眉弓和眉间突度不强烈、鼻突度小、鼻根凹陷平浅、鼻棘不发达、中眶型、中鼻型、面部相当偏平	大汶口文化各组	波利尼西亚组	现代亚洲蒙古古人种	"古中原类型"

续表

组别	遗址	地理位置	年代	文化类型	体质特征		相似古代人群	相似近代人群	相似近代类群	相似古代类群
					颅型	面型				
王因组	王因墓地	山东省兖州市	新石器时代	大汶口文化	圆颅型、高颅型结合狭颅型	中上面型、中颧型、中鼻型	大汶口文化各组	华南组、华北组	现代亚洲蒙古人种	"古中原类型"
呈子一期组	呈子墓地	山东省诸城县	新石器时代	大汶口文化（呈子一期）	超圆颅型结合高颅型、中颅型	较大的面部水平扁平度、中等齿槽突颌、狭鼻、高的眼眶、短齿槽型	大汶口文化各组		现代亚洲蒙古人种东亚类型	"古中原类型"
北阡组	北阡遗址	山东省即墨市	约距今6000年	大汶口文化	圆颅型、高颅型结合狭颅型	鼻根部深凹程度不显、鼻棘和大齿窝不发达、颧骨上颌骨下缘转角处欠圆钝、中鼻型、中上面型、中眶型	华北新石器时代各组、大汶口组		现代亚洲蒙古人种东亚类型	"古中原类型"
大墩子组	大墩子遗址	江苏省邳县	约距今4500~6000年	大汶口文化	—	圆形和方形颏、下颏支多外翻和直形、下颏角呈结节状、有"摇椅式"下颌	大汶口组、西夏侯组		现代亚洲蒙古人种	"古中原类型"
尉迟寺组	尉迟寺遗址	安徽省蒙城县	约距今4500~4800年	大汶口文化	长颅型结合卵圆形、颅型简单	眉弓、眉间突度弱、鼻根凹陷浅、鼻高低平、颧骨较宽、大齿窝浅、椭圆形眶、低面、阔鼻、中眶	大汶口组		现代亚洲蒙古人种、南亚类型	"古中原类型"

续表

组别	遗址	地理位置	年代	文化类型	体质特征		相似古代人群	相似近代人群	相似近代类群	相似古代类群
					颅型	面型				
零口村新石器组	零口村遗址	陕西省临潼县	约距今6600～7300年	零口村文化			宝鸡组、华县组、姜寨组		现代亚洲蒙古人种	"古中原类型"
下王岗组	下王岗遗址	河南省淅川县	新石器时代	屈家岭文化	圆颅型、高颅型结合狭颅型	面部较宽而高、面部向前突出的矮小、中等偏低的眶型、中等偏阔的鼻型	黄河下游新石器组	华北组	现代亚洲蒙古人种南亚类型	"古中原类型"
西水坡组	西水坡遗址	河南省濮阳市	新石器时代	西水坡文化					现代亚洲蒙古人种东亚、南亚类型	"古中原类型"
姜家梁组	姜家梁遗址	河北省张家口市阳原县	仰韶向龙山过渡阶段	小河沿文化	以中颅型为主，少量圆颅型和圆颅型，伴以高颅型和狭颅型	中等程度的上面高、中等面宽、偏低的眶型、偏低的鼻型、相对较大的面部偏平度	庙子沟组、夏家店上层组	华北组	现代亚洲蒙古人种东亚、北亚类型	"同种系多类型的复合体"，以"古华北类型"为主

表3　中国腹心地区龙山时代各人群统计表

组别	遗址	地理位置	年代	文化类型	体质特征 颅型	体质特征 面型	相似古代人群	相似近代人群	相似近代类群	相似古代类群
寨峁组	寨峁遗址	陕西省神木县	约距今4800~4100年	寨峁文化	正颅型、高颅型结合中颅型	狭额阔鼻、中等面部突度、不发达的鼻棘与大齿窝、颧骨转角处大圆钝	瓦窑沟组	华南组、华北组	现代亚洲人种蒙古、南亚、东亚类型	"古中原类型"
后阳湾组	石峁城址后皇城台后阳湾地点	陕西省神木县	龙山晚期—夏代早期	寨峁文化	中颅型、高颅型结合略阔的狭颅型	中等的面宽型、偏低的眶形、偏阔的鼻根和鼻梁、弱的鼻根和鼻梁水平方向上偏平的上面部、矢状方向较为扁平的面部、中等高、宽的颧骨			现代亚洲人种蒙古东亚类型	
石峁祭祀坑组	石峁城址外城东门	陕西省神木县	龙山晚期—夏代早期	寨峁文化	长颅型、高颅型结合中颅型	窄面、中等、阔鼻、面部非常扁平	寨峁组、后阳湾组			"古华北类型"
新华组	新华墓地	陕西省神木县	龙山晚期—夏纪年（约距今2150~1900年）	大口文化	中颅型、高颅型结合狭颅型	眉弓和眉间突度不强烈、浅平的鼻根、圆钝的眶角、浅平的大齿窝、中鼻、中鼻、较为扁平的上面部	甘肃铜石时代组	东北组、华北组、朝鲜组	现代亚洲人种蒙古东亚类型	
木柱柱梁组	木柱柱梁遗址	陕西省靖边县	龙山文化晚期	龙山文化	中颅型或接近中颅型的长颅型结合狭颅型	中等偏宽、中等偏低的眶形、中等的鼻根、鼻突度、水平方向上中等偏平、矢状方向较为扁平的面部、中等高宽的颧骨	庙子沟组		现代亚洲人种蒙古东亚类型	

组别	遗址	地理位置	年代	文化类型	体质特征		相似古代人群	相似近代人群	相似近代类群	相似古代类群
					颅型	面型				
五庄果墚组	五庄果墚遗址	陕西省靖边县	龙山时代早期	龙山文化	中长颅型、高颅型结合狭颅型	中眶、狭面、中颅、偏阔的鼻型、鼻根发育弱、平颏、阔腭、上面部扁平较大的高度	西夏侯组、柳湾合并组、尉迟寺组	华北组、华南组	现代亚洲蒙古人种东亚类型	多类型复合体的"古华北类型"
米家崖组	米家崖遗址	陕西省西安市	客省庄文化晚期	客省庄文化	长颅型、高颅型结合狭颅型	中等偏高的眶型、狭面、较小的上面的部扁平度	柳湾合并组、尉迟寺组	华北组	现代亚洲蒙古人种东亚类型	"古西北类型"（男）
过风楼组	过风楼遗址	陕西省商南县	龙山文化时期	仰韶文化西王村类型	长颅型、高颅型结合狭颅型	窄面、低眶、阔鼻	柳湾组、少陵原组、北吕组		现代亚洲蒙古人种、东亚类型	"古中原类型"（女）
下魏洛组	下魏洛遗址	陕西省旬邑县	龙山时期	龙山文化	中颅型、高颅型结合中颅型	中颌型面角、阔鼻型、中眶型	仰韶合并组、圩墩组		现代亚洲蒙古人种南亚类型	"古中原类型"
						扁平的鼻根部、圆形或椭圆形眶、不发达的鼻棘、发达的颧颌缘结节、发育的大齿窝、中等、阔鼻、狭上面型	柳湾组、北吕组	华南组	现代亚洲蒙古人种南亚类型	"古中原类型"
陶寺组	陶寺遗址	山西省襄汾县	约距今2500~2000年	龙山文化陶寺类型	中颅型、偏中颅型的正颅型结合狭颅型	中等上面型、中鼻型、突颏、中等上面部扁平度和低眶	大甸子组、烧沟组、上马组、安阳殷墟中小墓②组	华南组、华北组	现代亚洲蒙古人种东亚类型	"古中原类型"

续表

组别	遗址	地理位置	年代	文化类型	体质特征		相似古代人群	相似近代人群	相似近代类群	相似古代类群
					颅型	面型				
清凉寺组	寺里一坡头遗址	山西省运城市	仰韶早期到龙山晚期	枣园文化（含庙底沟文化、庙底沟二期文化、龙山文化和二里头文化）	中颅型、高颅型结合狭颅型	中等偏狭的上面部、偏低的中眶型、鼻型、中等及偏低的鼻根突出程度及中等偏小面部突度及中等大的平颌及上面部偏平度等	豫西、晋南新石器时代人群、青铜时代游邀组、上马组、瓦窑沟组、梁带村组		现代亚洲蒙古人种东亚类型	"古中原类型"
庙底沟组	庙底沟二期遗址	河南省陕县	约距今3900～2780年	庙底沟二期文化	圆颅型、高颅型结合狭颅型	偏低的中鼻型、偏面宽、较大的上面部扁平度	仰韶和大汶口文化各组	华南组	现代亚洲蒙古人种东亚类型	"古中原类型"
笃忠组	笃忠遗址	河南省渑池县	仰韶文化晚期	仰韶文化	中颅型、高颅型结合狭颅型	中等上面部、偏低的中眶型、上面部扁平、阔鼻等	尉迟寺组	华南组	现代亚洲蒙古人种南亚类型	"古中原类型"
徐堡组	徐堡遗址	河南省焦作市	约距今4500～4000年	龙山文化	中颅型、高颅型结合狭颅型、颅顶缝发育简单	中面型、阔鼻型、鼻根点略有凹陷、鼻前棘不发育、大齿窝欠发达	宝鸡组、庙子沟组、大甸子 I 组、游邀遗址	抚顺组	现代亚洲蒙古人种东亚类型	"古中原类型"
呈子二期组	呈子墓地	山东省诸城市	龙山时期	龙山文化呈子二期	中颅型、高颅型结合狭颅型	狭额、中鼻、中眶、中面接近狭面、中等的上面部扁平度、阔腭、中等突颌	呈子一期组、西夏侯组、大汶口组	华北组	现代亚洲蒙古人种东亚类型	"古中原类型"

续表

组别	遗址	地理位置	年代	文化类型	体质特征		相似古代人群	相似近代人群	相似近代类群	相似古代类群
					颅型	面型				
西吴寺组	西吴寺遗址	山东省兖州市	龙山时期	龙山文化	超圆颅型，中颅型结合中颅型	中眶、阔鼻、偏狭，的上面部扁平度较大	大汶口组	华南组	现代亚洲蒙古人种东亚类型	"古中原类型"
西朱封组	西朱封遗址	山东省临朐市	龙山时期	龙山文化	卵圆形颅，长颅型，高颅型结合中狭颅型		山东地区史前人群			"古中原类型"
丁公组	丁公遗址	山东邹平	龙山时期	龙山文化	圆颅型，高颅型结合中狭颅型	中鼻、低眶、中上面部、面部较扁平、鼻部较平坦	华北、西安等地新石器时代到汉代人群			"古中原类型"

表 4　中国腹心地区青铜—早期铁器时代各人群统计表

组别	遗址	地理位置	年代	文化类型	体质特征		相似古代人群	相似近代人群	相似近代类群	相似古代类群
					颅型	面型				
东龙山组	东龙山遗址	陕西省商洛市	夏代早、晚期	龙山文化	中颅型、高颅型结合中狭颅型	狭额、狭面、偏阔的中眶型，偏低的中眶型、鼻型结合偏狭鼻型，中等偏窄面部扁平度、平颌型及明显的齿槽突颌	陶寺组、仰韶合并组	华南组、华北组	现代亚洲蒙古人种东亚类型	"古中原类型"
游邀组	游邀遗址	山西省忻州市	龙山晚期至夏纪年	綦岩文化/新华文化/游邀类型/杏花文化	中颅型、高颅型结合中狭颅型	中等偏阔的面高高度和中面高、偏阔的中眶型，较方扁平而垂直的面形和中等程度的齿槽突颌，低眶型鼻型、鼻型	白燕组、陶寺组	华北组、华南组	现代亚洲蒙古人种东亚类型	"古中原类型"

续表

组别	遗址	地理位置	年代	文化类型	体质特征		相似古代人群	相似近代人群	相似近代类群	相似古代类群
					颅型	面型				
瓦店组	瓦店遗址	河南省禹州市	夏代	夏文化	中颅型、较简单的颅顶缝	欠发达的鼻根凹和大齿窝、高、宽目转角处大的面窝、圆钝的颧骨、中眶、偏阔部扁平度的中鼻型	庙底沟二期组、殷墟中小墓①组、瓦窑沟组		现代亚洲蒙古人种东亚类型	"古中原类型"
新庄组	新庄遗址	河南省开封市	夏代	二里头文化	中颅型、高颅型结合中狭颅型	狭额、低眶、狭鼻型结合中鼻型、平颌型的总面角和特突颌型齿槽面角	瓦窑沟组、游邀组	华北组、朝鲜组	现代亚洲蒙古人种东亚类型	"古中原类型"为主体，"古华北类型"、"古西北类型"因素均存在
城子崖组	城子崖遗址	山东省济南市		岳石文化	圆颅型、高颅型结合中颅型	狭额型、偏低的眶型、中鼻型合中颌型、较大面部扁平度等	山东地区新石器时代居民			
马家营组	马家营遗址	陕西省紫阳县	夏商时期	白马石类型					现代亚洲蒙古人种北亚、东亚类型	"古中原类型"
瓦窑沟组	瓦窑沟墓地	陕西省铜川市	先周晚期	先周文化/周人	中颅型、高颅型结合中狭颅型	中等面型、中鼻、偏低的中眶型、中颌型及中等的齿槽突颌、中等偏大的上面部扁平度	殷墟中小墓②组		现代亚洲蒙古人种东亚、东南亚类型	"古中原类型"
碾子坡先周组	碾子坡遗址	陕西省长武县	先周时期	周文化				华北组、华南组	现代亚洲蒙古人种东亚类型	"古中原类型"

续表

组别	遗址	地理位置	年代	文化类型	体质特征 颅型	体质特征 面型	相似古代人群	相似近代人群	相似近代类群	相似古代类群
白燕夏商合并组	白燕遗址	山西省晋中市太谷县	夏商时期（夏代、早商和晚商）	夏商文化	中颅型、高颅型结合合狭颅型	中鼻、偏低的中眶型、中上面型			现代亚洲蒙古人种、南亚类型	"古中原类型"
杏花村组	杏花村遗址	山西省汾阳市	商代	含仰韶文化、龙山文化、夏商文化遗存	中颅型、正颅型结合合中颅型、极简单的颅顶缝	狭额、较大的上面部偏平度			现代亚洲蒙古人种东亚类型	"古中原类型"
薛村组	薛村遗址	河南省荥阳市	早商时期	早商文化	中颅型、高颅型结合合狭颅型	中—狭额型，偏阔中鼻型和阔鼻型及中面型为主，伴有突颌型齿槽面角、平颌型中面角和中颌型总面角	瓦窑沟组、游邀组、碾子坡先周组、碾子坡西周组、殷墟中小墓(2)组		现代亚洲蒙古人种东亚类型	"古中原类型"
大司马组	大司马遗址	河南省焦作市	夏商之际	二里头文化四期	中等偏窄的颅型、较高的颅高	中等上面部、中等度、阔鼻倾向、较为扁平的上面部	大甸子组、火烧沟组、陶寺组、殷墟中小墓组		现代亚洲蒙古人种东亚类型	"古中原类型"
偃师商城组	偃师商城遗址	河南省洛阳市	商代早期	二里岗文化	卵圆形颅、中颅型、个体高、少量颅高较高、中等颅宽	中等面宽和中等上面部、偏扁平和中面型、眶型较低和低、阔鼻	仰韶文化、汉凉文化、大庙底沟二期文化等人群		现代亚洲蒙古人种、南亚东亚类型	"古中原类型"

续表

组别	遗址	地理位置	年代	文化类型	体质特征		相似古代人群	相似近代人群	相似近代类群	相似古代类群
					颅型	面型				
殷墟中小墓B组	殷墟遗址	河南省安阳市	晚商时期	商文化	偏长的中颅型结合合狭颅型	中等上面型、阔鼻、中等偏大的上面部扁平度	游邀组	华北组、抚顺组	现代亚洲蒙古人种东亚类型	"古中原类型"
殷墟中小墓③组	殷墟遗址	河南省安阳市	晚商时期	商文化	中颅型、正颅型结合中颅型	中眶、阔鼻、面部高、宽而而平的上面部、颧骨大而突出、鼻根偏高，垂直颅面指数较大	台西组、前掌大组		现代亚洲蒙古人种东亚、北亚类型	"古东北类型"
大司空组	殷墟遗址大司空村	河南省安阳市	晚商时期	商文化						"古中原类型"
聂村组	聂村遗址	河南省焦作市	商代晚期	商文化	中颅型、正颅型结合中颅型	阔鼻、中眶、特突颌型结合面高、中等上面部扁平度	殷墟中小墓②组		现代亚洲蒙古人种东亚类型	"古中原类型"
小胡村墓地晚商组	小胡村墓地	河南省荥阳市	晚商时期（殷墟二、三（四期）	商文化"舌"氏贵族	中颅型、正颅型结合中颅型	总面角体现的中颌型、特突颌型结合面角、小的鼻颧角及偏小的垂直颅指数	后李官组、瓦窑沟组、殷墟中小墓②组		现代亚洲蒙古人种东亚类型	"古中原类型"及其他类型
南关组	南关遗址	山东省邹县	商代	商文化	长颅型、正颅型结合窄颅型	狭上面型、特突颌型、槽面角、高眶、阔鼻	殷墟中小墓②组		现代亚洲蒙古人种东亚类型	"古中原类型"
蔚县合并组	三关和前堡遗址	河北省蔚县	夏商时期	夏家店下层文化	圆颅型、狭颅型结合高颅型	额型较窄、宽型面、较低的中鼻型、偏低的中颅型、平颅及齿槽突颌	殷墟中小墓①组	华南组	现代亚洲蒙古人种东亚类型	"古中原类型"

续表

组别	遗址	地理位置	年代	文化类型	体质特征		相似古代人群	相似近代人群	相似近代类群	相似古代类群
					颅型	面型				
台西组	台西遗址	河北省石家庄市藁城县	不晚于晚商早期	商文化	中颅型、高颅型结合合狭颅型	面部中等略高、中鼻、阔额、中等度的上面部扁平度	殷墟中小墓组③、本溪组	华北组	现代亚洲蒙古人种东亚类型	"古东北类型"
李家崖组	李家崖遗址	陕西省清涧县	商周时期	李家崖文化	中颅型、高颅型结合合狭颅型	狭的中面型、中眶、阔鼻倾向、面部扁平	黄河流域青铜时代人群		现代亚洲蒙古人种东亚类型	"古中原类型"
西村组	西村墓地	陕西省凤翔县	先周中晚期、先周初期和西周中期	周文化	狭而高的中颅型	较矮的前额及面部，中眶、阔鼻，狭而近中的颧及中面部扁平	火烧沟组		现代亚洲蒙古人种东亚类型	"古中原类型"
北吕组	北吕村墓地	陕西省扶风县	先周到西周	姬姓周人			关中四组（宝鸡县、半坡、华阴），西周周组、墟中小墓组	华南组		"古中原类型"
碾子坡东周组	碾子坡遗址	陕西省长武县	西周时期	刘家类型					现代亚洲蒙古人种东亚类型	"古中原类型"
少陵原组（女性）	少陵原墓地	陕西省西安市	西周时期	周文化	中颅型、高颅型结合合狭颅型、简单的顶颅缝	中等偏狭的面宽、中眶、阔鼻、上面部的大骨、不发育鼻根区的大面宽、高而宽的眉弓、鼻根凹陷，不发育的鼻棘突度及鼻前棘	乔村A组、乔窑B组、瓦窑沟组、游邀组、西村周组		现代亚洲蒙古人种南亚、东亚类型	"古中原类型"

续表

组别	遗址	地理位置	年代	文化类型	体质特征		相似古代人群	相似近代人群	相似近代类群	相似古代类群
					颅型	面型				
虫坪塬组（女性）	虫坪塬村墓葬群	陕西省宜川县	东周时期	晋、秦文化	短颅型、高颅型结合狭颅型	高眶型，伴有狭—中鼻型，鼻根隆起程度低，面部水平方向中等偏平，在矢状方向多平颌型	乔村B组、乔村A组、碾子坡组、曲村组		现代亚洲蒙古人种东亚类型	"古中原类型"
刘家洼组	刘家洼遗址	陕西省澄城县	春秋早中期	芮国	中颅型、高颅型结合中颅型	额型以中额、狭额为主，中等偏狭上面型，中—高眶型，偏阔鼻型，突颌型及面部偏阔面型	梁带村组、晋中诸人群、南阳组、垣组	抚顺组、华北组	现代亚洲蒙古人种东亚类型	"古中原类型"、"古西北类型"有一定贡献
孙家南头村组	孙家南头村	陕西省宝鸡市凤翔区	春秋时期	秦文化	中颅型、高颅型结合中—狭颅型	中眶型、较狭的中鼻型，偏阔的鼻根突度，发育弱利鼻棘，中等上面部偏平度	仰韶合并组、庙底沟组、良辅组、瓦窑沟组、西村周组、殷墟中小墓I组		现代亚洲蒙古人种东亚类型	"古中原类型"，受到"古西北类型"因素影响
零口战国组	零口遗址	陕西省西安市临潼区	战国中期	秦文化	偏圆的中颅型、高颅型结合中颅型	中等偏大的上面部偏平度、偏阔的中鼻型，中颌—平颌型，阔腭型	宝鸡组、关中合并组、上马组、殷墟中小墓②组	华北组	现代亚洲蒙古人种东亚类型	"古中原类型"
建河组	建河墓地	陕西省宝鸡市	战国时期	秦文化	中颅型、高颅型结合狭颅型	狭额、接近中鼻型的阔鼻型、中眶、中等上面部偏平度高、中等面部偏平度	瓦窑沟组、殷墟中小墓I组	华北组、华南组	现代亚洲蒙古人种南面、东亚类型	"古中原类型"

续表

组别	遗址	地理位置	年代	文化类型	体质特征		相似古代人群	相似近代人群	相似近代类群	相似古代类群
					颅型	面型				
孙家组	孙家遗址	陕西省咸阳市	战国时期	秦文化	中颅型、高颅型结合狭颅型	中等偏狭上面部、中等偏大上面部扁平度和较高的眶形	毛家坪组、东阳组、零口组		现代亚洲蒙古人种东北亚、东亚类型	"古中原类型"
梁带村组	梁带村墓地	陕西省韩城市	西周晚期到春秋早期	芮国	中颅型、高颅型结合狭颅型	上面高及较大的颧宽等、偏大的上面型扁平度、较高的眶型、鼻根凹浅平、阔鼻倾向，突颌和中颌为主	晋中南人群		现代亚洲蒙古人种东亚、东北亚、北亚类型	"古中原类型"，含有"古蒙古高原类型"因素
寨头河组	寨头河墓地	陕西省黄陵县	战国时期	戎文化	中、短颅型伴以狭颅型	狭上面型、中眶型、阔鼻型				"古中原类型"
马腾空组	马腾空遗址	陕西省西安市	东周时期	秦文化	中颅型、高颅型结合偏狭的面型	狭额、中等偏低的眶型、阔腭、较平的面型数、颌部不突出、面部扁平度较大	先秦时期古中原类型居民	华北组、华南组	现代亚洲蒙古人种东亚类型	"古中原类型"为主，同种系程度更高（男性）"古中原""古华北类型"，有一定混杂程度的异种种人群（女性）
蒲家寨组	蒲家寨墓地	陕西咸阳	战国时期	秦文化	中颅型、高颅型结合狭颅型	狭额、中颌、中上面型、眉弓较弱、大齿窝、发育弱	古中原类型的居民、秦人、周人族群	华南组、抚顺组	现代亚洲蒙古人种东亚类型	"古中原类型"

续表

组别	遗址	地理位置	年代	文化类型	体质特征		相似古代人群	相似近代人群	相似近代类群	相似古代类群
					颅型	面型				
郭家崖组	郭家崖墓地（北区）	陕西省宝鸡市	战国时期	秦文化		较弱的眉弓和鼻根凹陷，简单的颅顶缝			现代亚洲蒙古人种	
桥北组	西咀里和南挖塔	山西省浮山县	商代晚期、西周早期、春秋中期和春秋晚期	殷墟文化地方类型	中颅型、高颅型结合狭颅型	阔鼻倾向，低矮的上面形态、中等偏高的眶型		华北组	现代亚洲蒙古人种东亚类型	"古中原类型"
曲村组	天马—曲村	山西省曲沃县	西周时期	早期晋文化	中、长颅型伴以高颅型以及中颅型	中等颅宽、中等上面部、中等偏低、等偏阔的鼻型以及面部突出程度和较为扁平的上面部	陶寺组	华北组	现代亚洲蒙古人种东亚类型	"古中原类型"
大河口组	大河口村墓地	山西省运城市翼城县	西周	"霸国"国君及其核心国人	中颅型、高颅型结合狭颅型	狭额、阔鼻、低眶型、中上面型、正颌	横水组、游邀组		现代亚洲蒙古人种东亚类型	"古中原类型"
横水组	横水墓地	山西省运城市绛县	西周—春秋早期	倗国高等级墓地	中颅型、高颅型结合狭颅型	狭额、中等偏阔的鼻部、中等偏低的眶型、中等阔的面宽结合中等的上面部宽和较平度	瓦窑沟组、大河口组、毛饮合并组、殷墟中小墓II组、墙村合并组、乔村组、上马组	抚顺组、华北组	现代亚洲蒙古人种东亚、南亚类型	"古中原类型"
睢村组	睢村墓地	山西省绛县	西周时期		中颅型、长颅型为主、高颅型，伴以狭颅型	狭额、鼻型偏阔、偏低的眼眶、阔腭型为主，平颌、中颌为主	殷墟中小墓B组、横水组、瓦窑沟组、睢村组、乔村合并组	抚顺组、华北组	现代亚洲蒙古人种东亚、南亚类型	"古中原类型"

续表

组别	遗址	地理位置	年代	文化类型	体质特征		相似古代人群	相似近代人群	相似近代类群	相似古代类群
					颅型	面型				
西南呈组	西南呈村墓地	山西省长治市长子县	西周中晚期	姬姓封国文化	简单的颅顶缝、中颅型结合高颅型结合狭颅型	发育较弱的眉弓、较浅的鼻根凹，不发达的上面部扁平度等，狭额、中眶、阔鼻、阔腭、中等上面部扁平度等	横水组、瓦窑沟组、大河口组	华南组、华北组	现代亚洲蒙古人种、南亚类型	"古中原类型"
襄汾组	山西传媒学院墓地	山西省晋中市榆次区	周代		中颅型（或圆颅型）、高颅型结合狭颅型	狭额、偏低的眶形，较阔的鼻形和阔腭型、颌型不突出	小南庄组、西村沟组、横水组、大河口组	香港组、广西壮族组	现代亚洲蒙古人种、东亚类型	"古中原型"和"古华北类型"
上马组	上马墓地	山西省临汾市侯马市	西周晚期—春秋战国之际		中颅型、高颅型结合中颅型	狭额、中鼻、中眶，中上面部，较扁平的面部形态和较突出的颌部			现代亚洲蒙古人种、北亚、东亚类型	"古中原型"
内阳垣组	内阳垣墓地	山西省乡宁县	春秋时期	晋文化与地方特色文化	中颅型结合高颅型和狭颅型		仰韶合并组、庙底沟组、陶寺组	华北组	现代亚洲蒙古人种、东亚类型	"古华北类型"
乔村A组	乔村墓地	山西省侯马市	战国中期		中颅型、高颅型结合狭颅型	中等鼻型、中上面部			现代亚洲蒙古人种、东亚类型	"古中原型"
乔村B组			战国晚期							
陶寺北组	陶寺村北	山西省襄汾县	春秋时期		中颅型、高颅型结合狭颅型	狭额、中鼻偏阔，中眶、阔腭、正颌型和较大的上面部扁平度等	上马组、大河口组、乔村合并组			"古中原型"，受到"古华北类型"较大影响

续表

组别	遗址	地理位置	年代	文化类型	体质特征		相似古代人群	相似近代人群	相似近代类群	相似古代类群
					颅型	面型				
小南庄组	山西高校新校区山西中医学院校内	山西省晋中市榆次区	战国时期		中颅型（或圆颅型）、高颅型结合狭颅型	狭额型、偏的眶形、偏低的鼻型和阔腭型	聂店组、横水组、大河口组	香港组、广西壮族组	现代亚洲蒙古人种东亚类型	"古中原类型"和"古华北类型"
南平皋组	南平皋墓葬群	河南省焦作市温县	东周时期		中颅型、狭颅型	中额型、阔腭型及很小的鼻额角、稍显的鼻根区凹陷、中等程度的鼻前棘	瓦窑沟组、零口组		现代亚洲蒙古人种东亚、南亚类型	"古中原类型"
宋庄组	宋庄墓地	河南省淇县	东周时期	殉人	圆颅型、高颅型结合狭颅型	偏狭的额部、偏窄的上面部、中鼻型、正颌型及齿槽突颌型	宝鸡组、大汶口组、呈子组			"古中原类型"
天利组	天利墓地	河南省郑州市	两周时期		中颅型、高颅型结合狭颅型	高眶型、中鼻、中等面部突变、狭上面型及中等平的上面部	西夏侯组、呈子二期组	现代北方汉族	现代亚洲蒙古人种东亚、南亚类型	"古中原类型"
双楼组	双楼村东	河南省新郑市	东周时期（春秋中期—战国晚期）	郑、韩文化	中颅型、高颅型结合狭颅型	狭额型、正颌型、中上面型、垂直路面指数、中上面型、偏阔的中鼻型、阔腭型、中等偏大鼻颧角反映的较为偏平的上面部	游邀组、良辅组、紫薇组	华北组	现代亚洲蒙古人种东亚类型	"古中原类型"
官庄组	官庄遗址	河南省荥阳市	东周时期	平民或小贵族阶层	高颅型、中颅型结合狭颅型	偏狭上面型和鼻型、垂直的面型以及中等的眶型和面部扁平度	上马组、乔村合并组、殷墟②组中小墓		现代亚洲蒙古人种东亚类型	"古中原类型"

续表

组别	遗址	地理位置	年代	文化类型	体质特征		相似古代人群	相似近代人群	相似近代类群	相似古代类群
					颅型	面型				
小胡村战国组	小胡村墓地	河南省荥阳市	战国时期		中颅型、正颅型结合中颅型	中颌型的总面角、特突颌型的齿槽面角、很小偏小的鼻颧角及偏小的垂直颅面指数	姜家梁组、瓦窑沟组		现代亚洲蒙古人种东亚类型	"古华北型"
商丘潘庙组	潘庙遗址	河南省商丘市高辛乡	春秋战国		长椭圆形和卵圆形为主，中颅型结合高颅型和狭颅型	中鼻型、中眶型，上面部扁平度较大，面部矢状失状方向上中颌型和平颌型			现代亚洲蒙古人种东亚类型	"古中原型"
杨河固村组	杨河固村	河南省荥阳市	东周时期		中颅型、高颅型结合狭颅型	狭额、中眶、中鼻结合狭鼻，颅顶缝简单，不发达的眉弓，发育较弱的大齿窝，铲形门齿	上马组、乔村合并组、曲村组	华北组、华南组	现代亚洲蒙古人种东亚类型	"古中原型"
信阳城阳城址组	城阳城址八号墓	河南省信阳市	东周时期	楚国贵族墓	中颅型、高颅型结合狭颅型	狭额、中眶、阔鼻，特突颌型的齿槽面角，中等程度的鼻颧角根指数和较小的鼻颧角	殷墟中小墓②组、上马组		现代亚洲蒙古人种东亚类型	"古中原型"
前掌大A组	前掌大村墓葬群	山东省滕州市	商周时期	商方国					现代亚洲蒙古人种东亚类型	"古中原型"
前掌大B组	前掌大村墓葬群						台西组、中小墓③组		现代亚洲蒙古人种北亚类型	"古东北类型"
后李官组	后李官村墓葬群	山东省临淄市	周代		中颅型、高颅型结合合中、狭颅型	中或阔鼻型、中眶、面部扁平度较大			现代亚洲蒙古人种东亚类型	"古中原型"

续表

组别	遗址	地理位置	年代	文化类型	体质特征		相似古代人群	相似近代人群	相似近代类群	相似古代类群
					颅型	面型				
西吴寺组	西吴寺遗址	山东省兖州县	周代	齐文化	中一圆颅型、高颅型结合中一狭颅型	较窄的面型和中颌型以及较明显的齿槽突颌	殷墟中小墓组		现代亚洲蒙古人种东亚类型	"古中原类型"
周家庄组	周家庄村南墓葬群	山东省新泰市	春秋晚期早段至战国中晚期	齐文化	中颅型、高颅型结合狭颅型	偏低的眶型和中等偏阔的鼻型				"古中原类型"
白庙I组	白庙墓地	河北省张家口市宣化区	春秋时期	中原文化与北方青铜短剑文化	高颅型、中颅型结合合狭颅型	窄面、中鼻、上面部较高、中眶、平颌	夏家店上层文化合并组、毛饮合并组	华北组	现代亚洲蒙古人种东亚类型	"古华北类型"
白庙II组					圆颅型、高颅型结合中颅型	阔额、阔面、中眶、中鼻	崞县窑子组	蒙古组	现代亚洲蒙古人种北亚类型	"古东北类型"

表5 中国腹心地区铁器时代各人群统计表

组别	遗址	地理位置	年代	文化类型	体质特征		相似古代人群	相似近代人群	相似近代类群	相似古代类群
					颅型	面型				
新丰组	屈家村	陕西省西安市	战国中晚期至秦末	秦文化	中颅型、高颅型结合狭颅型	中额型、中鼻型、中眶型，及中上面型	陶寺组、仰韶合并组、游邀组、乔村A组	华北组	现代亚洲蒙古人种东亚类型	"古中原类型"
山任组	山任村	陕西省西安市	秦代	秦文化(修陵人)	中等偏长的卵圆形颅，颅骨较高	颧骨比较宽大，中高阔面结合高面形态			现代亚洲蒙古人种东亚类型	"古中原类型"

续表

组别	遗址	地理位置	年代	文化类型	体质特征		相似古代人群	相似近代人群	相似近代类群	相似古代类群
					颅型	面型				
白鹿原组	白鹿原北坡	陕西省西安市	西汉	汉文化						
湾李组	湾李村墓地	陕西省西安市	战国到西汉初	秦文化	中颅型、高颅型结合狭颅型	中上面型、中眶、中鼻型、中等较大的上面部扁平度	仰韶合并组、瓦窑沟组、天马曲村组、临潼新丰组	华南组	现代亚洲蒙古人种东亚类型	"古中原类型"
良辅组	良辅墓地	陕西省澄城县	汉代	暂未明确少数民族	长颅型、圆颅型结合、高颅型结合中、狭颅型	上面部较阔、中眶、中鼻、眉弓和大齿窝发育大、中等偏弱、面部偏平度不很大	殷墟中小墓②组、仰韶合并组	华南组	现代亚洲蒙古人种东亚类型	"古中原类型"为主的"同一种系多类型复合体"
东阳组	东阳遗址	陕西省华县	周—秦汉	汉文化为主	中颅型、高颅型结合中狭颅	狭上面型、中鼻型、平或中颌型、较大面部扁平度	瓦窑沟组		现代亚洲蒙古人种东亚类型	"古中原类型"
大保当组	大保当墓地	陕西省神木县	汉代	汉文化为主伴以匈奴文化	短颅—正颅—中等或近正颅型和狭额型结合。王昉认为以中颅型、高颅型和阔颅型为主要表现型	面部形态为中或近狭的上面型—中眶型—短阔鼻型—平颌型等。王昉认为以中等偏低面部扁平度，中等偏狭的中眶型为主	李家山组，王昉对比后认为与庙底沟组、零口战国组和上马组最为相似	华南组	现代亚洲蒙古人种北亚类型，王昉认为与东亚类型为相似的亚洲类型因素	"古中原类型"为主兼有"古蒙古高原类型"
簟子坡组	簟子坡遗址	山西省吕梁岚县	战国—汉代	汉文化	圆颅型、高颅型结合狭颅型	面部较高、较宽且较为扁平的上面部形态、狭额、中眶、正颅、平颌、短颌、长狭下颌等	庙子沟组、夏家店上层文化合并组	华北组、爱斯基摩组	现代亚洲蒙古人种北亚类型	"古华北类型"、包含了"古蒙古高原类型"体质因素

续表

组别	遗址	地理位置	年代	文化类型	体质特征 颅型	体质特征 面型	相似古代人群	相似近代人群	相似近代类群	相似古代类群
高红组	高红村墓地	山西省吕梁市	战国—汉代		中颅型、高颅型结合合狭颅型	中额、中上面型、中鼻、阔腭、正颌	乔村合并组、上马组、零口组、湾李组	抚顺组、华北组		"古中原类型"
余吾汉代组（M133）	西邓村墓地	山西省屯留县	战国—汉代	汉文化	中颅、正颅、	狭额、高眶、狭鼻、颌缘发达、特狭上面型	核桃庄组、干骨崖组	华北组	现代亚洲蒙古人种东亚类型	
废祁组	废祁村遗址	山西省侯马市	战国到西汉初	秦文化	中颅型、高颅型结合合狭颅型	中等面宽和上面高度、中眶型、中鼻型、中等偏平且垂直的齿槽	仰韶合并组、庙底沟组、乔口村秦组	抚顺组、华北组	现代亚洲蒙古人种东亚类型	"古中原类型"
猫儿岭古组 I 组	猫儿岭古墓葬群	山西省晋中市榆次区	秦至西汉初	秦文化	中颅型、高颅型结合合中颅型	高颅低面、上面部偏平度较大	乔村合并组、湾李组、清凉寺组	华南组	现代亚洲蒙古人种东亚类型	"古中原类型"
猫儿岭古组 II 组					中圆颅、偏高颅型的正颅结合中阔颅	颅高绝对值过小，上面部偏平度大、高面	小双古城组、扎赉诺尔A组和毛饮合并A组	蒙古组	现代亚洲蒙古人种北亚类型	"古蒙古高原类型"
猫儿岭古组 III 组					偏长的圆颅型、高颅型、偏狭的中颅型	狭额、面部和鼻型狭窄、面部突颌程度小、鼻根部隆起程度大、大齿窝深、颧骨不发达	石河子南山组、天山塞克—早期匈奴组、阿拉沟III组、索墩布拉克I组	新疆地区欧罗巴人种		中亚两河类型

续表

组别	遗址	地理位置	年代	文化类型	体质特征		相似古代人群	相似近代人群	相似近代类群	相似古代类群
					颅型	面型				
百里奚组	百里奚路中段墓群及新郑墓地	河南省南阳市	西汉早期	汉文化	圆颅型、高颅型结合中颅型	额部倾斜、眉弓粗壮、眉同突度明显，下缘呈锐型、鼻棘明显、梨状孔发育，表现出齿槽面角的突颌型、中上面型和中鼻型	郑州汉代组、昭苏组		现代亚洲蒙古人种、北亚、东北亚类型	"古中原型"为主，含有其他人群因素
薛村汉代组	薛村遗址及新郑墓地	河南省荥阳市	汉代	汉文化	中颅型、高颅型结合偏狭的中颅型	偏阔的中鼻型、齿槽面角面型、中面部较为扁平	上马组、游邀组	福建东山岛组和华南组	现代亚洲蒙古人种东亚类型	"古中原型"
鲁中南组	东康留遗址	山东省滕州市	东周	齐文化	中颅型、高颅型结合中颅型	狭额、中鼻、中颌、阔腭、齿槽突颌、面部较为扁平	安阳组、沟组、临淄组	日本弥生组	现代亚洲蒙古人种东亚、南亚类型	"古中原型"
	东小宫遗址	山东省滕州市	汉代	汉文化						
	徐家营遗址	山东省兖州市	汉代	汉文化						
临淄组	两醇遗址	山东省临淄市	春秋时期	齐文化	中颅型、高颅型结合中颅型	中面、中眶、中等面部突度、齿颌、眉间突度，鼻根凹陷，鼻骨突度和面骨弯曲都较弱	安阳组、火烧沟组	日本弥生组、朝鲜组、拓跋组、华北组	现代亚洲蒙古人种东亚类型	"古中原型"
	乙烯遗址	山东省	汉代	汉文化						
五村组	五村遗址	山东省广饶县	周—汉代	齐文化、汉文化	中颅型、高颅型结合偏狭的中颅型	上面部较高、中眶、较大的面型、上面平度、中鼻、较弱的鼻部突度	付家组、大汶口组、口组	华北地区类型	现代亚洲蒙古人种东亚类型	"古中原型"
济宁潘庙组	潘庙遗址	山东省济宁市	汉代	汉文化	偏中的圆颅型、高颅型结合中颅型	狭额、中上面型偏平度、齿槽突颌、中眶、阔鼻	大汶口组、西夏侯组、殷墟中小墓②组、西村周组	华南组、华北组	现代亚洲蒙古人种东亚类型	"古中原型"

续表

第七章 余论 231

组 别	遗址	地理位置	年 代	文化类型	体质特征		相似古代人群	相似近代人群	相似近代类群	相似古代类群
					颅型	面型				
张夺组	张夺村墓地	河北省内丘县	秦—西汉	秦与土著文化	中颅型、高颅型结合狭颅型	狭上面型、高眶型及正颌型、阔鼻型等				"古中原类型"
安伽墓组	安伽墓	陕西省西安市	北周时期	粟特贵族墓葬			昭苏古代短颅型欧罗巴人种		欧罗巴人种	欧罗巴人种
统万城组	统万城遗址	陕西省靖边县	十六国、北朝、隋唐	大夏国	圆颅型、高颅型（正颅型）结合中颅型（阔颅型）	面部扁平			现代亚洲蒙古人种	北朝："古蒙古高原类型"；隋唐："古蒙古高原类型""古西北类型"与"古中原类型"混合，少量受欧罗巴人种影响
大同组	金港园组	山西省大同市	北魏时期	土著汉文化与鲜卑文化多元文化共存	圆颅型、高颅型结合中颅型、简单的颅顶缝	狭额、中鼻、中眶、特窄颌齿槽、大齿窝、鼻根处凹陷不明显、阔而扁平的面型、颧骨上颌骨下缘转角欠圆钝等	水泊寺组、大同北魏组、祁组	华南组	现代亚洲蒙古人种东亚类型	"古中原类型"
	水泊寺组	山西省大同市	北魏时期	土著汉文化与鲜卑文化多元文化共存	中颅型、偏长的圆颅型结合高颅型	面形中等狭、中眶型、中鼻型、较扁平的面部	大同北魏组	华南组	现代亚洲蒙古人种东亚类型	"古中原类型"
	雁北师院组	山西省大同市	北魏时期	土著汉文化与拓跋鲜卑文化并存				华南组	现代亚洲蒙古人种、东亚类型	"古中原类型"

续表

组别	遗址	地理位置	年代	文化类型	体质特征		相似古代人群	相似近代人群	相似近代类群	相似古代类群
					颅型	面型				
大同组	御府组	山西省大同市	北魏时期	土著汉文化与鲜卑文化共存	偏圆的中颅型、偏正的高颅型结合中颅型	狭额、偏狭的面部、偏高的中眶型和偏阔的中鼻型	大同南郊组、常乐汉代组、水泊寺组	华南组	现代亚洲蒙古人种东亚类型	"古中原类型"
	星港城组	山西省大同市御河东岸星港城墓群	北魏时期	汉文化	中颅型结合正颅型	狭额型、面宽偏狭、等上面高、偏低中眶型和狭鼻型、面部扁平度较为中等	大同北魏代组、厥祁组、朱开沟组	西安组、榆次明清组	现代亚洲蒙古人种东亚类型	"古中原类型"
	金茂园组	山西省大同市金茂园墓地	北魏平城时期	鲜卑南迁后的多元文化共存状态	高而狭的颅型	相对较窄的面部、中鼻型以及个别阔鼻型、额部明显方倾斜、高而狭的面部扁平度较弱	临潼新丰组、厥祁组、水泊寺组、大同组	华南组、华北组	现代亚洲蒙古人种东亚、南亚类型	
	东信广场组	山西省大同市东信广场墓地	北魏平城时期	平民墓（鲜卑南迁后的多元文化）	中颅型、高颅型结合偏狭的中颅型	面部宽阔而扁平、鼻梁平直、鼻根较窄	常乐组、大同南郊组	蒙古组	现代亚洲蒙古人种东亚类型	"古中原类型"为主，少量欧罗巴人种因素
	御昌佳园组	山西省大同市御东新区	北魏中期	平民墓（鲜卑南迁后的多元文化）	偏圆的中颅型结合高颅型或中颅型	狭额型、中上面型、中鼻型和阔鼻型、面部扁平度较大	水泊寺组、大同南郊组、常乐组、厥祁组、宣河组、广场组		现代亚洲蒙古人种东亚类型	"古中原类型"古主，混有少量鲜卑等其他因素
	华宇广场组	山西省大同市魏都大道东侧	北魏时期	平民墓（鲜卑南迁后的多元文化）	中颅型、偏正的高颅型结合狭颅型或中颅型	狭额型、阔鼻型、高眶型、偏阔中上面型、面部较扁平、齿槽突颌	常乐组、大同组、陶家寨组		现代亚洲蒙古人种东亚、北亚类型	种系类型较复杂，整体与"古中原类型"最为接近

续表

组别	遗址	地理位置	年代	文化类型	体质特征		相似古代人群	相似近代人群	相似近代类群	相似古代类群
					颅型	面型				
大同组	大同二中南校区I组	山西省大同市御东恒源路东侧	北魏时期	与佛教信仰有关	高颅型、偏高的正颅型颅型	中鼻、中眶、齿槽突颌、中等上面高形态，较大的面部扁平度	东信组、常乐组、御昌佳园组、大同南郊组、水泊寺组、大同二中I组、金港园组		现代亚洲人种蒙古人种东亚类型、北亚类型	
	大同二中南校区II组				高颅型、偏高的正颅型颅型	阔鼻、中眶、齿槽突颌、中等上面高形态，相对更大的面部扁平度	水泊寺组、大同南郊组		现代亚洲人种蒙古人种东亚、北亚类型	以"古中类型"为主的多种原人系混合体，另有四例欧罗巴人种
	大同二中南校区III组			可能与西来传教的僧人有关	中、长颅型正颅型结合中颅型颅型	鼻根区凹陷较明显，鼻骨隆起较高，面部矢状方向突度较弱、面部扁平度较为突出	东信组、常乐组、御昌佳园组、大同南郊组、水泊寺组、大同二中I组、金港园组		欧罗巴人种	
	红旗村组七里村组	山西省大同市	北魏时期	土著汉文化与鲜卑文化人群杂居的多元文化	中颅型、高颅型结合中颅型颅型	狭上面型、中眶型、中鼻型	殷墟中小墓②组	华南组	现代亚洲人种蒙古人种东亚类型	"古中原类型"，可能受到鲜卑人群影响
紫薇组	"紫薇田园都市"墓葬群	陕西省西安市	唐代	唐文化	中颅型、高颅型结合中颅型偏颅型颅型	较平直额部、略阔的鼻型、偏低的眶型及中等偏小的面部扁平度等	仰韶合并组、瓦窑沟组、殷墟中小墓I组	因组特组、藏族B组	现代亚洲人种蒙古人种南亚、东亚类型	"古中原类型"为主，兼有其他类型，M477与欧罗巴人种中亚一两河类型相似

续表

组别	遗址	地理位置	年代	文化类型	体质特征		相似古代人群	相似近代人群	相似近代类群	相似古代类群
					颅型	面型				
西大唐墓组	西北大学新校区	陕西省西安市	唐代	唐文化	中颅型、高颅型结合狭颅型	中等颅宽、略阔的鼻型、偏低的眶型、较大的上面高、上面部突出明显	紫薇组、商丘组	华北组	现代亚洲蒙古人种南亚类型	"古中原类型"为主，兼有其他类型，不排除少量欧罗巴人种因素
薛村唐代组	薛村遗址及新郑多处墓地	河南省荥阳市	唐代	汉唐文化	偏长的中颅型、高颅型结合狭颅型	中上面型、阔鼻型、中等鼻根指数、中齿槽面角的突颌型、中偏小的面部扁平度	游邀组、上马组、零口战国组、郑州汉代组	华南组、华北组	现代亚洲蒙古人种东亚、南亚类型	"古中原类型"
下寨隋唐组	下寨遗址	河南省南阳市	东晋至南朝	汉文化	中颅型、高颅型结合狭颅型	圆眶、明显的鼻根区凹陷、不显的鼻前藏、梨形梨状孔、下颌角外翻、圆额	紫薇组	香港组	现代亚洲蒙古人种	"古中原类型"
		河南省南阳市	隋唐时期	汉文化	卵圆形	椭圆眶、凹陷、梨形梨状孔、下颌角外翻型和直型、圆额或方额			现代亚洲蒙古人种东亚、南亚类型	
东龙观宋组	东龙观南北区、西龙区、团城观、团北区和团坡南区	山西省汾阳市	宋金时期	汉文化					现代亚洲蒙古人种	"古中原类型"

续表

组别	遗址	地理位置	年代	文化类型	体质特征		相似古代人群	相似近代人群	相似近代类群	相似古代类群
					颅型	面型				
薛村宋代组	薛村遗址及新郑多地	河南省荥阳市	宋代		偏长的中颅型、高颅型、狭颅型	中上面型、中眶型、阔鼻、特突颌型齿槽面角、中等偏小的面部扁平度	良辅组、鲁中南组、临淄组、紫薇组	华北、华南组	现代亚洲蒙古人种东亚类型、东北亚类型	"古中原类型"
下寨宋金组	下寨遗址	河南省南阳市	宋金时期		圆颅型、高颅型结合狭颅型	中等眉弓发育程度,锐型梨状孔下缘,外翻下颌角区、方颏			现代亚洲蒙古人种东亚类型	
卢寨组	雷庄村	河南省南阳市	元代末年		中颅型、高颅型结合合狭颅型	狭额型、狭鼻型、高眶		近代汉族	现代亚洲蒙古人种东亚类型	
西黑山组	西黑山村	河北省徐水市	金元时期						现代亚洲蒙古人种东亚类型	
周懿王及祔葬墓组	周懿王墓	河南省荥阳市	明代	明代亲王级壁画墓	卵圆形、圆颅型、高颅型结合中颅型	方眶、中眶型、锐形梨状孔下缘、抛物线形腭形和稍显的枕外隆突		广西壮族组	现代亚洲蒙古人种东亚类型	
榆次高新组	山西高校新校区	山西省晋中市	明清时期		卵圆形、长颅型、高颅型结合狭颅型	额型和上面型均较窄,上面部较高、鼻型较高,鼻根区凹陷不显著,犬齿窝发育程度较弱		华北组、爱斯基摩东南组、华南组、乌鲁木齐汉族组	现代亚洲蒙古人种东北亚、东亚类型较	多类型复合体,混有欧罗巴人种体质因素

续表

组别	遗址	地理位置	年代	文化类型	体质特征		相似古代人群	相似近代人群	相似近代类群	相似古代类群
					颅型	面型				
余吾明清组	西邓村	山西省屯留县	明清时期	汉文化	中—圆颅、高颅型结合狭颅	狭颅、中眶、颧骨宽阔、狭一中上面型中等偏上上面部扁平度	乔村组、上马组、瓦窑沟组	华北组 华南组	现代亚洲蒙古人种 东亚类型	古中原类型
西赵组	西赵墓葬群	山西省临汾市	隋唐金明清	汉文化	简单的颅顶缝及长颅型 高颅型结合狭颅型	不发育的大齿窝及鼻根凹、宽阔面扁平的面形、大圆钝的颧骨上颌骨下缘转折			现代亚洲蒙古人种 东亚类型	
老君沟组	"苇沟—北寿城"遗址	山西省临汾市	金元明清时期	汉文化	中颅型 高颅型结合偏阔的狭颅型、颅顶多为卵圆形，颅顶缝结构较简单	眶部中等、多呈方形、鼻部中等偏阔、梨状孔多心形、鼻前棘较发达、阔腭型、面高中等、面宽中等、垂直面型，上齿槽发育不太明显、大齿窝发育为扁平等，大齿窝发育不显著		华北组	现代亚洲蒙古人种 东亚类型	
郑韩故城组	北城门遗址	河南省新郑	清代	汉文化	长颅型、正颅型、狭颅型结合中颅型的颅型	中上面型、正颌型、男性中颌型，长狭下颌型、女性阔颌度，中等面部扁平度			现代亚洲蒙古人种 东亚类型和东北亚类型	
下寨明清组	下寨遗址	河南省南阳市	明清		偏长的中颅型、正颅型结合中颅型	狭额、中颌型、中眶、狭鼻、明显的鼻根区凹、超突颌齿槽面角、偏小的面部扁平度		楚克奇（驯鹿）组、爱斯基摩（东南亚）组、桃花园组、华北组	现代亚洲蒙古人种 东北亚类型	

参考文献

著作：

陈山：《喇嘛洞墓地三燕文化居民人骨研究》，科学出版社 2013 年版，第 51—66、146—151 页。

陈星灿主编：《考古学家眼中的中华文明起源》，文物出版社 2021 年版，"前言"，第 iii 页。

郭大顺：《记与苏先生通信（代序）》，刘瑞编著：《苏秉琦往来书信集》（第一册），社会科学文献出版社 2021 年版，第 2 页。

国家文物局考古领队培训班编著：《兖州西吴寺》，文物出版社 1990 年版，第 246—248 页。

韩康信：《丝绸之路古代居民种族人类学研究》，新疆人民出版社 1993 年版，第 1—42 页。

韩康信：《丝绸之路古代种族研究》，新疆人民出版社 2009 年版，第 1—23 页。

韩康信、谭婧泽、何传坤编著：《中国远古开颅术》，复旦大学出版社 2007 年版，第 22—69 页。

韩康信、谭婧泽、张帆编著：《中国西北地区古代居民种族研究》，复旦大学出版社 2005 年版，第 1—63 页。

韩康信、谭婧泽编著：《宁夏古人类学研究报告集》，科学出版社 2009 年版，第 182—289 页。

河南省文物局编著：《卫辉大司马墓地》，科学出版社 2015 年版，第
　　242—244 页。

湖北省文物考古研究所编著：《房县七里河》，文物出版社 2008 年
　　版，第 302—312 页。

吉林大学边疆考古研究中心、山西省考古研究所、忻州地区文物管
　　理处、忻州考古队编著：《忻州游邀考古》，科学出版社 2004 年
　　版，第 188—214 页。

李海军：《中国全新世人群下颌骨的形态变异与功能适应》，科学出
　　版社 2019 年版，第 1—227 页。

李开元：《楚亡》，生活·读书·新知三联书店 2015 年版，第 308—
　　335 页。

李开元：《汉帝国的建立与刘邦集团》，生活·读书·新知三联书店
　　2000 年版，第 147—172 页。

李开元：《秦崩》，生活·读书·新知三联书店 2015 年版，第 307—
　　352 页。

李开元：《秦谜》，北京联合出版公司 2015 年版，第 187—246 页。

陕西省考古研究所、榆林市文物保护研究所编著：《神木新华》，科
　　学出版社 2005 年版，第 273—274 页。

陕西省考古研究所编著：《临潼零口村》，三秦出版社 2004 年版，第
　　428—437 页。

苏秉琦：《华人·龙的传人·中国人——考古寻根记》，辽宁大学出
　　版社 1994 年版，第 88、132 页。

苏秉琦：《满天星斗：苏秉琦论远古中国》，赵汀阳、王星选编，中
　　信出版集团 2016 年版，第 107—108 页。

苏秉琦：《苏秉琦考古学论述选集》，文物出版社 1984 年版，第 92、
　　316 页。

苏秉琦：《苏秉琦文集》（一），文物出版社 2010 年版，第 11 页。

苏恺之：《我的父亲苏秉琦：一个考古学家和他的时代》，生活·读
　　书·新知三联书店 2022 年版，第 8、11、14、16、102 页。

宿白主编：《苏秉琦先生纪念集》，科学出版社2000年版，第80页。

太原市文物考古研究所编著：《隋代虞弘墓》，文物出版社2005年版，第183—198页。

魏东：《青铜时代至早期铁器时代新疆哈密地区古代人群的变迁与交流模式研究》，科学出版社2017年版，第94—122页。

席焕久、刘武、陈昭：《21世纪中国人类学的发展》，知识产权出版社2015年版，第3—55、167—186页。

张林虎：《新疆伊犁吉林台库区墓葬人骨研究》，科学出版社2016年版，第52—111页。

张旭：《内蒙古大堡山墓地出土人骨研究》，文物出版社2022年版。

中国考古学会、朝阳市人民政府编：《苏秉琦先生百年诞辰纪念文集》，科学出版社2012年版，第5、98页。

中美联合考古队、栾丰实、文德安、于海广、方辉、蔡凤书、科杰夫编著：《两城镇：1998—2001年发掘报告》，文物出版社2016年版，第1040—1089页。

周蜜：《日本人的起源与形成：体质人类学的新视角》，上海古籍出版社2013年版。

朱泓：《中国古代居民体质人类学研究》，科学出版社2014年版，第2—5、416—431页。

期刊：

白彬、赵镇江、王占魁、张君、霍大清、付兵兵、陈靓、于孟洲、党志豪：《河南卫辉大司马墓地宋墓发掘简报》，《华夏考古》2011年第4期，第35—43页。

补蔚萍、邵金陵、陈靓、朱文晶：《西安市临潼区出土2200年前人龋病研究》，《牙体牙髓牙周病学杂志》2012年第2期，第87、88—91页。

曹兵武：《探索考古学的中国化之路——以苏秉琦先生为中心的反思与前瞻》，《华夏考古》2020年第5期，第111—124页。

曹波、贺乐天、张璞：《贵州兴义猫猫洞出土的人类化石》，《人类学学报》2015 年第 4 期，第 451—460 页。

陈靓：《甘肃省肃北县马鬃山地区先民的生物考古学研究》，《第四纪研究》2022 年第 4 期，第 1118—1128 页。

陈靓：《新疆察布查尔县索墩布拉克墓地出土人头骨研究》，《考古》2003 年第 7 期，第 655—670 页。

陈靓、任雪杰、凌雪、席琳、文少卿：《人类遗骸与生物考古》，《大众考古》2014 年第 1 期，第 48—51 页。

陈靓、汪洋：《新疆拜城克孜尔墓地人骨的人种学研究》，《人类学学报》2005 年第 3 期，第 188—197 页。

陈星灿、黄卫东、王明辉、李永强、李胜利、魏兴涛：《河南灵宝市西坡遗址试掘简报》，《考古》2001 年第 11 期，第 3—14 页。

崔哲懋、高星、夏文婷、钟巍：《晚更新世东北亚现代人迁移与交流范围的初步研究》，《人类学学报》2021 年第 1 期，第 12—27 页。

方园、范雪春：《福建漳平奇和洞新石器时代早期人类牙病》，《解剖学杂志》2015 年第 5 期，第 610—614 页。

付成双：《白人种族主义幽灵并未远去》，《历史评论》2020 年第 3 期，第 64—68 页。

郭正堂、任小波、吕厚远、高星、刘武、吴海斌、张春霞、张健平：《过去 2 万年以来气候变化的影响与人类适应——中国科学院战略性先导科技专项“应对气候变化的碳收支认证及相关问题”之影响与适应任务群研究进展》，《中国科学院院刊》2016 年第 1 期，第 142—151 页。

韩康信、陈星灿：《考古发现的中国古代开颅术证据》，《考古》1999 年第 7 期，第 63—68、101 页。

韩康信、张君：《藏族体质人类学特征及其种族源》，《文博》1991 年第 6 期，第 6—15、24 页。

何嘉宁：《金牛山人化石牙齿初步研究》，《人类学学报》2000 年第 3 期，第 216—225 页。

何嘉宁、唐小佳:《军都山古游牧人群股骨功能状况及流动性分析》,《科学通报》2015 年第 17 期, 第 1612—1620 页。

何景成:《商代史族研究》,《华夏考古》2007 年第 2 期, 第 102—106 页。

贺乐天、刘武:《甘青地区新石器—青铜时代居民颅面部形态变异及其在人群形成上的意义》,《第四纪研究》2017 年第 4 期, 第 721—734 页。

贺乐天、刘武:《现代中国人颞骨乳突后部的形态变异》,《人类学学报》2017 年第 1 期, 第 74—86 页。

贺乐天、朱泓、李文瑛、伊弟利斯·阿不都热苏勒:《新疆罗布泊小河墓地居民的口腔健康与饮食》,《人类学学报》2014 年第 4 期, 第 497—509 页。

侯侃、林留根、甘恢元、闫龙、朱晓汀:《江苏兴化蒋庄遗址良渚文化墓地的古人口学》,《人类学学报》2021 年第 2 期, 第 239—248 页。

侯侃、王明辉、朱泓:《赤峰兴隆沟遗址人类椎骨疾病的生物考古学研究》,《人类学学报》2017 年第 1 期, 第 87—100 页。

胡春柏、齐溶青、李强、朱泓:《鄂尔多斯市伊金霍洛旗敖包圪台汉代墓地人骨研究》,《草原文物》2016 年第 2 期, 第 125—137 页。

胡荣、温有锋、王先明、杨洋、刘素伟:《中国境内通古斯人群的体型》,《人类学学报》2017 年第 2 期, 第 236—247 页。

胡耀武、Michael P. Richards、刘武、王昌燧:《骨化学分析在古人类食物结构演化研究中的应用》,《地球科学进展》2008 年第 3 期, 第 228—235 页。

黄卫东、王明辉、史智民、张居中、杨肇清、陈星灿:《河南灵宝市北阳平遗址试掘简报》,《考古》2001 年第 7 期, 第 3—20 页。

惠家明、贺乐天、王明辉:《基于三维激光扫描的颅骨测量与手工测量的比较》,《人类学学报》2019 年第 2 期, 第 254—264 页。

吉平、朱永刚、夏月胜、江岩、王泽、姜仕勋、白志强、翁进有、阿如娜、李权、郑钧夫、包曙光、宋贵华、董文斌、王菁、张博、王少军、许哲、吕欣、王蒙、郑淑敏、刘海文、肖晓明、周亚威、曾雯、张野：《内蒙古科左中旗哈民忙哈新石器时代遗址 2011 年的发掘》，《考古》2012 年第 7 期，第 14—30、98—100 页。

贾兰坡、卫奇、李超荣：《许家窑旧石器时代文化遗址 1976 年发掘报告》，《古脊椎动物与古人类》1979 年第 4 期，第 277—293、347—350 页。

Jenna M. Dittmar、詹小雅、Elizabeth Berger、毛瑞林、王辉、赵永生、叶惠媛：《甘肃齐家文化中仪式性开颅手术初探（英文）》，《人类学学报》2019 年第 3 期，第 389—397 页。

金昌柱、董为、高星、刘武、刘金毅、郑龙亭、韩立刚、谢小成、崔宁、张颖奇：《安徽芜湖金盆洞旧石器地点 2002 年发掘报告》，《人类学学报》2004 年第 4 期，第 281—291 页。

景雅琴、陈靓、王东、熊建雪：《十六国时期关中地区居民的疾病考古学观察——以兴平留位墓地出土人骨为例》，《文博》2018 年第 3 期，第 96—101 页。

李法军、王明辉、冯孟钦、陈诚、朱泓：《鲤鱼墩新石器时代居民头骨的形态学分析》，《人类学学报》2012 年第 3 期，第 302—318 页。

李法军、王明辉、冯孟钦、朱泓：《鲤鱼墩新石器时代头骨的非连续性形态特征观察与分析》，《广州文博》2011 年，第 176—193 页。

李海军、周亚威、张全超、朱泓：《中国全新世人群颞下颌关节尺寸的时代变化》，《人类学学报》2010 年第 4 期，第 416—424 页。

李雪山、郭胜强：《殷商文化的繁荣与中国文明的进程——从安阳殷墟 5 号墓、54 号墓和新干商墓青铜器对比谈起》，《中原文化研究》2013 年第 3 期，第 53—58 页。

李意愿、裴树文、同号文、杨雄心、蔡演军、刘武、吴秀杰：《湖南道县后背山福岩洞 2011 年发掘报告》，《人类学学报》2013 年第 2 期，第 133—143 页。

梁云、刘斌、Saifulloev Nuriddin、王睿、赵东月、吴晨、苏荷、肖国强、夏冉、邢咚琳、张如意、Sharipov Abdullo、Karaboev Ashiddin、Ashurmadov Nehrobiddin、韩烁:《塔吉克斯坦卡什卡尔墓地2018 年调查发掘简报》,《考古与文物》2020 年第 3 期, 第 13—26 页。

凌雪、陈靓、田亚岐、李迎、赵丛苍、胡耀武:《陕西凤翔孙家南头秦墓出土人骨中 C 和 N 同位素分析》,《人类学学报》2010 年第 1 期, 第 54—61 页。

凌雪、陈靓、薛新明、赵丛苍:《山西芮城清凉寺墓地出土人骨的稳定同位素分析》,《第四纪研究》2010 年第 2 期, 第 415—421 页。

凌雪、陈曦、王建新、陈靓、马健、任萌、习通源:《新疆巴里坤东黑沟遗址出土人骨的碳氮同位素分析》,《人类学学报》2013 年第 2 期, 第 219—225 页。

凌雪、王望生、陈靓、孙丽娟、胡耀武:《宝鸡建河墓地出土战国时期秦人骨的稳定同位素分析》,《考古与文物》2010 年第 1 期, 第 95—98 页。

凌雪、王奕舒、岳起、谢高文、陈靓、兰栋:《陕西关中监狱战国秦墓出土人骨的碳氮同位素分析》,《文博》2019 年第 3 期, 第 69—73 页。

刘柯雨、赵东月、梁云、Muttalib Hasanov、王建新、Farhod Maksudov、凌雪:《基于稳定同位素分析的拉巴特墓地先民生活方式》,《中国科学:地球科学》2020 年第 11 期, 第 1611—1617 页。

刘明明、周亚威:《生前拔牙:人类骨骼考古中的奇特痕迹》,《大众考古》2016 年第 10 期, 第 71—73 页。

刘武:《Herto 头骨:现代人的最古老化石》,《科学》2003 年第 4 期, 第 20 页。

刘武:《〈法医人类学经典〉评介》,《人类学学报》2008 年第 1 期, 第 91—93 页。

刘武:《〈南京直立人〉评介》,《人类学学报》2003 年第 2 期, 第

174—175 页。

刘武：《非洲早期人科化石的新发现及其意义》，《人类学学报》
1999 年第 2 期，第 14 页。

刘武：《群星闪耀的利基家族》，《科学》2004 年第 2 期，第 38—
42 页。

刘武：《上肢长骨的性别判别分析研究》，《人类学学报》1989 年第
3 期，第 231—239 页。

刘武：《西班牙新发现的人类化石及人属一个新种的命名》，《人类
学学报》1997 年第 4 期，第 5 页。

刘武：《寻找人类祖先的足迹：南方古猿》，《科学》1999 年第 4 期，
第 16—20 页。

刘武：《中国第四纪人类牙齿大小的演化及其意义》，《第四纪研究》
1999 年第 2 期，第 125—138 页。

刘武：《周口店人类化石与中国古人类连续进化学说的形成和发展》，
《化石》2019 年第 4 期，第 5—12 页。

刘武、Emma Mbua、吴秀杰：《非洲和中国直立人某些颅骨特征的比
较——中国与非洲人类头骨特征对比之一》，《人类学学报》2002
年第 4 期，第 255—267 页。

刘武、Emma Mbua、吴秀杰、张银运：《中国与非洲近代—现代人类
某些颅骨特征的对比及其意义——中国与非洲人类头骨特征对比
之二》，《人类学学报》2003 年第 2 期，第 89—104 页。

刘武、John Willman、曹波、张璞、董欣、吴秀杰：《贵州兴义猫猫
洞更新世晚期人类牙齿釉质崩裂痕迹》，《人类学学报》2017 年第
4 期，第 427—437 页。

刘武、铃木基治：《亚洲地区人类群体亲缘关系——活体测量数据统
计分析》，《人类学学报》1994 年第 3 期，第 15 页。

刘武、斯信强：《贵州盘县大洞发现的人类牙齿化石》，《人类学学
报》1997 年第 3 期，第 8 页。

刘武、吴秀杰、李海军：《柳江人身体大小和形状——体重、身体比

例及相对脑量的分析》,《人类学学报》2007 年第 4 期，第 295—304 页。

刘武、吴秀杰、汪良：《柳江人头骨形态特征及柳江人演化的一些问题》,《人类学学报》2006 年第 3 期，第 177—194 页。

刘武、吴秀杰、邢松、Victoria Gibbon、Ronald Clarke：《现代中国人群形成与分化的形态证据——中国与非洲和欧洲人群头骨非测量特征分析》,《人类学学报》2011 年第 3 期，第 250—264 页。

刘武、吴秀杰、张银运：《中更新世非洲 Bodo 人类头骨化石与周口店直立人的比较——中国与非洲人类头骨特征对比之三》,《人类学学报》2004 年第 2 期，第 119—129 页。

刘武、武仙竹、李宜垠、邓成龙、吴秀杰、裴树文：《湖北郧西黄龙洞古人类用火证据》,《科学通报》2008 年第 24 期，第 3096—3103 页。

刘武、武仙竹、吴秀杰、裴树文：《人类牙齿表面痕迹与人类生存适应及行为特征——湖北郧西黄龙洞更新世晚期人类牙齿使用痕迹》,《第四纪研究》2008 年第 6 期，第 1014—1022 页。

刘武、杨茂有：《中国古人类牙齿尺寸演化特点及东亚直立人的系统地位》,《人类学学报》1999 年第 3 期，第 2481—2488 页。

刘武、杨茂有、邰凤久：《破碎胫骨的性别判别分析研究》,《中国法医学杂志》1989 年第 1 期，第 24—26 页。

刘武、杨茂有、邰凤久：《下肢长骨的性别判别分析研究》,《人类学学报》1989 年第 2 期，第 147—154 页。

刘武、杨茂有、邰凤久：《应用判别分析法判断胸骨性别的研究》,《中国法医学杂志》1988 年第 2 期，第 83—86 页。

刘武、杨茂有、王野城：《现代中国人颅骨测量特征及其地区性差异的初步研究》,《人类学学报》1991 年第 2 期，第 96—106 页。

刘武、曾祥龙：《第三臼齿退化及其在人类演化上的意义》,《人类学学报》1996 年第 3 期，第 185—199 页。

刘武、曾祥龙：《陕西陇县战国时代人类牙齿形态特征》,《人类学学报》1996 年第 4 期，第 32—314 页。

刘武、张全超、吴秀杰、朱泓：《新疆及内蒙古地区青铜—铁器时代居民牙齿磨耗及健康状况的分析》，《人类学学报》2005 年第 1 期，第 32—53 页。

刘武、郑良、Alan Walker：《元谋古猿下颌臼齿三维立体特征》，《人类学学报》2001 年第 3 期，第 163—177 页。

刘武、郑良、高峰：《中新世古猿研究进展及存在的一些问题》，《科学通报》2002 年第 7 期，第 492—500 页。

刘武、郑良、姜础：《元谋古猿牙齿测量数据的统计分析及其在分类研究上的意义》，《科学通报》1999 年第 23 期，第 2481—2488 页。

刘煜、王明辉、成小林、高志伟：《青海喇家遗址出土人骨的现场保护》，《文物保护与考古科学》2004 年第 4 期，第 27—31 页。

毛燮均、颜訚：《安阳辉县殷代人牙的研究报告（续）》，《古脊椎动物与古人类》1959 年第 4 期，第 165—172 页。

穆艾嘉、陈靓：《生物考古学视野下的梁带村芮国居民性别分工初探》，《文博》2018 年第 5 期，第 69—76 页。

潘雷、魏东、吴秀杰：《现代人颅骨头面部表面积的纬度分布特点及其与温度的关系》，《中国科学：地球科学》2014 年第 8 期，第 1844—1853 页。

潘其风：《中国古代人种》，《历史月刊》（台北）1990 年第 24 期。

潘其风、韩康信：《我国新石器时代居民种系分布研究》，《考古与文物》1980 年第 2 期，第 84—89 页。

潘其风、朱泓：《日本弥生时代居民与中国古代人群的人种学比较》，《华夏考古》1999 年第 4 期，第 63—67、85 页。

裴树文、武仙竹、吴秀杰：《湖北郧西黄龙洞古人类石器技术与生存行为探讨》，《第四纪研究》2008 年第 6 期，第 1007—1013 页。

税午阳、吴秀杰：《奇和洞古人类头骨面貌的三维虚拟复原》，《科学通报》2018 年第 8 期，第 745—754 页。

松村博文、洪晓纯、Charles Higham、张弛、山形真理子、Lan Cuong Nguyen、李珍、范雪春、Truman Simanjuntak、Adhi Agus、Oktaviana、何嘉宁、陈仲玉、潘建国、贺刚、孙国平、黄渭金、李新伟、魏兴涛、Kate Domett、Sin Halcrow、Kim Dung、Nguyen、Hoang Hiep Trinh、Chi Hoang Bui、Khanh Trung Kien Nguyen、Andreas Reinecke、邓婉文、赵春光、洪晓纯：《颅骨测量数据揭示欧亚大陆东部史前人群扩散的"二层"模式》，《南方文物》2020 年第 2 期，第 226—241 页。

孙蕾：《河南渑池笃忠遗址仰韶晚期出土的人骨骨病研究》，《人类学学报》2011 年第 1 期，第 55—63 页。

孙蕾：《河南渑池笃忠遗址仰韶晚期人骨的肢骨研究》，《江汉考古》2014 年 5 期，第 93—99 页。

孙蕾、樊温泉、周立刚、朱泓：《新郑天利两周墓地居民牙齿磨耗及口腔健康状况研究》，《第四纪研究》2017 年第 4 期，第 735—746 页。

孙蕾、朱泓：《郑州地区汉唐宋成年居民的身高研究》，《人类学学报》2015 年第 3 期，第 377—389 页。

孙蕾、朱泓：《郑州地区汉唐宋时期居民死亡率的初步研究——以荥阳薛村遗址和新郑多处遗址为例》，《文物春秋》2014 年第 5 期，第 13—19、28 页。

孙正聿：《辩证法：黑格尔、马克思与后形而上学》，《中国社会科学》2008 年第 3 期，第 28—39、204 页。

孙正聿：《历史的唯物主义与马克思主义的新世界观》，《哲学研究》2007 年第 3 期，第 3—8、128 页。

唐淼、王晓毅、侯侃、侯亮亮：《山西晋中小南庄墓地人骨的 C、N 稳定同位素：试析小麦在山西的推广》，《人类学学报》2018 年第 2 期，第 318—330 页。

同号文、吴秀杰、董哲、盛锦朝、金泽田、斐树文、刘武：《安徽东至华龙洞古人类遗址哺乳动物化石的初步研究》，《人类学学报》

2018 年第 2 期，第 284—305 页。

王明辉：《辽河流域古代居民的种系构成及相关问题》，《华夏考古》1999 年第 2 期，第 56—66、76—113 页。

王明辉：《青海民和喇家遗址出土人骨研究》，《北方文物》2017 年第 4 期，第 42—50 页。

王明辉：《青海民和县喇家遗址人骨及其相关问题》，《考古》2002 年第 12 期，第 25—28 页。

王明辉：《中原地区古代居民的健康状况——以贾湖遗址和西坡墓地为例》，《第四纪研究》2014 年第 1 期，第 51—59 页。

王明辉、张旭、巫新华：《新疆塔什库尔干吉尔赞喀勒墓地人骨初步研究》，《北方文物》2019 年第 4 期，第 42—52 页。

王巍、曾祥龙、刘武：《中国夏代人的牙周疾病状况分析》，《北京大学学报》（医学版）2007 年第 5 期，第 511—514 页。

王艳杰、周亚威：《中原地区古代居民的人口学研究》，《黄河·黄土·黄种人》2017 年第 8 期，第 46—54 页。

王奕舒、凌雪、梁云、侯宏伟、洪秀媛、陈靓：《甘谷毛家坪遗址秦人骨的碳氮同位素研究》，《西北大学学报》（自然科学版）2019 年第 5 期，第 729—735 页。

卫奇、吴秀杰：《许家窑—侯家窑遗址地层穷究》，《人类学学报》2012 年第 2 期，第 151—163 页。

卫奇、吴秀杰：《许家窑遗址地层时代讨论》，《地层学杂志》2011 年第 2 期，第 193—199 页。

尉苗、王涛、赵丛苍、陈靓、王昌燧：《甘肃西山遗址早期秦人的饮食与口腔健康》，《人类学学报》2009 年第 1 期，第 45—56 页。

吴汝祚、汪遵国、郭大顺：《苏秉琦大事年谱》，《东南文化》1995 年第 4 期，第 8—12 页。

吴新智、崔娅铭：《过去十万年里的四种人及其间的关系》，《科学通报》2016 年第 24 期，第 2681—2687 页。

吴新智、崔娅铭：《人种及其演变》，《科学通报》2016 年第 34 期，第 3630—3637 页。

吴秀杰：《化石人类脑进化研究与进展》，《化石》2005 年第 1 期，第 8—13 页。

吴秀杰：《化石人类脑演化研究概况》，《人类学学报》2003 年第 3 期，第 249—255 页。

吴秀杰：《马坝人头骨研究取得新进展》，《化石》2016 年第 4 期，第 78—80 页。

吴秀杰：《脑膜中动脉的形态变异及其在人类进化上的意义》，《人类学学报》2003 年第 1 期，第 19—28 页。

吴秀杰、Lynne A Schepartz：《CT 技术在古人类学上的应用及进展》，《自然科学进展》2009 年第 3 期，第 257—265 页。

吴秀杰、范雪春、李史明、高星、张亚盟、方圆、邹阿强、陈军：《福建漳平奇和洞发现的新石器时代早期人类头骨》，《人类学学报》2014 年第 4 期，第 448—459 页。

吴秀杰、傅仁义、黄慰文：《辽宁海城小孤山新石器时代人类头骨研究》，《第四纪研究》2008 年第 6 期，第 1081—1089 页。

吴秀杰、金昌柱、蔡演军、张颖琦、王元、秦大公、潘文石：《广西崇左智人洞早期现代人龋病及牙槽骨异常研究》，《人类学学报》2013 年第 3 期，第 293—301 页。

吴秀杰、刘武、Christopher Norton：《颅内模——人类脑演化研究的直接证据及研究状况》，《自然科学进展》2007 年第 6 期，第 707—715 页。

吴秀杰、刘武、董为、阙介民、王燕芳：《柳江人头骨化石的 CT 扫描与脑形态特征》，《科学通报》2008 年第 13 期，第 1570—1575 页。

吴秀杰、刘武、张全超、朱泓、Christopher Norton：《中国北方全新世人群头面部形态特征的微观演化》，《科学通报》2007 年第 2 期，第 192—198 页。

吴秀杰、潘雷：《利用3D 激光扫描技术分析周口店直立人脑的不对称性》，《科学通报》2011 年第 16 期，第 1282—1287 页。

吴秀杰、税午阳：《从奇和洞人颅面复原看我们的祖先长什么样》，《化石》2018 年第 3 期，第 66—68 页。

吴秀杰、张全超、李海军：《聚类分析和主成分分析方法在人类学研究中价值的判定》，《人类学学报》2007 年第 4 期，第 361—371 页。

吴秀杰、张伟：《中国古人类颅容量的推算方法比较》，《人类学学报》2019 年第 4 期，第 513—524 页。

武喜艳、张野、李佳伟、赵永斌、李添娇、周慧：《内蒙古陈巴尔虎旗岗嘎墓地古代人骨的 DNA 研究与蒙古族源探索》，《考古》2020 年第 4 期，第 112—120 页。

武仙竹、李禹阶、刘武：《旧石器时代人类用火遗迹的发现与研究》，《考古》2010 年第 6 期，第 57—65 页。

武仙竹、李禹阶、裴树文、吴秀杰：《湖北郧西白龙洞遗址骨化石表面痕迹研究》，《第四纪研究》2008 年第 6 期，第 1023—1033 页。

武仙竹、裴树文、吴秀杰、刘武：《郧西人遗址洞穴发育与埋藏环境初步观察》，《第四纪研究》2007 年第 3 期，第 444—452 页。

武仙竹、王运辅、裴树文、吴秀杰：《动物骨骼表面人工痕迹的三维数字模型及正投影等值线分析》，《科学通报》2009 年第 12 期，第 1736—1741 页。

肖雨妮、牛月明、石念吉、赵永生：《山东广饶县中南世纪城墓地出土明代人骨的初步研究》，《人类学学报》2021 年第 6 期，第 993—1003 页。

邢松、刘武：《中国人牙齿形态测量分析——华北近代人群臼齿齿冠及齿尖面积》，《人类学学报》2009 年第 2 期，第 179—191 页。

邢松、周蜜、刘武：《中国人牙齿形态测量分析——近代人群上、下颌前臼齿齿冠轮廓形状及其变异》，《人类学学报》2010 年第 2 期，第 132—149 页。

徐钦琦、金昌柱、郑龙亭、刘武、董为、刘金毅、孙承凯、吕锦燕：

《关于金盆洞遗址的古地理古气候古生态问题》，《人类学学报》2009 年第 1 期，第 26—31 页。

颜訚：《甘肃齐家文化墓葬中头骨的初步研究》，《考古学报》1955 年第 1 期，第 193—197 页。

颜訚：《人类学与考古学的关系——人类骨骼性别和年龄的鉴定》，《考古》1961 年第 7 期，第 364—370、379 页。

杨建华：《略论秦文化与北方文化的关系》，《考古与文物》2013 年第 1 期，第 45—51 页。

杨建华、邵会秋：《商文化对中国北方以及欧亚草原东部地区的影响》，《考古与文物》2014 年第 3 期，第 45—57 页。

杨茂有、刘武、邰凤久：《下颌骨的性别判别分析研究》，《人类学学报》1988 年第 4 期，第 329—334 页。

原思训、陈铁梅、高世君：《用铀子系法测定河套人和萨拉乌苏文化的年代》，《人类学学报》1983 年第 1 期，第 90—94 页。

岳洪彬、唐际根：《中国古代的铁三足架》，《南方文物》1996 年第 4 期，第 42—47 页。

曾文芳：《中国早期文化圈的形成与民族的产生》，《西北民族论丛》2016 年第 6 期，第 23—34 页。

曾祥龙、刘武：《颅骨测量与 X 线头影测量方法的比较研究》，《人类学学报》1991 年第 4 期，第 288—297 页。

张佩琪、李法军、王明辉：《广西顶蛳山遗址人骨的龋齿病理观察》，《人类学学报》2018 年第 3 期，第 393—405 页。

张全超、郭林：《辽宁阜新县界力花遗址出土人骨研究》，《考古》2014 年第 6 期，第 18—20 页。

张全超、王明辉、金海燕、朱泓：《新疆和静县察吾呼沟口四号墓地出土人骨化学元素的含量分析》，《人类学学报》2005 年第 4 期，第 328—333 页。

张全超、王伟、李墨岑、张群、王立新、段天璟、朱泓：《吉林省白城市双塔遗址东周时期人骨研究》，《人类学学报》2015 年第 1

期，第 75—86 页。

张晓雯、郭俊峰、王子孟、郝导华、赵永生、朱超、陈雪香、曾雯：《山东古代人群头骨上蛛网膜颗粒压迹的观察与探讨》，《人类学学报》2019 年第 2 期，第 245—253 页。

张旭、朱泓、王明辉、巫新华：《新疆于田流水墓地青铜时代人类牙齿非测量性状》，《人类学学报》2014 年第 4 期，第 460—470 页。

张玄、张亚盟、吴秀杰：《3D 虚拟复原精度的差异对头骨测量数值的影响——以 Mimics 软件为例》，《人类学学报》2020 年第 2 期，第 270—281 页。

张雪莲、李新伟：《西坡墓地再讨论》，《中原文物》2014 年第 4 期，第 18—32 页。

张雪莲、刘国祥、王明辉、吕鹏：《兴隆沟遗址出土人骨的碳氮稳定同位素分析》，《南方文物》2017 年第 4 期，第 185—195 页。

张亚盟、魏偏偏、吴秀杰：《现代人头骨断面轮廓的性别鉴定——基于几何形态测量的研究》，《人类学学报》2016 年第 2 期，第 172—180 页。

张银运、刘武：《南京 1 号与东非 Bodo 人类头骨化石：对"中心和边缘"假说的检测》，《人类学学报》2008 年第 4 期，第 287—294 页。

张银运、刘武：《南京 1 号直立人头骨与肯尼亚 KNM—ER3733 人类头骨化石的形态比较》，《人类学学报》2007 年第 3 期，第 237—248 页。

张银运、刘武：《南京汤山直立人颅容量的推算》，《人类学学报》2003 年第 3 期，第 201—205 页。

张银运、刘武、张罗：《南京直立人的鼻骨形态及其与欧洲化石人类基因交流的可能性》，《人类学学报》2004 年第 3 期，第 187—195 页。

张银运、吴秀杰、刘武：《华北和云南现代人类头骨的欧亚人种特征》，《人类学学报》2014 年第 3 期，第 401—404 页。

赵春燕、王明辉、叶茂林：《青海喇家遗址人类遗骸的锶同位素比值分析》，《人类学学报》201 年第 2 期，第 212—222 页。

赵东月、朱泓、闵锐：《云南宾川白羊村新石器时代遗址人骨研
　　究》，《南方文物》2016 年第 1 期，第 160—165 页。

赵永生：《大汶口文化居民枕部变形研究》，《东南文化》2017 年 3
　　期，第 64—72 页。

赵永生：《磨沟墓地古代居民非连续性特征的观察与研究》，《江汉
　　考古》2017 年 1 期，第 104—115 页。

赵永生、郭林、郝导华、李宝垒、曾雯：《山东地区清墓中女性居
　　民的缠足现象》，《人类学学报》2017 年第 3 期，第 344—
　　358 页。

赵永生、毛瑞林、朱泓：《磨沟墓地古代居民非连续性特征的观察
　　与研究》，《江汉考古》2017 年第 1 期，第 104—115 页。

赵永生、曾雯、毛瑞林、朱泓：《甘肃临潭磨沟墓地人骨的牙齿健
　　康状况》，《人类学学报》2014 年第 4 期，第 483—496 页。

赵永生、曾雯、王辉、毛瑞林、朱泓：《磨沟墓地古代居民头骨的
　　形态学分析》，《人类学学报》2016 年第 2 期，第 181—197 页。

赵永生、曾雯、魏成敏、张馨月、吕凯：《大汶口文化居民枕部变
　　形研究》，《东南文化》2017 年第 3 期，第 64—72 页。

郑良、高峰、刘武：《元谋小河—竹棚与雷老地点古猿牙齿特征的
　　对比分析》，《人类学学报》2002 年第 3 期，第 179—190 页。

周立刚、韩朝会、孙蕾、呼国强：《河南淇县宋庄东周墓地人骨稳
　　定同位素分析——东周贵族与殉人食谱初探》，《人类学学报》
　　2021 年第 1 期，第 63—74 页。

周立刚、孙凯、孙蕾：《明代周懿王墓地出土人骨稳定碳氮同位素
　　分析》，《华夏考古》2019 年第 2 期，第 48—52 页。

周蜜、潘雷、邢松、刘武：《湖北郧县青龙泉新石器时代居民牙齿
　　磨耗及健康状况》，《人类学学报》2013 年第 3 期，第 330—
　　344 页。

周蜜、田桂萍：《湖北郧县李泰家族墓群马檀山墓地明清时期人骨

研究》，《江汉考古》2015 年第 6 期，第 95—105 页。

周亚威：《北京地区古代人群身高的研究》，《天津师范大学学报》（自然科学版）2017 年第 3 期，第 62—64、80 页。

周亚威：《黄河下游地区新石器时代墓葬葬式研究》，《中州大学学报》2017 年第 2 期，第 74—77 页。

周亚威：《内蒙古孤家子遗址高台山文化居民的体质人类学研究》，《华夏考古》2015 年第 4 期，第 29—37、166—167 页。

周亚威：《浅谈考古专业本科生教学中的体质人类学》，《教育教学论坛》2017 年第 7 期，第 215—216 页。

周亚威：《试论体质人类学研究解决的若干考古学问题——以性别年龄鉴定、古人种学、古病理学为例》，《江汉考古》2015 年第 6 期，第 70、90—94 页。

周亚威：《西安高陵坡底秦墓的人口学特征》，《北方文物》2018 年 3 期，第 41—45 页。

周亚威：《西安坡底遗址秦人的龋病分布》，《口腔医学研究》2017 年第 2 期，第 170—174 页。

周亚威、白倩、顾万发、刘青彬：《郑州孙庄遗址仰韶文化人群的龋病研究》，《人类学学报》2020 年第 2 期，第 282—291 页。

周亚威、程嫄倩：《"东亚现代人起源与早期中原文明研讨会"在郑州大学召开》，《人类学学报》2018 年第 3 期，第 498 页。

周亚威、丁丽娜、张中华、朱泓：《北京地区古代人群的龋病研究》，《天津师范大学学报》（自然科学版）2017 年第 4 期，第 72—75 页。

周亚威、顾万发、韩国河：《中国仰韶时期古代人类颌骨骨髓炎 1 例》，《华西口腔医学杂志》2017 年第 6 期，第 663—664 页。

周亚威、顾万发、韩国河、闫琪鹏：《郑州汪沟遗址仰韶居民的脊柱退行性关节病》，《解剖学杂志》2017 第 6 期，第 735—738 页。

周亚威、贺乐天：《中国古代人群第一臼齿齿冠基底面积与相对齿

尖基底面积的对比与分析》，《解剖学报》2013 年第 4 期，第
554—558 页。

周亚威、李海军、朱泓：《全新世中国北方人群第一臼齿齿冠面积
和齿尖相对面积的测量分析》，《人类学学报》2013 年第 3 期，
第 319—329 页。

周亚威、王一鸣、丁兰坡、顾万发：《5000 年前郑州汪沟人群的龋
病研究》，《实用口腔医学杂志》2020 年第 1 期，第 54—58 页。

周亚威、闫琪鹏、顾万发：《郑州汪沟遗址仰韶文化居民的创伤研
究》，《北方文物》2020 年第 4 期，第 67—72 页。

周亚威、张翔宇、高博：《西安高陵坡底秦墓的人口学特征》，《北
方文物》2018 年第 3 期，第 41—45 页。

周亚威、张晓冉、顾万发：《郑州汪沟遗址仰韶文化居民的牙齿磨
耗及口腔健康状况分析》，《人类学学报》2021 年第 1 期，第
49—62 页。

周亚威、周贝、顾万发：《汪沟遗址仰韶文化居民的肢骨特征》，
《解剖学报》2020 年第 1 期，第 114—123 页。

周亚威、朱泓：《内蒙古哈民忙哈遗址新石器时代居民的人种学研
究》，《内蒙古社会科学》（汉文版）2015 年第 4 期，第 68—
73 页。

朱泓、周亚威：《北京延庆县西屯墓地汉至明清人骨的性别/年龄
变化及规律》，《第四纪研究》2014 年第 1 期，第 60—65 页。

朱泓、周亚威、张全超、吉平：《哈民忙哈遗址房址内人骨的古人
口学研究——史前灾难成因的法医人类学证据》，《吉林大学社
会科学学报》2014 年第 1 期，第 26—33 页。

朱继平：《从商代东土的人文地理格局谈东夷族群的流动与分化》，
《考古》2008 年第 3 期，第 53—61 页。

朱思媚、周亚威、朱泓、丁利娜、胡耀武：《华北民族融合进程中
人群生存方式及对健康的影响——以北京延庆西屯村墓地为
例》，《人类学学报》2020 年第 1 期，第 127—134 页。

朱晓汀：《江苏邳州梁王城遗址西周墓地出土人骨研究》，《东南文化》2016 年第 6 期，第 46—55、127—128 页。

析出文献：

陈靓：《宗日遗址墓葬出土人骨的研究》，文化遗产研究与保护技术教育部重点实验室、西北大学文化遗产与考古学研究中心编：《西部考古》第 1 辑，三秦出版社 2006 年版，第 114—129 页。

陈靓、邓普迎：《从头骨的非连续性状看唐代长安地区人群的种族类型》，罗丰主编、宁夏文物考古研究所编：《丝绸之路上的考古、宗教与历史》，文物出版社 2011 年版，第 227—234 页。

陈靓、马健、景雅琴：《新疆巴里坤县石人子沟遗址人骨的种系研究》，文化遗产研究与保护技术教育部重点实验室、西北大学文化遗产与考古学研究中心、边疆考古与中国文化认同协同创新中心、西北大学唐仲英文化遗产研究与保护技术实验室编：《西部考古》第 14 辑，科学出版社 2017 年版，第 112—123 页。

陈靓、郑兰爽、孙秉君：《陕西韩城梁带村墓地出土人骨的病理和创伤》，《两周封国论衡—陕西韩城梁带村出土芮国文物暨周代封国考古学研究国际学术研讨会论文集》，上海古籍出版社 2014 年版，第 261—267 页。

韩康信：《新疆古代头骨上的穿孔》，新疆吐鲁番地区文物局：《吐鲁番学研究——第二届吐鲁番学国际学术研讨会论文集》，上海辞书出版社 2006 年版，第 231—235 页。

何嘉宁：《中国北方部分古代人群牙周状况比较研究》，北京大学考古文博学院编：《考古学研究》第 7 辑，科学出版社 2008 年版，第 558—573 页。

侯侃、高振华、朱泓、王晓毅：《山西榆次明清人群氟中毒的古病理学研究》，中国人民大学历史学院考古文博系主编：《芳林新叶——历史考古青年论集》第 2 辑，科学出版社 2017 年版，第 288—302 页。

教育部人文社会科学重点研究基地、吉林大学边疆考古研究中心、边疆考古与中国文化认同协同创新中心编：《边疆考古研究》第19辑，科学出版社2016年版，第369—384页。

李法军、盛立双、朱泓：《天津北辰张湾明代沉船出土人骨鉴定与初步分析》，教育部人文社会科学重点研究基地、吉林大学边疆考古研究中心、边疆考古与中国文化认同协同创新中心编：《边疆考古研究》第19辑，科学出版社2016年版，第393—417页。

李法军、王明辉、冯孟钦、朱泓：《鲤鱼墩新石器时代居民牙齿的非测量特征研究》，教育部人文社会科学重点研究基地、吉林大学边疆考古研究中心编：《边疆考古研究》第8辑，科学出版社2009年版，第343—352页。

李海军、周亚威、赵永生：《中国全新世人群牙列长度的变异》，董为主编：《第十二届中国古脊椎动物学学术年会论文集》，海洋出版社2010年版，第295—298页。

凌雪、陈曦、孙秉君、张天恩、陈靓、赵丛苍：《韩城梁带村芮国墓地出土西周晚期人骨的稳定同位素分析》，文化遗产研究与保护技术教育部重点实验室、西北大学文化遗产与考古学研究中心、边疆考古与中国文化认同协同创新中心、西北大学唐仲英文化遗产研究与保护技术实验室编：《西部考古》第15辑，科学出版社2017年版，第263—273页。

凌雪、胡耀武、陈靓、刘晔、王望生、赵丛苍：《宝鸡建河墓地出土战国时期秦人骨的元素分析》，文化遗产研究与保护技术教育部重点实验室、西北大学文化遗产与考古学研究中心编著：《西部考古》第10辑，科学出版社2011年版，第226—232页。

刘武：《中国古人类学研究进展》，张传森主编：《中国解剖学会2019年年会论文文摘汇编》，解剖学杂志编辑部，2019年，第21页。

刘武、郑良：《云南元谋古猿与禄丰古猿牙齿磨耗差异及食物结构分析》，解剖学杂志社主编：《解剖学杂志——中国解剖学会

2002 年年会文摘汇编》，解剖学杂志社，2002 年，第 30 页。

刘武、朱泓：《庙子沟新石器时代人类牙齿非测量特征》，《庙子沟与大坝沟——新石器时代聚落遗址发掘报告（下）》，中国大百科全书出版社 2003 年版，第 41—53 页。

刘煜、王明辉、成小林、高志伟：《青海喇家遗址出土人骨的现场保护》，中国文物保护技术协会编：《中国文物保护技术协会第二届学术年会论文集》，科学出版社 2002 年版，第 345—350 页。

聂忠智、王明辉、张旭、巫新华、朱泓：《新疆于田流水墓地古代居民颅骨测量性状研究》，教育部人文社会科学重点研究基地、吉林大学边疆考古研究中心、边疆考古与中国文化认同协同创新中心编：《边疆考古研究》第 26 辑，科学出版社 2019 年版，第 265—278 页。

牛月明、申亚凡、赵永生：《滕州前台北朝至隋代墓葬人骨鉴定报告》，山东省文物考古研究所编：《海岱考古》第 12 辑，科学出版社 2019 年版，第 155—164 页。

潘其风：《从颅骨资料看匈奴族的人种》，《中国考古研究》编委会编：《中国考古学研究——夏鼐先生考古五十年纪念文集》二，科学出版社 1986 年版，第 346—357 页。

潘其风：《大甸子墓葬出土人骨的研究》，中国社会科学院考古研究所编：《大甸子——夏家店下层文化遗址与墓地发掘报告》，科学出版社 1996 年版，第 224—322 页。

潘其风：《关于乌孙、月氏的种属》，西域史论丛编辑组编：《西域史论丛》第 3 辑，新疆人民出版社 1990 年版，第 1—8 页。

潘其风：《关于中国古代人种和族属的考古学研究》，侯仁之、周一良主编：《燕京学报》（新九期），北京大学出版社 2000 年版，第 277—294 页。

潘其风：《内蒙古和东北地区商周时期至汉代人群的人种类型及相互关系》，中国社会科学院考古研究所编著：《中国考古学论丛》，科学出版社 1993 年版，第 267—278 页。

潘其风：《中国古代人群种系分布初探》，中国社会科学院考古研究所、苏秉琦编著：《考古学文化论集》一，文物出版社 1987 年版，第 221—232 页。

Pechenkina K. 著：《新郑西亚斯东周墓地人骨鉴定报告》，孙蕾译，河南省文物考古研究所编著：《新郑西亚斯东周墓地》附录二，大象出版社 2012 年版，第 232—261 页。

尚虹：《中国新石器时代人类体质的分布格局》，董为主编：《第九届中国古脊椎动物学学术年会论文集》，海洋出版社 2004 年版，第 163—173 页。

尚虹、韩康信：《山东新石器时代人类眶顶筛孔样病变》，中国科学院古脊椎动物与古人类研究所、深圳市仙湖植物园、中国古生物学会编：《第八届中国古脊椎动物学学术年会会议论文集》，海洋出版社 2001 年版，第 290—296 页。

孙蕾：《M1 出土人骨研究》，河南省文物考古研究院编：《新郑坡赵一号墓》，中国社会科学出版社 2016 年版，第 118—119 页。

索明杰：《俄罗斯布里亚特共和国德日进地区恩赫尔墓地匈奴人骨研究》，王明辉：《桂林甑皮岩·体质特征》，中国社会科学院考古研究所、广西壮族自治区文物工作队、桂林甑皮岩遗址博物馆、桂林市文物工作队编：《桂林甑皮岩》，文物出版社 2003 年版，第 405—428 页。

王明辉：《跨湖桥遗址第 6 层 T0513 出土头骨片的鉴定》，浙江省文物考古研究所、萧山博物馆编：《跨湖桥》，科学出版社 2004 年版，第 335 页。

王明辉：《山西垣曲东关遗址人骨的性别年龄鉴定报告》，中国历史博物馆考古部、山西省考古研究所、垣曲县博物馆编著：《垣曲古城东关》，文物出版社 2001 年版，第 589 页。

王明辉：《垣曲古城出土人骨的鉴定》，中国社会科学院考古研究所编：《垣曲商城》二，科学出版社 2014 年版，第 721—723 页。

吴秀杰：《中国古人类研究进展及相关热点问题探讨》，中国古生物学会主编：《中国古生物学会第十二次全国会员代表大会暨第29届学术年会论文摘要集》，中国古生物学会，2018年，第247—248页。

吴秀杰、刘武、吴永胜：《中国化石人类脑量演化特点及其意义》，董为主编：《第十届中国古脊椎动物学学术年会论文集》，海洋出版社2006年版，第116—127页。

武仙竹、吴秀杰、王运辅、屈胜明：《郧西人遗址动物群与古环境》，董为主编：《第十一届中国古脊椎动物学学术年会论文集》，海洋出版社2008年版，第109—118页。

颜誾：《彝族体质测量之绝对值》，《中国文化研究集刊》第10期，复旦大学出版社1951年版，第2—3页。

颜誾：《中国人鼻骨之初步研究》，吴定良、凌纯声、梁思永编：《人类学集刊》1941年第2卷，第21—40页。

杨翠平、赵亚峰、吴秀杰：《新疆鄯善洋海地区青铜—铁器时代人群头面部形态特征观察》，董为主编：《第十二届中国古脊椎动物学学术年会论文集》，海洋出版社2010年版，第127—138页。

张全超、张群、周亚威、朱泓：《科尔沁沙地及其邻近地区先秦时期居民的体质人类学研究》，教育部人文社会科学重点研究基地、吉林大学边疆考古研究中心编：《边疆考古研究》第15辑，科学出版社2014年版，第287—292页。

张晓雯、王子孟、赵永生：《曲阜奥体中心战国两汉与宋代墓地人骨的病理学观察》，山东大学东方考古研究中心编：《东方考古》第15集，科学出版社2018年版，第190—208页。

张馨月、赵永生：《广饶县十村遗址出土人骨鉴定报告》，山东省文物考古研究所编：《海岱考古》第9辑，科学出版社2016年版，第145—153页。

张银运、刘武、吴秀杰：《金牛山人类化石的发现和人类演化的阶段》，《考古学研究》二，科学出版社2008年版，第11—14页。

赵永生：《先秦时期山东地区与东北地区居民的体质特征对比研究》，山东大学东方考古研究中心编：《东方考古》第 8 集，科学出版社 2011 年版，第 309—317 页。

赵永生、毛瑞林、王辉：《磨沟墓地古代居民的性别和年龄研究》，吉林大学边疆考古研究中心编：《边疆考古研究》第 16 辑，科学出版社 2014 年版，第 305—314 页。

赵永生、毛瑞林、朱泓：《从磨沟组看甘青地区古代居民体质特征的演变》，山东大学东方考古研究中心编：《东方考古》第 11 集，科学出版社 2014 年版，第 284—301 页。

赵永生、王芬、刘金友、曾雯、李新全、张翠敏：《大连王宝山积石墓地出土人骨的研究》，吉林大学边疆考古研究中心编：《边疆考古研究》第 21 辑，科学出版社 2017 年版，第 287—294 页。

赵永生、曾雯：《常见古代人类骨骼标本在博物馆中的价值》，山东大学东方考古研究中心编：《东方考古》第 13 集，科学出版社 2016 年版，第 204—207 页。

赵永生、朱泓、毛瑞林、王辉：《甘肃临潭磨沟墓地古代居民的牙齿磨耗研究》，吉林大学边疆考古研究中心编：《边疆考古研究》第 12 辑，科学出版社 2012 年版，第 431—443 页。郑良、高峰、刘武：《牙齿尺寸比例及形态特征与食物结构的关系——元谋古猿的食性分析》，董为主编：《第八届中国古脊椎动物学学术年会论文集》，海洋出版社 2001 年版，第 122—134 页。

周亚威、刘明明：《试论河南登封南洼遗址古代居民的拔牙现象》，教育部人文社会科学重点研究基地、吉林大学边疆考古研究中心、边疆考古与中国文化认同协同创新中心编：《边疆考古研究》第 22 辑，科学出版社 2017 年版，第 367—376 页。

周亚威、朱永刚、吉平：《内蒙古哈民忙哈遗址人骨鉴定报告》，教育部人文社会科学重点研究基地、吉林大学边疆考古研究中心编：《边疆考古研究》第 11 辑，科学出版社 2012 年版，第 439—461 页。

朱泓、赵东月：《中国新石器时代北方地区居民人种类型的分布与演变》，教育部人文社会科学重点研究基地、吉林大学边疆考古研究中心、边疆考古与中国文化认同协同创新中心编：《边疆考古研究》第 18 辑，科学出版社 2015 年版，第 331—349 页。

朱泓、赵东月、刘旭：《云南永胜堆子遗址战国秦汉时期人骨研究》，教育部人文社会科学重点研究基地、吉林大学边疆考古研究中心编：《边疆考古研究》第 15 辑，科学出版社 2014 年版，第 315—327 页。

学位论文：

阿娜尔：《内蒙古准格尔旗川掌遗址人骨研究》，博士学位论文，吉林大学文学院，2018 年，第 115—154 页。

常娥：《内蒙古长城地带先秦时期人类遗骸的 DNA 研究》，博士学位论文，吉林大学文学院，2008 年，第 40—95 页。

高婷：《内蒙古锡林郭勒盟乃仁陶力盖遗址出土人骨研究》，硕士学位论文，吉林大学考古学院，2022 年，第 27—47 页。

郭辉：《黄陵寨头河战国时期戎人墓地出土人骨的肢骨研究》，硕士学位论文，西北大学文化遗产学院，2013 年，第 41—46 页。

贺乐天：《新疆吐鲁番加依墓地古代居民生存压力研究》，硕士学位论文，吉林大学文学院，2015 年，第 29—64 页。

侯菲菲：《晋中地区龙山时代遗存分析》，硕士学位论文，吉林大学文学院，2011 年，第 42—44 页。

蒋尚武：《济南刘家庄遗址商周时期居民人口与疾病状况研究》，硕士学位论文，山东大学历史文化学院，2016 年，第 67—96 页。

寇淑愉：《中国古尸保护研究初探》，硕士学位论文，吉林大学文学院，2013 年，第 17—50 页。

李翰隆：《陕北榆林地区公元前三千纪——两千纪居民体质健康研究》，硕士学位论文，西北大学文化遗产学院，2018 年，第

21—58 页。

李熙：《新疆穷科克墓地人骨牙齿非测量性状研究》，硕士学位论文，吉林大学考古学院，2021 年，第 45—52 页。

李志丹：《新疆吐鲁番胜金店墓地人骨研究》，硕士学位论文，吉林大学文学院，2015 年，第 28—44 页。

梁坤：《鲁中南地区大汶口文化的性别考古分析》，硕士学位论文，山东大学历史文化学院，2022 年，第 50—51 页。

林琳：《东北地区青铜时代居民的人种学研究》，硕士学位论文，吉林大学文学院，2007 年，第 11—27 页。

刘铭：《内蒙古和林格尔大堡山墓地古代居民的 DNA 研究》，硕士学位论文，吉林大学文学院，2016 年，第 13—23 页。

刘宁：《新疆地区古代居民的人种结构研究——以楼兰、乌孙、车师、回鹘为例》，博士学位论文，吉林大学文学院，2010 年，第 24—118 页。

刘玉成：《内蒙古和林格尔县土城子遗址战国时期居民的牙齿研究》，硕士学位论文，吉林大学文学院，2011 年，第 3—21 页。

穆艾嘉：《关中地区战国—秦代秦人口腔健康研究》，硕士学位论文，西北大学文化遗产学院，2019 年，第 43—50 页。

聂颖：《伊犁恰甫其海水库墓地出土颅骨人类学研究》，硕士学位论文，吉林大学文学院，2014 年，第 26—68 页。

石诺：《黄河中下游地区新石器时代人骨的多元统计分析》，硕士学位论文，吉林大学文学院，2007 年，第 14—36 页。

孙晓璠：《山西洪洞西冯堡墓地清代女性居民的缠足研究》，硕士学位论文，吉林大学考古学院，2021 年，第 11—18 页。

田宇：《内蒙古中、东部地区先秦时期古代居民性别、年龄比较研究》，硕士学位论文，吉林大学文学院，2007 年，第 7—40 页。

王恬怡：《青藏高原及部分周边地区古代人群线粒体基因组研究》，硕士学位论文，西北大学文化遗产学院，2021 年，第 65—74 页。

肖晓鸣：《吉林大安后套木嘎遗址人骨研究》，博士学位论文，吉林大学文学院，2014 年，第 113—176 页。

谢尧亭：《晋南地区西周墓葬研究》，博士学位论文，吉林大学文学院，2010 年，第 213—328 页。

熊建雪：《关中地区周秦时期人类体质健康状况研究》，硕士学位论文，西北大学文化遗产学院，2016 年，第 57—67 页。

熊叶洲：《人像复原技术在考古学中的应用》，硕士学位论文，吉林大学文学院，2018 年，第 26—41 页。

杨诗雨：《北京大兴三合庄墓地出土唐代人骨研究》，硕士学位论文，吉林大学考古学院，2019 年，第 38—64 页。

曾雯：《从体质人类学、分子考古学看鲜卑、契丹的源流》，硕士学位论文，吉林大学文学院，2009 年，第 9—52 页。

张桦：《中国北方古代居民颅骨非测量性状研究》，硕士学位论文，吉林大学文学院，2006 年，第 33—44 页。

张雯欣：《新疆吐鲁番加依墓地青铜—早期铁器时代居民牙齿磨耗研究》，硕士学位论文，吉林大学文学院，2018 年，第 35—38 页。

张晓雯：《章丘焦家遗址大汶口文化居民生存状态研究》，硕士学位论文，山东大学历史文化学院，2017 年，第 69—75 页。

张馨月：《山东地区古代居民牙齿情况的初步分析》，硕士学位论文，山东大学历史文化学院，2016 年，第 36—57 页。

张燕：《陕西省黄陵县寨头河战国戎人墓地人骨古病理研究》，硕士学位论文，西北大学文化遗产学院，2013 年，第 31—44 页。

赵欣：《辽西地区先秦时期居民的体质人类学与分子考古学研究》，博士学位论文，吉林大学文学院，2009 年，第 94—179 页。

赵亚锋：《夏、商、周三族种系构成研究——兼论华夏族系的起源》，硕士学位论文，吉林大学文学院，2007 年，第 7—31 页。

赵永生：《甘肃临潭磨沟墓地人骨研究》，博士学位论文，吉林大学文学院，2013 年，第 158—239 页。

周蜜：《内蒙古阿鲁科尔沁旗辽代耶律羽之墓地人骨研究》，硕士学位论文，吉林大学文学院，2004 年，第 2—20 页。

周亚威：《北京延庆西屯墓地人骨研究》，博士学位论文，吉林大学文学院，2014 年，第 77—130 页。

朱思媚：《内蒙古和林格尔县东头号墓地人骨研究》，硕士学位论文，吉林大学文学院，2016 年，第 19—50 页。

朱晓汀：《黄河上游及其邻近地区先秦时期居民的体质类型分析》，硕士学位论文，吉林大学文学院，2007 年，第 7—25 页。

英文：

Brace C. L. et al. , "The Questionable Contribution of the Neolithic and the Bronze Age to European Craniofacial Form", *Proceedings of the National Academy of the United States of America*, Vol. 103, No. 1, 1997, pp. 242 – 247.

Caldararo Niccolo et al. , "The Confusion of DNA Assumptions and the Biological Species Concept", *Journal of Molecular Evolution*, Vol. 83, No. 1 – 2, 2016, pp. 78 – 87.

David Gokhman et al. , "Reconstructing the DNA Methylation Maps of the Neandertal and the Denisovan", *Science*, Vol. 344, No. 6183, 2014, pp. 523 – 527.

Douglas H. Ubelaker, *Human Skeletal Remains*：*Excavation*, *Analysis*, *Interpretation* (*2nd ed.*), Washington, DC：Taraxacum, 1988.

E Berger et al. , "A Probable Case of Legg-Calvé-Perthes Disease in Warring States-era China", *International Journal of Paleopathology*, Vol. 16, 2017, pp. 27 – 30.

Emilia Huerta-Sanchez et al. , "Altitude Adaptation in Tibetans Caused by Introgression of Denisovan-like DNA ", *Nature*, Vol. 512, No. 7513, 2014, pp. 194 – 197.

Erik Trinkaus, "Neurocranial Trauma in the Late Archaic Human Remains from Xujiayao, Northern China", *International Journal of Osteoarchaeology*, Vol. 25, No. 2, 2015, pp. 245 – 253.

Inoue N. , et al. , *Tooth and Facial Morphology of Ancient Chinese Skulls*, Tokyo: Therapeia Publishing, 1997.

Jane E. Buikstra and Douglas Ubelaker, eds. , *Standards for Data Collection from Human Skeletal Remains*: *Proceedings of a Seminar at the Field Museum of Natural History*, Fayetteville: Arkansas Archaeological Survey Press, 1994.

Kay Prüfer, "The High-quality Genomes of a Neandertal and a Denisovan", *American Journal of Physical Anthropology*, Vol. 159, No. 62, 2016, pp. 257 – 258.

Larsen Clark Spencer, *Essentials of Physical Anthropology*: *Discovering Our Origins*, New York: WW Norton, 2013, pp. 5 – 6.

Lazaridis Iosif et al. , "Ancient Human Genomes Suggest Three Ancestral Populations for Present-day Europeans ", *Nature*, Vol. 513, No. 7518, 2014, pp. 409 – 413.

Lee Berger, Liu Wu and Wu XiuJie, "Investigation of a Credible Report by a US Marine on the Location of the Missing Peking Man fossils", *South African Journal of Sciences*, Vol. 108, No. 3, 2012, pp. 1 – 3.

Li Mocen, "A Male Adult Skeleton from the Han Dynasty in Shaanxi, China (202BC – 220AD) with Bone Change that Possibly Represent Spinal Tuberculosis ", *International Journal of Paleopathology*, Vol. 27, 2019, pp. 9 – 16.

Lin Yen-Lung et al. , "Human Structural Variants Shared with Neandertal and Denisovan Genomes", *American Journal of Physical Anthropology*, Vol. 159, No. 62, 2016, pp. 209 – 210.

Liu Wu et al. , "A Mandible from the Middle Pleistocene Hexian Site and Its Significance in Relation to the Variability of Asian Homo Erectus", *American Journal of Physical Anthropology*, Vol. 162, No. 4,

2017, pp. 715 – 731.

Liu Wu et al. , "Huanglong Cave: A Late Pleistocene Human Fossil site in Hubei Province, China", *Quaternary International*, Vol. 211, No. 1 – 2, 2010, pp. 29 – 41.

Liu Wu et al. , "Huanglong Cave: A Newly Found Late Pleistocene Human Fossil Site in Hubei Province, China", *Bulletin of the Chinese Academy of Sciences*, Vol. 24, No. 2, 2010, pp. 115 – 119.

Liu Wu et al. , "Temporal Labyrinths of Eastern Eurasian Pleistocene Jumans", *Proceedings of the National Academy of Sciences*, Vol. 111, No. 29, 2014, pp. 10509 – 10513.

Liu Wu, Amélie Vialet and Wu Xiujie, "Comparisons of Some Cranial Features on Late Pleistocene and Holocene Chinese Hominids (Zhoukoudian Upper-Cave, Longxian and Yanqing Sites)", *Anthropologie*, Vol. 110, No. 2, 2006, pp. 258 – 276.

Liu Wu, Ronald Clarke and Song Xing, "Geometric Morphometric Analysis of the Early Pleistocene Hominin Teeth from Jianshi, Hubei Province, China", *Science China Earth Sciences*, Vol. 53, No. 8, 2010, pp. 1141 – 1152.

Lothar von Falkenhausen, "Su Bingqi October 4, 1909-June 30, 1997", *Artibus Asiae*, Vol. 57, No. 3 – 4, 1997, pp. 365 – 66.

R Sakashita et al. , "Dental Disease in the Chinese Yin-Shang Period with Respect to Relationships Between Citizens and Slaves", *American Journal of Physical Anthropology*, Vol. 103, No. 3, 1997, pp. 401 – 408.

R Sakashita et al. , "Diet and Discrepancy between Tooth and Jaw Size in the Yin-Shang Period of China", *American Journal of Physical Anthropology*, Vol. 103, No. 4, 1997, pp. 497 – 505.

Shang Hong et al. , "Upper Pleistocene Human Scapula from Salawusu, Inner Mongolia", *Chinese Science Bulletin*, Vol. 51, No. 17, 2006, pp. 2110 – 2115.

Slon Viviane et al. , "Neandertal and Denisovan DNA from Pleistocene Sediments", *Science*, Vol. 356, No. 6338, 2017, pp. 605 – 608.

Song Xing et al. , "Early Pleistocene Hominin Teeth from Meipu, southern China ", *Journal of human evolution*, Vol. 151, 2021, pp. 102924.

Song Xing et al. , "Hominin Teeth from the Middle Pleistocene Site of Yiyuan, Eastern China", *Journal of Human Evolution*, Vol. 95, 2016, pp. 33 – 54.

Song Xing et al. , "Middle Pleistocene Hominin Teeth from Longtan Cave, Hexian, China", *Plos One*, Vol. 9, No. 12, 2014, e114265.

Song Xing, Zhou Mi and Liu Wu, "Crown Morphology and Variation of the Lower Premolars of Zhoukoudian Homo Erectus", *Chinese Science Bulletin*, Vol. 54, No. 2 , 2009, pp. 3905 – 3915.

Sriram Sankararaman et al. , "The Combined Landscape of Denisovan and Neanderthal Ancestry in Present-Day Humans", *Current Biology*, Vol. 26, No. 9, 2016, 1241 – 1247.

Sun Xuefeng, Lu Ying and Wen Shaoqing, "Chronological Problems in Chinese Human Fossil Sites", *Chinese Science Bulletin*, Vol. 65, No. 20, 2020, pp. 2136 – 2144.

Tang Jigen, "The Social Organization of Late Shang China—A Mortuary Perspective", Ph. D. dissertation, University of London, 2004.

Vernot Benjamin et al. , "Excavating Neandertal and Denisovan DNA from the Genomes of Melanesian Individuals", *Science*, Vol. 352, No. 6282, 2016, pp. 235 – 239.

Vikas Kumar et al. , "Genetic Continuity of Bronze Age Ancestry with Increased Steppe-related Ancestry in Late Iron Age Uzbekistan", *Biology and Evolution*, Vol. 38, No. 11, 2021, pp. 4908 – 4917.

Wu Xianzhu et al. , "Huanglong Cave, a New Late Pleistocene Hominid site in Yunxi of Hubei Province, China", *Chinese Science Bulletin*, Vol. 51, No. 20, 2006, pp. 2493 – 2499.

Wu Xinje et al. , "A New Brain Endocast of Homo Erectus From Hulu Cave, Nanjing, China", *American Journal of Physical Anthropology*, Vol. 145, No. 3, 2011, pp. 452 – 460.

Wu XiuJie and Erik Trinkaus, "The Xujiayao 14 Mandibular Ramus and Pleistocene Homo Mandibular Variation", *Comptes Rendus Palevol*, Vol. 13, No. 4, 2014, pp. 333 – 341.

Wu XiuJie and Lynne A. Schepartz, "Morphological and Morphometric Analysis of Variation in the Zhoukoudian Homo Erectus Brain Endocasts", *Quaternary International*, Vol. 211, No. 1 – 2, pp. 4 – 13.

Wu Xiujie et al. , "Endocranial Cast of Hexian Homo Erectus from South China", *American Journal of Physical Anthropology*, Vol. 130, No. 4, 2006, pp. 445 – 454.

Wu Xiujie et al. , "Neurocranial Abnormalities in the Middle Pleistocene Homo Erectus Fossils from Hexian, China", *International Journal of Osteoarchaeology*, Vol. 31 No. 2, 2021, pp. 285 – 292.

Wu XiuJie, Lynne A. Schepartz and Liu Wu, "A New Homo Erectus (Zhoukoudian V) Brain Endocast from China", *Proceedings of the Royal Society*, Vol. 337, No. 1679, pp. 337 – 344.

Wu Xiujie, Ralph Holloway and Lynne A. Schepartz, "A New Brain Endocast of Homo erectus from Hulu Cave, Nanjing, China", *American Journal of Physical Anthropology*, Vol. 145, No. 3, 2011, pp. 452 – 460.

Wu XiuJie, "Brain Morphology of the Zhoukoudian, Erectus Half a Million Years Ago", *Bulletin of the Chinese Academy of Sciences*, Vol. 24, No. 2, 2010, pp. 120 – 122.

Xia Huan, Zhang Dongju and Chen Fahu, "A review of Denisovans", *Chinese Science Bulletin*, Vol. 65, No. 25, 2020, pp. 2763 – 2774.

Zhang Liangren, "The Chinese School of Archaeology", *Antiquity*, Vol. 87, 2013, pp. 896 – 904.

Zhang Xuhui et al., "A Case of Well-healed Foot Ampution in Early China (8th-5th Centuries BCE)", *International Journal of Osteoarchaeology*, Vol. 32, 2022, pp. 132 – 141.

Zhao Dongyue et al., "A Multidisciplinary Study on the Social Customs of the Tang Empire in the Medieval Ages", *Plos One*, Vol. 18, No. 7, 2023, e0288128.

Zhao Dongyue, He Letian, Xing Fulai, "Skeletal Evidence for Two External Auditory Canal Disorder Cases from Medieval China", *International Journal of Osteoarchaeology*, Vol. 33, No. 1, 2022, pp. 170 – 177.

Zhao Dongyue, Zhu Hong, Kang Lihong, "Paleopathological Study of Human Remains from the Bronze Age Shilinggang Site in Nujiang, Yunnan, Southwest China", *Asian Archaeology*, Vol. 3, 2015, pp. 129 – 144.

Zhao Min et al., "AMS 14C Dating of the Hominin Rrchaeological site Chuandong Cave in Guizhou Province, Southwestern China", *Quaternary International*, Vol. 447, 2017, pp. 112 – 110.

Zhu Zhaoyu et al., "New Dating of the Homo Erectus Cranium from Lantian (Gongwangling), China", *Journal of Human Evolution*, Vol. 78, 2015, pp. 144 – 157.

报纸：

宫希成、刘武、吴秀杰、董哲：《安徽省东至县华龙洞旧石器遗址发现直立人头骨化石》，《中国文物报》2016 年 3 月 25 日。

王明辉：《古代 DNA 研究的突破之作——读〈新疆古代人群线粒体 DNA 研究〉有感》，《中国文物报》2004 年 6 月 2 日。

王明辉：《人类战"疫"的考古学思考》，《中国社会科学报》

2020 年 4 月 30 日第 A07 版。

吴晓铃：《成都平原最早人骨有望揭开古蜀人来源之谜》，《四川日报》2018 年 3 月 16 日（https://cbgc.scol.com.cn/news/74471）。

于建军：《人以群分》，《中国文物报》2018 年 3 月 20 日（http://www.kaogu.cn/cn/kaoguyuandi/kaogusuibi/2018/0321/613 94.html）。

于建军、何嘉宁：《新疆吉木乃通天洞遗址发掘获重要收获》，《中国文物报》2017 年 12 月 1 日第 8 版。

张雅军：《从体质人类学到人类骨骼考古学》，《中国社会科学报》2017 年 5 月 11 日第 1204 期第 7 版。

赵征南：《古蜀人或由西北及长江流域迁来》，《文汇报》2018 年 3 月 24 日第 4 版。

周亚威：《"战争"还是"瘟疫"：关于哈民忙哈遗址废弃原因的一点思考》，《中国文物报》2020 年 3 月 20 日第 6 版。

周亚威：《从西屯遗址看北京地区古人群的体质特征》，《中国社会科学报》2014 年 9 月 17 日第 A05 版。

周渊：《让"活"起来的文物讲好精彩中国故事》，《文汇报》2018 年 3 月 31 日（https://www.whb.cn/zhuzhan/jjl/20180331/193 846.html）。

后　记

　　中国人何以成为今天的"中国人"？现今的"中国人"与百年前、千年前、万年前生活在这片土地上的古人有何关系？我们是他们的后裔吗？或者我们在多大程度上可以称之为他们的后裔？这些问题是值得当下的我们认真思考和追索的。

　　学术史上，关于华夏民族、汉族、中华民族的起源、形成与发展过程的研究是古今学人普遍关注的"国之大者"。1923年，人类学家、中国现代考古学家、"中国考古学之父"李济先生从哈佛大学学成归来，10月起就开始逐步参与河南新郑、夏县西阴村、安阳殷墟等田野考古工作中，开展对出土古代人骨遗存的搜集并开始相关研究。从李济先生硕士学位论文《人口质的演变研究》和博士学位论文《中国民族的形成：一次人类学的探索》可以看出第一代中国考古人最初的学术思想，就是试图探索"中国人"的历史发展问题。在当时极其有限的人类体质测量方法应用手段和几乎空缺的考古材料支撑基础上，写出这样的论文是十分困难的。他面对仅能在美国留学生和华侨中搜集中国人体质材料的困境，进而研究中国人种的特质，对探索"中国人"付出了最大的努力。还有出生于医学背景家庭的吴定良先生。吴定良先生在20世纪20年代中期到30年代中期，潜心于统计学与人类学的学习与研究。其师从英国著名统计学家和人类学家卡尔·皮尔逊（Karl Pearson）教授，1928年获英国伦敦大学统计学博士学位，后又获人类学博士学位。1930 年成为"国际统计学社"第一个中国社员，1934 年加入"国际人类学社"。受裴文中先生发现北京猿人化石等影响，1935 年吴定良教授应中研院院长蔡元培先生邀请回国，担任中研院历史语言研究所人类学组主任兼专任研究员。回国后，他一直致力于中国体质人类学学科的创立、发展及中国人类学人才的培养。他对北京猿人、南京北阴阳营新石器时代和安阳殷墟人类骨骼标本进行过深入的研究，甚至对各阶段猿猴与猿人骨骼做了比较研究。他还在贵州、云南等少数民族地区作现代民族活体体质情况调查，他曾组织团队调查与收集汉族、壮族、蒙古族、回族、维吾尔族等血型资料，为阐明中国各民族起源、迁徙及相互关系积累了大量数据。其发表了一批古代人群、现代民族人群体质资料等极有价值的科学论文，是著名的人类学家、生物统计学家和教育家。1948 年他当选为中研院院士，是中国体质人类学、人种学等研究领域的开创者和奠基人。

正是百年来，在以李济、吴定良等先生为代表的一代考古学家、人类学家奠定的学科基础上，在诸如吴金鼎、史禄国、费孝通、杨希枚、吴汝康、颜訚、吴新智、韩康信、潘其风①等老一辈工作者的协同努力下，共同为探讨中国腹心地区古代人群的演化、发展过程积累了丰富的基础资料，此应向老一辈工作者致以崇高的敬意。

本书由原海兵统撰全文，但实为集体智慧的结晶。前文提到，本书的起始源于本人攻读博士学位期间毕业论文设计的一部分。记得当时在朱泓先生指导下，与王明辉一起在中国社会科学院考古研究所安阳工作站调研殷墟遗址、搜集资料时的一些感触和论文撰写过程中的一些心得。受业师朱泓先生《中原地区的古代种族》一文影响，感到当时想要说明以中原地区为核心古代人群的历史发展存在资料支撑局限的问题，遂当时仅在博士论文《殷墟中小墓人骨的综合研究》第七章中概略述及。近年来，在吉林大学、西北大学、

---

① 潘其风编著：《潘其风考古人类学文选》，科学出版社 2015 年版。

山东大学、郑州大学等高校同行以及地方文博单位同仁协同努力下，针对中国腹心地区河南省、陕西省、山西省、山东省等地各阶段考古发现中的人骨遗存开展了多方面的研究，极大地丰富了秦汉以来的考古资料，为本书的完善成型奠定了资料基础。这应当感谢新时代以国家文物局为代表的各级党委、政府对文博行业的大力支持。感谢各级文博事业单位对古代人骨遗存搜集工作的重视和对人类学工作者的关心和爱护，还要感谢一线考古工作者认真细致的工作和行业同行者的不懈努力。

本书的完成要衷心的感谢业师朱泓教授。作为博士学位论文《殷墟中小墓人骨的综合研究》第七章的拓展版，先生在选题、文章结构以及书稿撰写过程中都给予了无私的帮助，付出了大量心血。先生严谨治学、勤勉工作、朴实无华、严于律己、平易近人、关怀后学，时时给我以鼓励和温暖，是我模仿学习、踏实工作、不断攀登、持续奋进的动力源泉。书稿完成后，先生第一时间撰写序言给予支持，并从思想立意、科研引领、文化格局以及文本勘误等宏观、微观视角予以全方位指导，甚感先生对学科发展的持续关注和对青年后学的无限希冀，再次激励了我。此外，本书的完成要真诚的感谢王明辉兄长久以来的鼓励和支持。初识第一印象便是尽心关照、推心置腹、倾心传授、高度信赖直至今时一以贯之。记得2008年，在尚未到安阳殷墟调查时就无私的进行了相关背景资料的分享，调研期间更是进行了充分的思想交流。作为我博士学位论文指导团队的核心成员，他从论文结构设计、内容安排、全文统筹等都提出了众多建设性意见，从初稿撰写到论文完成又不断地提出修订意见。十多年来，他更是在多次会议间隙等机缘中持续不断地进行学术交流，给予了我宽容、理解、鼓励和支持，直到此书稿不断成型、完善。我想本书不仅倾注了他的大量心血，也融汇了他认可的重要学术认识。还有，行文过程中中国科学院古脊椎动物与古人类研究所刘武先生、四川大学考古文博学院于孟洲先生等都曾给予许多建设性修改意见。中国社会科学出版社郭鹏先生及其团队多次指点和认真细致工作。考古学国家级实验教学示范中心（四川大学）各位同仁，生物考古实验室魏天照、史晓鹏、贾简歌、张若静、叶霖露、邹佳兴、邱雨杰、邹陆翔等同学积极协助。在此向各位致以衷心的感谢。

另外，本书出版得到中国历史研究院学术出版经费资助。还得到四川大学"创新2035"先导计划"区域历史与考古文明"项目、国家社会科学基金重大项目"古蜀地区文明化华夏化进程研究"（课题编号：21&ZD223）、国家重点研发计划"中华文明探源研究"项目"中华文明起源进程中的古代人群与分子生物学研究"（课题编号：2020YFC1521607）、国家哲学社会科学基金一般项目"高山古城宝墩文化人类骨骼考古研究"（课题编号：19BKG038）和国家文物局"考古中国"重大项目"川渝地区巴蜀文明进程研究"的支持。

中原地区历史悠久、文化繁盛、文明璀璨、五彩斑斓。本书是目前发表资料的一些粗浅认识，是宏观的粗线条梳理，也是自我视角的有据揣测，文中肯定有许多不足和疏漏，还请批评指正、不吝赐教，以更正求学过程中无意误入歧途的一段旅程。我相信，路只要走就有最美的风景，我的风景需要您的参与。脚下的路，努力走就会走上正途，我的正途需要您的指点。追迹人类过往，考察当下时况，希冀未来发展！相信随着大家的思想碰撞、协同努力，各学科与时俱进、相互融通、紧密协作，将田野考古新材料、研究新技术、探索新方法、观察新视角、阐释新视野有机结合成考古研究、历史阐释、文化理解、人群共识的综合体，将来对中国人何以成为今天的"中国人"一定会有更为深刻、更为清晰的认识。面向未来，任重而道远。

同行者一直在路上……

原海兵

2023 年 10 月 10 日

于成都中海格林威治城寓所